高职高专"十二五"规划教材

反应过程与设备

雷振友　主编　邓玉美　副主编

周　波　主审

化学工业出版社

·北京·

本书以常见化工反应过程及设备的技术应用为主线,坚持"实际、实用、实践"原则,以能力为本位,突出实用性。采用项目化教学模式编写,用工作任务引领,以项目任务分解原来的知识体系,使学生在完成任务过程中掌握知识,提高技能。内容包括:绪论、均相反应器、气固相催化反应器、气液相反应器。每个项目附有知识目标、能力目标、生产案例、相关知识、任务实施、考核评价、项目小结、项目自测。使学生明确学习目的、学习内容、重点及应达到的要求和能力,以发挥学生主体作用,促进学生自主学习,开拓学生视野。

本书可以作为化工技术类相关专业(石油化工、应用化工、有机化工、精细化工、高分子材料、制药化工、无机化工等)的高等职业教育教材,也可供相关化工企业的职工培训使用,还适用于从事各类化工专业的科研、生产管理的科技人员阅读参考。

图书在版编目(CIP)数据

反应过程与设备/雷振友主编. —北京:化学工业出版社,2013.8(2023.1重印)

高职高专"十二五"规划教材

ISBN 978-7-122-17728-5

Ⅰ.①反… Ⅱ.①雷… Ⅲ.①化学反应工程-高等职业教育-教材②反应器-高等职业教育-教材 Ⅳ.①TQ03②TQ052.5

中国版本图书馆 CIP 数据核字(2013)第 137554 号

责任编辑:窦 臻	文字编辑:刘砚哲
责任校对:陶燕华	装帧设计:关 飞

出版发行:化学工业出版社(北京市东城区青年湖南街 13 号 邮政编码 100011)
印 装:北京七彩京通数码快印有限公司
787mm×1092mm 1/16 印张 12 字数 298 千字 2023 年 1 月北京第 1 版第 7 次印刷

购书咨询:010-64518888 售后服务:010-64518899
网 址:http://www.cip.com.cn
凡购买本书,如有缺损质量问题,本社销售中心负责调换。

定 价:35.00元 版权所有 违者必究

前言

本教材按照"以能力为本位,以职业实践为主线,以项目课程为主体的模块化专业课程体系"的总体设计要求,以化工反应岗位的相关工作任务和职业能力分析为依据,以工作过程为导向构建行动体系,打破学科体系,以培养化工反应过程方案选择能力、设备选用与简单设计能力、装置的操作运行能力为基本目标,紧紧围绕工作任务完成的需要,选择和组织教学内容,突出工作任务与知识的联系,教、学、做一体化,使学习者在完成工作任务的过程中掌握知识,提高技能。

项目选取的基本依据是本课程工作领域和工作任务范围。在项目设计过程中,以典型化工产品的工艺过程为载体,产生了具体的工作任务。本教材以常用的反应设备为线索进行设计,分为均相反应器、气固相催化反应器及气液相反应器三个模块,每个模块分为若干个项目,每个项目又分为若干个工作任务,以工作任务为中心引出相关专业知识。以工作过程为导向,通过实际生产案例,展开反应设备的选择、设计及其操作方面相关知识,培养实践技能,充分体现任务引领、实践导向的行动体系的项目课程思想。

本书体例力求灵活多样,每个项目有"生产案例",每个任务设有"知识目标"、"能力目标"、"相关知识"、"任务实施"、"拓展知识"及"考核评价",每个模块设有"小结",使学生明确学习目的、学习内容、重点及应达到的要求,以提高学生学习兴趣,发挥学生主体作用,促进学生自主学习,利于开拓学生视野。

本书可以作为高等职业教育石油化工、应用化工、有机化工、精细化工、高分子材料、制药化工、无机化工等专业及相关专业的教材,为学生毕业后从事反应器操作奠定必要的理论和技术基础;还可以作为相关化工企业的职工培训教材,也适于从事各类化工专业的科研、生产管理的科技人员使用。

本书由辽宁石化职业技术学院雷振友主编,天津渤海职业技术学院邓玉美副主编。绪论、模块一、模块二项目三由雷振友编写;模块二项目一由邓玉美编写;模块二项目二由杨凌职业技术学院李黔蜀编写;模块三项目一由雷振友和河南工业职业技术学院黄秋颖编写,项目二由黄秋颖编写。全书由雷振友统稿。辽宁石化职业技术学院周波教授仔细地审阅了全书,提出了宝贵的意见和建议。本书在编写过程中得到了化学工业出版社的大力支持,也得到了东方仿真公司的支持与帮助,在此表示衷心感谢。

由于编者的水平有限,难免存在各种问题,敬请同仁及读者指正,以使本教材日臻完善。

编者
2013 年 3 月

目 录

绪 论 ... 1

一、化学反应过程的基本分类 ... 1
二、化学反应的操作方式 ... 1
三、反应器类型与特点 ... 2
四、本课程的主要内容、任务及与其他学科的关系 ... 3
五、本课程的研究方法 ... 4

模块一 均相反应器 ... 6

项目一 釜式反应器的设计和操作 ... 6
生产案例 ... 6
预备知识 ... 6
 一、均相反应动力学基础 ... 6
 二、反应器流动模型 ... 16

- **任务一 认识釜式反应器** ... 18
 任务实施 ... 19
  一、釜式反应器的壳体结构 ... 19
  二、釜式反应器的搅拌装置 ... 20
  三、挡板和导流筒 ... 21
  四、釜式反应器的换热装置 ... 21
  五、传动装置及密封 ... 22
 拓展知识 ... 22
  新型立卧式球形反应釜 ... 22
 考核评价 ... 23

- **任务二 间歇釜式反应器的设计** ... 23
 相关知识 ... 23
  一、反应器设计基础 ... 23
  二、间歇釜式反应器的基础方程 ... 26
 任务实施 ... 26
  一、间歇釜式反应器反应时间的确定 ... 26

  二、间歇釜式反应器体积计算 ··· 28
  三、反应釜的结构尺寸确定 ··· 29
 拓展知识 ·· 29
  等容非恒温间歇反应过程 ··· 29
 考核评价 ·· 31
• 任务三 连续釜式反应器的设计 ··· 31
 相关知识 ·· 31
  一、连续釜式反应器的特点 ··· 31
  二、连续釜式反应器的基础方程 ··· 31
 任务实施 ·· 32
  一、单一连续操作釜式反应器的计算 ··· 32
  二、多个串联连续釜式反应器（n-CSTR）的计算 ······················ 33
 拓展知识 ·· 37
  连续操作釜式反应器的热稳定性 ··· 37
 考核评价 ·· 39
• 任务四 釜式反应器的操作 ··· 40
 任务实施 ·· 40
  一、连续釜式反应器的操作 ··· 40
  二、间歇釜式反应器的操作 ··· 41
 考核评价 ·· 43

项目二 管式反应器的设计和操作 ··· 43
生产案例 ·· 43
• 任务一 认识管式反应器 ··· 44
 任务实施 ·· 44
  一、管式反应器的类型 ··· 44
  二、管式反应器的特点 ··· 46
 拓展知识 ·· 46
  管式裂解炉 ··· 46
 考核评价 ·· 48
• 任务二 管式反应器的设计 ··· 48
 相关知识 ·· 48
  一、理想置换反应器的特点 ··· 49
  二、理想置换反应器的基础方程 ··· 49
 任务实施 ·· 50
  一、等温恒容管式反应器的计算 ··· 50
  二、等温变容管式反应器的计算 ··· 51
 拓展知识 ·· 52
  变温管式反应器的计算 ··· 52
 考核评价 ·· 53

- 任务三　管式反应器的操作 ·········· 53
  - 任务实施 ·········· 53
    - 一、熟悉生产原理及工艺流程 ·········· 53
    - 二、管式反应器的操作 ·········· 54
  - 考核评价 ·········· 56

项目三　均相反应器型式和操作方式的评选 ·········· 57
- 任务一　简单反应反应器生产能力的比较 ·········· 57
  - 任务实施 ·········· 57
    - 一、单个反应器生产能力的比较 ·········· 57
    - 二、多釜串联操作釜式反应器个数的选择 ·········· 59
  - 考核评价 ·········· 59
- 任务二　复杂反应选择性的比较 ·········· 60
  - 任务实施 ·········· 60
    - 一、平行反应选择性的比较 ·········· 60
    - 二、连串反应选择性的比较 ·········· 62
  - 考核评价 ·········· 63

小结 ·········· 64
自测练习 ·········· 64
主要符号 ·········· 67

模块二　气固相催化反应器 ·········· 69

项目一　固定床反应器的设计和操作 ·········· 69
生产案例 ·········· 69
预备知识 ·········· 69
  - 一、固体催化剂基础知识 ·········· 69
  - 二、气固相催化反应动力学基础 ·········· 75
  - 三、本征动力学方程 ·········· 81
- 任务一　认识固定床反应器 ·········· 84
  - 任务实施 ·········· 84
    - 一、固定床反应器的特点及工业应用 ·········· 84
    - 二、固定床反应器的类型和结构 ·········· 85
  - 拓展知识 ·········· 88
    - 滴流床反应器 ·········· 88
  - 考核评价 ·········· 89
- 任务二　固定床反应器的设计 ·········· 89
  - 相关知识 ·········· 89
    - 一、催化剂床层特性 ·········· 89
    - 二、流体在固定床中的流动特性 ·········· 91

三、固定床反应器中的传质与传热 …………………………………………… 93
　任务实施 ……………………………………………………………………………… 97
　　一、固定床反应器的计算内容和方法 …………………………………………… 97
　　二、催化剂用量的计算 …………………………………………………………… 97
　　三、固定床反应器结构尺寸的计算 ……………………………………………… 98
　考核评价 ……………………………………………………………………………… 100
● 任务三　固定床反应器的操作 …………………………………………………… 100
　相关知识 ……………………………………………………………………………… 100
　　固定床反应器的操作指导 ………………………………………………………… 100
　　一、温度调节 ……………………………………………………………………… 100
　　二、压力的调节 …………………………………………………………………… 101
　　三、氢油比的控制 ………………………………………………………………… 101
　　四、空速操作原则 ………………………………………………………………… 102
　　五、催化剂器内再生操作 ………………………………………………………… 102
　任务实施 ……………………………………………………………………………… 102
　　固定床反应器的操作 ……………………………………………………………… 102
　　一、熟悉生产原理及工艺流程 …………………………………………………… 102
　　二、固定床反应器的操作 ………………………………………………………… 105
　考核评价 ……………………………………………………………………………… 106

项目二　流化床反应器的设计和操作 …………………………………………… 106
　生产案例 ……………………………………………………………………………… 106
● 任务一　认识流化床反应器 ……………………………………………………… 107
　任务实施 ……………………………………………………………………………… 107
　　一、流化床反应器的特点及工业应用 …………………………………………… 107
　　二、流化床反应器的结构与类型 ………………………………………………… 108
　拓展知识 ……………………………………………………………………………… 115
　　悬浮床三相反应器 ………………………………………………………………… 115
　考核评价 ……………………………………………………………………………… 116
● 任务二　流化床反应器的设计 …………………………………………………… 116
　相关知识 ……………………………………………………………………………… 116
　　一、流态化基本概念 ……………………………………………………………… 116
　　二、流化床反应器中的传质 ……………………………………………………… 123
　　三、流化床反应器中的传热 ……………………………………………………… 125
　任务实施 ……………………………………………………………………………… 127
　　一、流化床结构尺寸设计 ………………………………………………………… 127
　　二、气体分布板的计算 …………………………………………………………… 130
　拓展知识 ……………………………………………………………………………… 131
　　高速流态化技术 …………………………………………………………………… 131
　考核评价 ……………………………………………………………………………… 132

- 任务三　流化床反应器的操作 ………………………………………………… 132
  - 相关知识 ……………………………………………………………………… 133
    - 流化床反应器的操作指导 ……………………………………………… 133
    - 一、流化床反应器开停车操作 ………………………………………… 133
    - 二、流化床反应器的参数控制 ………………………………………… 133
  - 任务实施 ……………………………………………………………………… 135
    - 流化床反应器的操作 …………………………………………………… 135
    - 一、熟悉生产原理及工艺流程 ………………………………………… 135
    - 二、流化床反应器的操作 ……………………………………………… 136
  - 考核评价 ……………………………………………………………………… 138
- 项目三　气固相催化反应器的选择 ……………………………………………… 139
  - 任务实施 ……………………………………………………………………… 139
    - 一、气固相反应器型式的选择 ………………………………………… 139
    - 二、气固相反应器选择实例 …………………………………………… 140
  - 考核评价 ……………………………………………………………………… 142
- 小结 …………………………………………………………………………………… 142
- 自测练习 ……………………………………………………………………………… 142
- 主要符号 ……………………………………………………………………………… 145

模块三　气液相反应器　147

项目一　气液相反应器的设计和操作 ……………………………………………… 147
- 生产案例 ………………………………………………………………………… 147
- 预备知识 ………………………………………………………………………… 147
  - 一、气液相反应过程 ………………………………………………………… 147
  - 二、气液相反应宏观动力学 ………………………………………………… 150
  - 三、气液相反应过程的重要参数 …………………………………………… 152
- 任务一　认识气液相反应器 …………………………………………………… 154
  - 任务实施 ……………………………………………………………………… 154
    - 一、气液相反应器的分类 ……………………………………………… 154
    - 二、气液相反应器的结构 ……………………………………………… 154
  - 拓展知识 ……………………………………………………………………… 159
    - 浆态反应器 ……………………………………………………………… 159
  - 考核评价 ……………………………………………………………………… 160
- 任务二　鼓泡塔反应器的设计 ………………………………………………… 160
  - 相关知识 ……………………………………………………………………… 160
    - 一、鼓泡塔内的流体流动 ……………………………………………… 160
    - 二、鼓泡塔中的传质 …………………………………………………… 164
    - 三、鼓泡塔中的传热 …………………………………………………… 165

任务实施 ··· 165
　　　鼓泡塔反应器的计算 ·· 165
　　考核评价 ··· 168
- 任务三　鼓泡塔反应器的操作 ··· 168
　　任务实施 ··· 168
　　　一、熟悉生产原理及工艺流程 ·· 169
　　　二、操作参数的控制 ·· 170
　　　三、鼓泡塔反应器的操作 ·· 171
　　考核评价 ··· 175
项目二　气液相反应器的选择 ··· 175
　　任务实施 ··· 175
　　　一、气液相反应器型式的选择 ·· 175
　　　二、气液相反应器选择实例 ··· 176
　　考核评价 ··· 177
小结 ·· 178
自测练习 ·· 178
主要符号 ·· 180

参考文献　182

绪　论

化工产品种类繁多，生产工艺千差万别。但是不论何种化工产品，其生产过程都可以概括为以下三部分：原料的预处理、化学反应过程以及反应产物的分离与提纯。其中原料的预处理和反应产物的分离与提纯过程主要是物理过程，属于化工单元操作过程所研究的问题。化学反应过程则是整个化工产品生产的核心部分，实现化学反应过程的设备是反应器。一个化学反应要在工业上予以实施，如何选择一台合适的反应器，如何确定适宜的操作方式和工艺条件，使生产过程安全、高效、低消耗是反应过程与设备要解决的问题。因此反应过程与设备是研究如何在工业规模上实现有经济价值的化学反应的一门应用技术。

一、化学反应过程的基本分类

由于化工生产过程中发生的化学反应种类繁多，为了研究化学反应过程与设备的规律，有必要将化学反应进行分类。分类方法很多，表0-1列出了化学反应过程的基本分类。

表0-1　化学反应过程的分类

分类特征		化学反应类型
反应特性	反应机理	简单反应，复杂反应(平行反应、连串反应、自催化反应等)
	热力学特征	可逆反应，不可逆反应
	反应级数	零级反应、一级反应、二级反应、分数级反应等
	热效应	吸热反应、放热反应
相　态		均相反应(气相、液相)， 非均相反应(气-液相、气-固相、液-液相、液-固相、气-液-固相)
温度变化		等温反应、变温反应
操作方式		间歇反应、连续反应、半连续(或半间歇)反应

在化学反应工程领域内，一般多按反应物料的相态进行分类，但从工程角度出发，往往也非常注重操作方式，因为它与反应器的型式、操作条件以及设计方法的确定都密切相关。

二、化学反应的操作方式

1. 间歇操作

间歇操作是指一批物料投入反应器后，经过一定反应时间，然后再取出的操作方式。由于分批操作时，物料浓度及反应速率都在不断变化，因此间歇操作是一个非定态过程。间歇操作主要适用于反应速率较慢的化学反应，对于产量小的化学品生产过程也很适用，尤其是那些批量少而产品品种多的企业尤为适宜。

2. 连续操作

连续操作是指反应物料连续地通过反应器的操作方式。连续操作属于定态操作过程，即反应器内的物系参数（如浓度及反应温度等）均不随时间而改变，只随位置而变。连续操作一般用于产品品种比较单一而产量较大的场合，具有产品质量稳定、劳动生产率高、便于实现机械化和自动化等优点。

3. 半连续式操作

半连续式操作或称为半间歇式操作，是指反应器中的物料，有一部分是分批地加入或取出，而另一部分是连续地通过的操作方式。如某些液相氧化反应，液体原料及生成物是分批加入和取出，而氧化用的空气则连续通入反应器；或两种液体反应，一种液体先加入反应器，而另一种液体则连续滴加；又或液相反应物是分批加入，但气态反应生成物从系统连续排出等均属于半连续式操作。尽管半连续式操作过程比较复杂，但它具有自己的特点，因此工业生产中某些反应使用该方式进行操作。

三、反应器类型与特点

反应不同、规模不同，反应器型式和操作方式也会不同。为了选择合适的反应器，有必要了解工业化学反应器的类型。一般常见反应器的分类方法见表 0-2。

表 0-2 反应器的分类

分类方法	反应器类型
反应类型	均相反应器、非均相反应器
结构	管式反应器、釜式反应器、塔式反应器、固定床反应器、流化床反应器等
操作方式	间歇式反应器、连续式反应器、半连续（半间歇）式反应器
温度变化	等温反应器、非等温反应器
传热方式	绝热式反应器、自热式反应器、换热式反应器

工业生产中反应器型式、操作方式以及操作条件的选择需结合化学反应和工程两个方面的考虑才能确定。各种型式反应器的特点与应用实例见表 0-3。

表 0-3 各种型式反应器的特点与应用实例

反应器型式	适用的反应	特点	生产实例
釜式反应器（间歇或单釜、多釜连续操作）	液相、液-液相、液固相	操作弹性大，适用性强，产品质量均一。但单釜连续操作返混大	氯乙烯聚合，顺丁橡胶聚合，甲苯硝化等
管式反应器	气相、液相	返混小、所需反应器体积小，比传热面大，仅适于连续操作，停留时间受管长限制	石脑油裂解，管式法高压聚乙烯等
鼓泡塔	气液相、气液固（催化剂）相	气相返混小、液相返混大，气相压力降大，温度易于调节，气流速有限制	苯的烷基化，乙烯基乙炔的合成，二甲苯氧化等
固定床	气固（催化或非催化）相	返混小，催化剂不易磨损，传热性能差，催化剂再生不易	乙苯脱氢制苯乙烯，合成氨，石油重整等
流化床	气固（催化或非催化）相、催化剂失活很快的反应	返混大，传质、传热好，催化剂有效系数大，但磨损大	石油催化裂化，萘氧化制苯酐，丙烯氨氧化制丙烯腈等

续表

反应器型式	适用的反应	特 点	生产实例
填料塔	气液相	结构简单,返混小,压降小,有温差,填料装卸麻烦	化学吸收,丙烯连续聚合等
板式塔	气液相	逆流接触,气液返混小,流速受限制,可在板间加传热面	苯连续磺化,异丙苯氧化等
喷雾塔	气液相快速反应	结构简单,液体表面积大,气流速度有限制,停留时间受塔高限制	氯乙醇制丙烯腈,高级醇的连续磺化等
滴流床	气液固(催化剂)相	催化剂易分离、带出少,气液分布要求均匀,温度调节较难	焦油加氢精制和加氢裂解,丁炔二醇加氢等
移动床	气固(催化或非催化)相	固体返混小,粒子传送容易,固气比可变性大,床内温差大,调节困难	石油催化裂化,矿物冶炼等

四、本课程的主要内容、任务及与其他学科的关系

为使反应过程能够得到最大的经济效益,需要研究化学反应和反应器的特性。化学反应是反应过程的主体,反应本身的特性即反应动力学是代表反应过程的本质因素,而反应器是实现这种反应的客观环境。在工业反应器内进行的化学反应过程既有物理过程又有化学过程。反应器中的主要物理过程是流体流动过程和传质传热过程。物理过程和化学过程相互渗透、相互影响,导致化学反应特性和反应结果不同,使反应过程复杂化。物理过程虽然不能改变化学反应的动力学规律,但是它可以改变反应器内操作条件如温度和浓度的变化规律,最终导致反应效果发生变化,影响反应结果。因此,我们不仅要研究化学反应动力学,还要研究如何在工业上实现这些反应过程,即反应的工程问题。

1. 反应过程与设备的主要内容

(1) 化学反应动力学　化学反应动力学是指反应过程中,操作条件如反应的温度、反应物的浓度、反应压力、催化剂等对反应速率的影响规律。这些规律一般是在实验室内,通过对小型反应器内的化学反应进行研究得到的,它不包括物理过程的影响。通常我们得到的是用简单的物理量所描述的影响反应速率的动力学方程式。它是对反应器进行设计、计算和分析的基础。

(2) 物理过程　工业反应器内的物理过程主要是指流体流动、传质和传热过程,所以物理过程即传递过程。这些过程会影响到反应器内的浓度和温度在时间和空间上的分布,使得反应的结果最终发生变化。因此,只有对这些物理过程进行分析,找出它们对反应过程的影响规律,定量描述,才能准确分析反应过程,对反应器进行设计和放大。

(3) 反应器的设计和优化　将反应动力学特性和反应过程中的传递特性结合起来,建立数学模型,对化学反应过程进行分析、设计,并对反应进行最优生产条件的选择以及控制。

(4) 反应器的操作　如何进行各类不同反应器的操作也是反应过程与设备的主要内容。具体包括:各种典型反应器的开停车操作,正常运行时的控制要点,反应器常见的不正常工况及排除方法。

2. 反应过程与设备的任务

反应过程与设备的任务是学习化学反应工程的基本原理和规律,掌握反应器的结构、工作原理,能够根据化学反应特点进行反应器型式的选择,并确定反应器的体积及工艺结构尺寸,学会反应条件的确定及反应装置的最优化,掌握典型反应器的操作和调节方法,对简单的异常现象能够做出判断,提出处理方案。

3. 反应过程与设备和其他学科的关系

反应过程与设备和其他学科（如物理化学、化学工艺、传递工程及工程控制）存在着一定的关系，如图 0-1 所示。

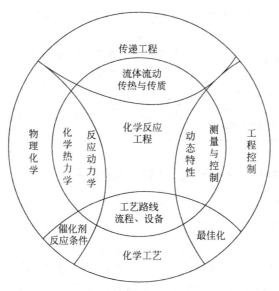

图 0-1 反应过程与设备和其他学科的关系

在化学热力学中，主要分析反应的可能性、反应条件和可能达到的反应程度等，如计算反应的平衡常数和平衡转化率。反应动力学专门阐明化学反应速率与各项物理因素（如浓度、温度、压力及催化剂等）之间的定量关系。而在反应过程与设备中，则需要对在热力学上具有一定的反应能动性的化学反应通过反应动力学研究，选择适宜的操作条件及反应器结构型式、确定反应器尺寸等，使其达到较好的反应效果。

传递工程主要是研究传递过程的普遍规律，而在反应过程与设备中，则讨论反应过程中的动量传递、热量传递和质量传递过程的基本规律。这些规律直接影响到工业反应器内的流体流动与混合、温度与浓度的分布，使得反应效果发生改变。

一项反应技术的实施有赖于适当的操作控制。工程控制主要研究操作条件的实施与控制，如温度、压力、进料配比、流量等。而在反应过程与设备中，工程控制主要是讨论反应过程中的操作条件的实施与控制，使反应条件选择在稳定的操作点上，并力求实现最优化。

化工工艺研究工艺流程、化工设备、工艺条件分析与确定。而在反应过程与设备中，则是工艺与工程密切结合，综合考虑的结果。如为了实现某反应，可以有多种技术方案，包括热量传递、温度控制、物料是否循环等，何种方案最为经济合理，流程就据此拟定。

例如合成氨反应，在热力学上有很大的能动性，化学平衡常数较大，但反应速率却很慢，通过动力学的研究，在体系中加入了催化剂后，反应速率得到大幅提高；并且在工业上选择了自热式固定床反应器，确定了合适的工艺条件，使其达到很好的反应效果。因此，反应过程与设备的研究和其他学科是密不可分的。

五、本课程的研究方法

工业反应器开发要解决的问题是反应器的合理选型、反应器优化操作条件及反应器的工程放大。其基本研究方法有经验法和数学模型法。数学模型法是目前最佳的方法。

模型方法的程序为：①建立简化物理模型；对复杂客观实体，在深入了解的基础上，进行合理简化，设想一个物理过程（模型）代替实际过程。简化必须合理，即简化模型必须能够反映客观实体，便于进行数学描述。②建立数学模型；依照物理模型和相关的已知原理，写出描述物理模型的数学方程及其初始和边界条件。③用模型方程的解讨论客观实体的反应特性规律。

数学模型法的核心就是数学模型的建立。用数学模型法进行反应器开发的步骤为：①小试研究化学反应规律；②根据化学反应规律合理选择反应器类型；③大型冷模试验研究传递过程规律；④利用计算机或其他手段综合反应规律和传递规律，预测大型反应器性能，寻找优化条件；⑤热模试验检验模型的合理性。

这些步骤对反应过程进行了分解研究，研究了反应过程内部规律性，并使过程简化，大大提高了反应器开发速率和效率。这一方法是反应器开发过程中采用的主要方法，本书中采用此方法研究问题。

模块一 均相反应器

均相反应是指在均一的液相或气相中进行的反应，这类反应包含的范围很广泛。如石油烃热裂解反应为气相均相反应，而酸碱中和、酯化、皂化等反应为典型的液相均相反应。化学工业中常见的均相反应器有釜式反应器和管式反应器，在石油化工、有机化工、高分子化工、精细化工、医药化工等领域更是广泛应用。

项目一 釜式反应器的设计和操作

>>>>> 生产案例 <<<<<

乙酸乙酯是一种快干性的工业溶剂，能配制多种溶剂型胶黏剂，是重要的香料添加剂，在纺织工业中还可用作清洗剂，还能用作油漆的稀释剂以及制造药物、染料的原料等。乙酸乙酯的生产是用原料乙酸和乙醇在釜式反应器中发生酯化反应生成乙酸乙酯，再用饱和碳酸钠溶液和未反应的乙酸在釜式反应器中发生中和反应，最后使用萃取精馏操作分离出未反应的乙醇，得到乙酸乙酯产品。酯化和中和反应是液相均相反应，对产品的质量、收率起着关键的作用。反应设备使用的是釜式反应器。

通过本项目的学习，在了解均相反应过程及反应器结构特点的基础上，学会选择、设计合适的釜式反应器，并能进行反应器的开、停车操作及简单的事故处理。

>>>>> 预备知识 <<<<<

一、均相反应动力学基础

研究均相反应过程，首先要掌握均相反应动力学。均相反应动力学是解决工业均相反应器的选型、操作与设计计算问题的重要理论基础。

（一）基本概念

1. 化学计量方程

（1）化学反应式　反应物经过化学反应生成产物的过程用定量关系式描述称为化学反应式。

$$aA+bB+\cdots \rightarrow rR+sS+\cdots$$

式中 a、b、r、s——化学反应中各组分的分子数，称计量系数。

化学反应式不是方程式，不允许按方程式的运算规则将等式一侧项转移到等式的另一侧。

（2）化学计量方程 化学计量方程只表示反应物、生成物在化学反应过程中量的变化关系。

$$aA+bB+\cdots = rR+sS+\cdots$$

化学计量方程是方程式，因此允许按照方程式的运算规则加以运算，如：

$$(-a)A+(-b)B+\cdots+rR+sS+\cdots=0$$

上式是化学计量方程普遍的表达形式，也可表示为：

$$a_A A+a_B B+\cdots+a_R R+a_S S+\cdots=\sum a_I I=0$$

其中 a_A、a_B、a_R、a_S、a_I 分别是 A、B、R、S、I 组分的计量系数。化学计量方程中的计量系数与化学反应式中的计量系数之间有以下关系。

若 I 组分为反应物，则该组分在化学计量方程中的计量系数与其在化学反应式中的计量系数数值相同但符号相反，即

$$a_A=-a,\ a_B=-b,\ a_I=-i$$

若 I 组分为反应产物，则该组分在化学计量方程中的计量系数与其在化学反应式中的计量系数相同，即

$$a_R=r,\ a_S=s,\ a_I=i$$

2. 反应程度

对于任一化学反应，$a_A A+a_B B+a_R R+a_S S=0$，反应时，各组分的起始时物质的量分别为 n_{A0}、n_{B0}、n_{R0}、n_{S0}。反应进行到一定程度，反应终态物质的量分别为 n_A、n_B、n_R、n_S。由化学计量方程可知：任何一个反应在反应进行过程中，反应物的消耗量与产物的生成量之间存在一定的比例，等于各自化学计量系数之比，即

$$\frac{n_A-n_{A0}}{\alpha_A}=\frac{n_B-n_{B0}}{\alpha_B}=\frac{n_R-n_{R0}}{\alpha_R}=\frac{n_S-n_{S0}}{\alpha_S}$$

从上式可以看出，任何组分的反应量（或生成量）与其化学计量系数的比值为一定值，称为反应程度，用 ξ 表示：

$$\xi=\frac{n_I-n_{I0}}{\alpha_I} \tag{1-1}$$

式中 n_{I0}、n_I——I 组分起始及终态时物质的量，mol；
　　　ξ——反应程度，无量纲；
　　　a_I——计量系数，无量纲。

反应程度 ξ 可以用来描述反应进行的程度。反应程度是一个累计量，其值永远为正，且随反应时间而变化。反应进行到一定时刻，各组分的物质的量与反应程度的关系为：

$$n_I=n_{I0}+\alpha_I\xi \tag{1-2}$$

3. 转化率

转化率是指某一反应物转化的百分率，用 x 表示。生产中经常用转化率来表示反应进行的程度。

$$x_A=\frac{\text{某一反应物的转化量}}{\text{该反应物的起始量}}=\frac{(n_{A0}-n_A)}{n_{A0}} \tag{1-3}$$

转化率是针对反应物而言的。如果反应物不止一种，根据不同反应物计算所得的转化率有可能不同。一般情况下选择关键组分（A）即反应物中价值最高且不过量的反应物来计算转化率。反应进行到一定时刻，任一组分 I 的物质的量与转化率 x_A 的关系为：

$$n_I = n_{I0} + \frac{\alpha_I}{(-\alpha_A)} n_{A0} x_A \tag{1-4}$$

一些反应系统由于受化学平衡的限制或其他原因，反应过程中的转化率很低。为了提高原料的利用率，通常将反应器出口处的产物分离出来，余下的反应原料再返回反应器的入口，和新鲜的反应原料一起加入到反应器中再反应，组成一个循环反应系统。这样该系统的转化率定义就有两种含义。一种叫单程转化率，指原料通过反应器一次达到的转化率，即以反应器入口物料为基准的转化率；另一种叫全程转化率，指新鲜物料进入反应系统到离开反应系统所达到的转化率，即以新鲜进料为基准的转化率。显然，全程转化率必定大于单程转化率，因为物料的循环提高了反应物的转化率。

转化率和反应程度都是表示化学反应进行的程度，反应程度 ξ 只与初始量有关，与物质的种类没有关系；而转化率则不仅和物质的初始状态有关，还和物质的种类有关。二者之间关系如下：

$$x_A = \frac{-\alpha_A}{n_{A0}} \xi \tag{1-5}$$

【例 1-1】 合成氨的方程式为 $N_2 + 3H_2 = 2NH_3$，若反应开始时，N_2、H_2 和 NH_3 的物质的量分别为 2mol、3mol、1mol，试求反应进行到一定程度时各组分的物质的量：(1) 反应进行程度用 ξ 表示；(2) 反应进行程度用 N_2 的转化率表示。

解：(1) 反应进行程度用 ξ 来表示：

$$n_{N_2} = 2 - \xi \qquad n_{H_2} = 3 - 3\xi \qquad n_{NH_3} = 1 + 2\xi$$

(2) 反应进行程度用 N_2 的转化率来表示：

$$n_{N_2} = 2 - 2x_{N_2} \qquad n_{H_2} = 3 - 6x_{N_2} \qquad n_{NH_3} = 1 + 4x_{N_2}$$

4. 收率和产率

在化工生产过程中，一般都是复合反应体系。单一体系中只用转化率就可以衡量反应的效果，但复合反应体系如果只用转化率去衡量反应的效果是不准确的。因此生产中常使用收率和产率。

收率是指通入反应器的原料中有多少生成了目的产物。

$$Y = \frac{\text{在系统中生成目的产物消耗的关键组分的物质的量}}{\text{加入系统中的关键组分的物质的量}}$$

产率是指参加反应的原料中有多少生成了目的产物，也叫选择性。

$$S = \frac{\text{在系统中生成目的产物消耗的关键组分的物质的量}}{\text{参加反应的关键组分的物质的量}}$$

收率、产率及转化率的关系为：

$$Y = x_A S \tag{1-6}$$

5. 化学反应速率

在反应系统中，以某一物质在单位时间、单位反应区域内的反应量来表示该反应的化学反应速率。

$$\text{反应速率} = \frac{\text{反应量}}{\text{反应区域} \times \text{反应时间}}$$

反应速率中某一物质的反应量一般用物质的量来表示，也可用物质的质量或分压等表示；均相反应过程的反应区域通常取反应混合物体积。若反应量用物质的量来表示，则反应速率的单位为 $kmol/(m^3 \cdot h)$。反应速率是针对反应体系中某一物质而言的，这种物质可以是反应物，也可以是生成物。

如果是反应物，由于其量总是随反应进行而减少，为保持反应速率值总为正，在反应速率前赋予负号，如反应物 A 的消耗速率为

$$-r_A = -\frac{1}{V}\frac{dn_A}{dt} \tag{1-7}$$

式中　　t——反应时间，h；

　　　　V——反应混合物的体积，m^3；

$(-r_A)$——反应物 A 的消耗速率，$kmol/(m^3 \cdot h)$；

　　　　n_A——反应物 A 的物质的量，kmol。

对于恒容过程

$$-r_A = -\frac{dc_A}{dt} \tag{1-8}$$

式中　　c_A——A 组分的浓度，$kmol/m^3$。

如果是产物，其量随反应进行而增加，反应速率取正号，如产物 R 的生成速率为

$$r_R = \frac{1}{V}\frac{dn_R}{dt} \tag{1-9}$$

式中　　r_R——产物 R 的生成速率，$kmol/(m^3 \cdot h)$。

因此，在一般情况下，对于同一个反应若按不同物质计算的反应速率在数值上常常是不相等的。对于多组分单一反应系统，各个组分的反应速率受化学计量关系的约束，存在一定比例关系。对于反应 $a_A A + a_B B = a_R R + a_S S$，则各组分的反应速率有如下关系：

$$\frac{(-r_A)}{\alpha_A} = \frac{(-r_B)}{\alpha_B} = \frac{r_R}{\alpha_R} = \frac{r_S}{\alpha_S}$$

其中 $(-r_A)$、$(-r_B)$ 是组分 A、B 的消耗速率，r_R、r_S 是组分 R、S 的生成速率。

（二）均相反应动力学

定量描述反应速率与影响反应速率的因素之间的关系式称为反应动力学方程。影响反应速率的因素有反应物温度、组成、压力、溶剂性质、催化剂性质等。对于均相反应，影响反应速率的主要因素是反应物的浓度和温度，因而反应动力学方程一般都可以写成：

$$\pm r_i = f(c, T)$$

式中　　r_i——组分 i 的反应速率，$kmol/(m^3 \cdot h)$；

　　　　c——反应物料的浓度，$kmol/m^3$；

　　　　T——反应温度，K。

对一个由几个组分组成的反应系统，其反应速率与各个组分的浓度都有关系。对于在系统中只进行一个不可逆反应的过程，其反应动力学方程可写成：

$$\pm r_i = k_i c_A^n c_B^m \cdots \tag{1-10}$$

式中　　c_A, c_B——组分 A，B 的浓度，$kmol/m^3$；

　　　　k_i——反应速率常数，单位与反应级数有关；

　　　　m, n——反应级数，无量纲。

如不可逆化学反应

$$aA + bB \rightarrow rR + sS$$

根据式(1-10)，A、B 组分的消耗速率为

$$-r_A = -\frac{1}{V}\frac{dn_A}{dt} = k_A c_A^n c_B^m \tag{1-11}$$

$$-r_B = -\frac{1}{V}\frac{dn_B}{dt} = k_B c_A^n c_B^m \tag{1-12}$$

对于气相反应，反应物的浓度可以用分压来表示：

$$-r_A = k_p p_A^n p_B^m \tag{1-13}$$

式中　　p_A，p_B——组分 A，B 的分压，Pa；
　　　　k_p——用分压表示的反应速率常数。

其中

$$k_p = \frac{k_A}{(RT)^{m+n}}$$

式中　　$m+n$——总反应级数。

为了能深刻理解动力学方程，下面就方程中的反应级数、反应速率常数 k 及单一反应与复合反应加以讨论。

1. 基元反应与非基元反应

在讨论反应级数之前，首先要区分基元反应与非基元反应。

如果反应物分子按化学反应式在碰撞中一步直接转化为生成物分子，则称该反应为基元反应。若反应物分子要经过若干步，即经由几个基元反应才能转化成为生成物分子的反应，则称为非基元反应。

例如 $H_2 + Br_2 = 2HBr$，由实验可知该反应由 5 个基元反应组成。

$$Br_2 \rightarrow 2Br\cdot$$
$$Br\cdot + H_2 \rightarrow HBr + H\cdot$$
$$H\cdot + Br_2 \rightarrow HBr + Br\cdot$$
$$H\cdot + HBr \rightarrow H_2 + Br\cdot$$
$$2Br\cdot \rightarrow Br_2$$

每个基元反应有一个速率方程，总反应有一个总速率方程。

基元反应动力学方程可以利用质量作用定律直接写出；非基元反应动力学方程根据反应机理推断或通过实验测定。

2. 反应级数

反应级数是指动力学方程式中浓度项的指数（m 和 n）。对于基元反应，反应级数等于化学反应式的计量系数值；而对于非基元反应，则应通过实验来确定。一般情况下，反应级数在一定温度范围内保持不变，其绝对值不会超过 3，可以是分数，可以是整数，也可以是负数。反应级数的大小反映了该物料浓度对反应速率影响的程度。反应级数的绝对值愈高，则该物料浓度的变化对反应速率的影响愈显著。如果反应级数等于零，在动力学方程式中该物料的浓度项就不出现，说明该物料浓度的变化对反应速率没有影响。如果反应级数是正值，说明随着该物料浓度的增加反应速率增加；如果反应级数是负值，说明该物料浓度的增加反而阻抑了反应，使反应速率下降。总反应级数等于各组分反应级数之和，即 $m+n$。

反应级数的高低并不能单独决定反应速率的快慢，只是反映了反应速率对物料浓度的敏感程度。级数愈高，物料浓度对反应速率的影响愈大。这可以为选择合适的反应器提供依据。

3. 反应速度常数及反应活化能

动力学方程式中的 k 值称为反应速率常数，在数值上等于所有反应组分的浓度为 1 时的反应速率，其单位与反应的级数有关，如一级反应，单位为 1/h，二级反应单位则为 $m^3/(kmol \cdot h)$。

k 值大小直接决定了反应速率的高低和反应进行的难易程度。不同的反应有不同的反应速率常数，对于同一个反应，速率常数随温度、溶剂、催化剂的变化而变化。其中温度是影响反应速率常数的主要因素。温度对速率常数的影响可用阿仑尼乌斯（Arrhenius）方程描述：

$$k = k_0 \exp\left(-\frac{E}{RT}\right) \tag{1-14}$$

式中 k_0——指前因子（或称频率因子），取决于反应物系的本质，与操作条件无关，单位与 k 相同；

E——反应的活化能，kJ/kmol；

R——气体常数，$R = 8.314 kJ/(kmol \cdot K)$。

活化能 E 的物理意义是指把反应物分子"激发"到可进行反应的"活化状态"所需要的能量。由此可见，活化能的大小是表征化学反应进行难易程度的标志。活化能高，反应难于进行；活化能低，则容易进行。但活化能 E 不仅决定反应的难易程度，它还决定了反应速率对温度的敏感程度。从阿仑尼乌斯方程看出，活化能愈大，温度对反应速率的影响就愈显著。当活化能 E 一定时，反应速率对温度的敏感程度随着温度的升高而降低，即高温时温度对反应速率的影响不如低温时影响大。

4. 单一反应与复合反应

如果在系统中仅发生一个不可逆的化学反应，则称该系统为单一反应过程。单一反应只用一个化学反应和一个动力学方程即可表示。

如对于不可逆化学反应 $aA + bB \rightarrow rR + sS$，A 组分的消耗速率为：

$$-r_A = k_A c_A^n c_B^m$$

如果在系统中发生两个或两个以上化学反应过程，则称该系统为复合反应过程。复合反应过程大致可分为可逆反应、平行反应、连串反应等几类。复合反应动力学方程要用几个动力学方程才能描述。

（三）均相单一反应动力学方程

1. 等温恒容过程

对于化学反应方程式，若反应前后的化学计量系数相等，则称为恒容反应，即 $\Sigma a_I = 0$。在工业生产中液相反应的反应过程中物料的密度变化不大，可作为恒容过程处理。气相反应中，若反应前后物质的量相等，也可以作为恒容过程。

对于不可逆反应：$A \rightarrow P$，其反应动力学方程为：

$$-r_A = k c_A^n$$

等温恒容过程，可表示为：

$$-r_A = -\frac{dc_A}{dt} = k c_A^n$$

式中 t 为达到某一转化率 x_A 所需时间，可将上式分离变量积分

$$k \int_0^t dt = -\int_{c_{A0}}^{c_A} \frac{dc_A}{c_A^n}$$

$$kt = -\int_{c_{A0}}^{c_A} \frac{dc_A}{c_A^n}$$

若为一级不可逆反应，则 $n=1$

$$kt = -\int_{c_{A0}}^{c_A} \frac{dc_A}{c_A} = \ln\frac{c_{A0}}{c_A} \tag{1-15}$$

因为 $\qquad c_A = c_{A0}(1-x_A)$

则 $$kt = \ln\frac{1}{1-x_A} \tag{1-16}$$

综上所述，对于等温恒容不可逆反应，只要知道动力学方程，就能积分求得结果：

$$t = -\int_{c_{A0}}^{c_A} \frac{dc_A}{-r_A} \tag{1-17}$$

现将常见整数级数的动力学方程的积分结果列于表 1-1 中。

表 1-1　等温恒容不可逆反应速率方程及积分式

化学反应	反应速率方程	积分形式
A→P （零级）	$-r_A = -\dfrac{dc_A}{dt} = k$	$kt = c_{A0} - c_A = c_{A0}x_A$
A→P （一级）	$-r_A = -\dfrac{dc_A}{dt} = kc_A$	$kt = \ln\dfrac{c_{A0}}{c_A} = \ln\dfrac{1}{1-x_A}$
2A→P A+B→P $(c_{A0}=c_{B0})$（二级）	$-r_A = -\dfrac{dc_A}{dt} = kc_A^2$	$kt = \dfrac{1}{c_A} - \dfrac{1}{c_{A0}} = \dfrac{1}{c_{A0}}\dfrac{x_A}{1-x_A}$
A+B→P $(c_{A0}\neq c_{B0})$（二级）	$-r_A = -\dfrac{dc_A}{dt} = kc_A c_B$	$kt = \dfrac{1}{c_{B0}-c_{A0}}\ln\dfrac{c_B c_{A0}}{c_{A0} c_B} = \dfrac{1}{c_{B0}-c_{A0}}\ln\dfrac{1-x_B}{1-x_A}$
A→P （n 级）	$-r_A = -\dfrac{dc_A}{dt} = kc_A^n$	$kt = \dfrac{1}{n-1}(c_A^{1-n} - c_{A0}^{1-n}) = \dfrac{1}{c_{A0}^{n-1}(n-1)}[(1-x_A)^{1-n}-1]$

分析讨论：

① 反应速率方程积分表达式中，左边是反应速率常数 k 与反应时间 t 的乘积，表示当反应初始条件和反应结果不变时，当反应速率常数 k 以任何倍数增加，将导致反应时间以同样倍数下降。

② 一级反应，反应所需时间 t 仅与转化率 x_A 有关，而与初始浓度无关。因此，可用改变初始浓度的方法来鉴别所考察的反应是否是一级反应。

③ 二级反应，达到一定转化率所需反应时间 t 与初始浓度有关，初始浓度提高，达到同样转化率 x_A 所需反应时间减小。

④ 对于 n 级反应

$$c_{A0}^{n-1} kt = \int_0^{x_A} \frac{dx_A}{(1-x_A)^n} \tag{1-18}$$

当 $n>1$ 时，达到同样转化率，初始浓度 c_{A0} 提高，反应时间减少；当 $n<1$ 时，初始浓度 c_{A0} 提高时要达到同样转化率，反应时间增加；对于 $n<1$ 的反应，反应时间达到某个值时，反应转化率可达 100%；对于 $n\geqslant 1$ 的反应，反应转化率达 100%，所需反应时间为无限长。这表明 $n\geqslant 1$ 的反应，反应的大部分时间是花费在反应的末期。高转化率或低残余浓度的要求会使反应所需时间大幅度地增长。

2. 等温变容过程

若反应前后的化学计量系数不相等，则称为变容反应。对于气相反应，当系统压力基本不变而反应前后总物质的量改变时，就意味着反应过程的体积有改变，为变容过程，此时必须寻找反应物数量变化规律，以建立动力学方程式。

(1) 膨胀因子 δ_A　膨胀因子为每转化 1kmolA 造成反应体系内物质的量的改变量。

对于反应：
$$aA + bB \rightarrow rR + sS$$

其计量方程：
$$a_A A + a_B B + a_R R + a_S S = \sum a_I I = 0$$

则
$$\delta_A = \frac{\sum \alpha_I}{(-\alpha_A)} \tag{1-19}$$

或
$$\delta_A = \frac{\alpha_R + \alpha_S + \alpha_A + \alpha_B}{(-\alpha_A)} \tag{1-20}$$

当 $\delta_A > 0$ 时，是体积增大的反应；当 $\delta_A < 0$ 时，是体积减小的反应，均为变容反应。当 $\delta_A = 0$ 时，是体积不变的反应，即恒容反应。

设反应开始时，$x_A = 0$，各组分物质的量为 n_{A0}、n_{B0}、n_{R0}、n_{S0}。系统总物质的量 $n_{t0} = n_{A0} + n_{B0} + n_{R0} + n_{S0}$。反应经过 t 时间后，A 的转化率为 x_A，各物料物质的量为 n_A、n_B、n_R、n_S，此时系统总物质的量为 $n_t = n_A + n_B + n_R + n_S$。根据式(1-4) 及式(1-20) 可得出：
$$n_t = n_{t0} + n_{A0} \delta_A x_A$$

令
$$y_{A0} = \frac{n_{A0}}{n_{t0}}$$

则
$$n_t = n_{t0}(1 + y_{A0} \delta_A x_A)$$

若系统服从理想气体定律，得出反应前后的体积关系如下：
$$V = \frac{RT}{p} n_t = \frac{RT}{p} n_{t0}(1 + y_{A0} \delta_A x_A) = V_0(1 + y_{A0} \delta_A x_A)$$

变容系统组分浓度与转化率则存在如下关系：

$$c_I = \frac{n_I}{V} = \frac{c_{I0} + \frac{\alpha_I}{-\alpha_A} c_{A0} x_A}{1 + y_{A0} \delta_A x_A} \tag{1-21}$$

$$c_A = \frac{n_A}{V} = \frac{c_{A0}(1 - x_A)}{1 + y_{A0} \delta_A x_A} \tag{1-22}$$

式中　V_0——初始状态下反应体系的总体积，m^3；

c_{A0}、c_{I0}——组分 A、I 的初始浓度，$kmol/m^3$；

V——终了状态下反应体系的总体积，m^3；

c_I、c_A——反应物 I、A 的终了浓度，$kmol/m^3$；

y_{A0}——反应物 A 的初始状态下的摩尔分数，无量纲。

(2) 膨胀率 ε_A　若物系体积变化与转化率变化呈线性关系，则体系的变容程度还可用膨胀率表示。膨胀率为反应物 A 全部转化后，系统体积的变化分率。

$$\varepsilon_A = \frac{V_{x_A = 1} - V_{x_A = 0}}{V_{x_A = 0}} \tag{1-23}$$

此时反应前后的体积关系为：$V = V_0(1 + \varepsilon_A x_A)$

膨胀率和膨胀因子的关系为：
$$\varepsilon_A = y_{A0} \delta_A \tag{1-24}$$

浓度与转化率的变化关系为：

$$c_A = \frac{n_A}{V} = \frac{c_{A0}(1-x_A)}{(1+\varepsilon_A x_A)} \qquad (1-25)$$

变容过程动力学方程为

$$(-r_A) = -\frac{1}{V}\frac{dn_A}{dt} = -\frac{1}{V_0(1+\varepsilon_A x_A)}\frac{d[n_{A0}(1-x_A)]}{dt} = \frac{c_{A0}}{1+\varepsilon_A x_A}\frac{dx_A}{dt} \qquad (1-26)$$

将上式积分得

$$t = c_{A0}\int_0^{x_A}\frac{dx_A}{(1+\varepsilon_A x_A)(-r_A)}$$

一些简单反应的积分结果列于表 1-2 中。

表 1-2 等温变容过程的速率方程及积分式

化学反应	速率方程	积分形式
A→P（零级）	$-r_A = -\dfrac{dc_A}{dt} = k$	$kt = \dfrac{c_{A0}}{y_{A0}\delta_A}\ln(1+y_{A0}\delta_A x_A)$
A→P（一级）	$-r_A = -\dfrac{dc_A}{dt} = kc_A$	$kt = -\ln(1-x_A)$
2A→P A+B→P（$c_{A0}=c_{B0}$）（二级）	$-r_A = -\dfrac{dc_A}{dt} = kc_A^2$	$c_{A0}kt = \dfrac{(1+\delta_A y_{A0})x_A}{1-x_A} + \delta_A y_{A0}\ln(1-x_A)$

【例 1-2】 乙烷裂解生成乙烯的反应如下：$C_2H_6 = C_2H_4 + H_2$，反应开始时通入 C_2H_6 的物质的量为 6mol，稀释水蒸气为 4mol，求反应过程中的膨胀因子和膨胀率。

解：膨胀因子：

$$\delta_A = \frac{\sum\alpha_I}{(-\alpha_A)} = \frac{1+1-1}{1} = 1$$

反应过程中物质的量的变化：

组分	物质的量/mol	
	$x_A=0$	$x_A=1$
C_2H_6	6	0
C_2H_4	0	6
H_2	0	6
H_2O	4	4
总计	10	16

膨胀率：

$$\varepsilon_A = \frac{V_{x_A=1} - V_{x_A=0}}{V_{x_A=0}} = \frac{16-10}{10} = \frac{6}{10}$$

（四）复合反应动力学方程

复合反应由于存在着多个化学反应，物系中任一反应组分既可能参与其中一个反应，也可能同时参与若干反应。在这种情况下，可将复合反应分解为若干个独立的单一反应，按单一反应处理各自的动力学。系统中某组分的反应量是其参与各个化学反应共同作用的结果，通常用该组分的生成速率 r_I 来表示，r_I 等于按组分 I 计算的各个反应的反应速率的代数和。

1. 平行反应

反应物能同时分别进行两个或多个独立的反应，称平行反应。许多取代反应、加成反应和分解反应都是平行反应，甲苯硝化生成邻位、对位、间位硝基苯就是一个典型的例子。生成主要产物或目的产物的称为主反应，其余的称为副反应。

$$A \xrightarrow{k_1} P \text{（目的产物）}$$

$$A \xrightarrow{k_2} S \text{（副产物）}$$

三个组分的生成速率：

$$-r_A = -\frac{dc_A}{dt} = k_1 c_A^{n_1} + k_2 c_A^{n_2} \tag{1-27}$$

$$r_P = \frac{dc_P}{dt} = k_1 c_A^{n_1} \tag{1-28}$$

$$r_S = \frac{dc_S}{dt} = k_2 c_A^{n_2} \tag{1-29}$$

当为一级反应时，$n_1 = n_2 = 1$，对式(1-27)积分可得：

$$c_A = c_{A0} e^{-(k_1 + k_2)t} \tag{1-30}$$

将式(1-30)代入式(1-28)及式(1-29)可得：

$$c_P = \frac{k_1}{k_1 + k_2} c_{A0} [1 - e^{-(k_1 + k_2)t}] \tag{1-31}$$

$$c_S = \frac{k_2}{k_1 + k_2} c_{A0} [1 - e^{-(k_1 + k_2)t}] \tag{1-32}$$

根据式(1-30)~式(1-32)，以浓度对时间作图，可得图1-1，由图可知：

① 当主、副反应级数相同时，$n_1 = n_2$

$$\frac{r_P}{r_S} = \frac{k_1}{k_2}$$

因此

$$\frac{c_P}{c_S} = \frac{k_1}{k_2}$$

可以通过改变 k_1/k_2 比值来控制产物分布。

② 当主反应活化能 $E_1 > E_2$（副反应活化能）时，提高温度有利于提高目的产物的收率（c_P/c_S）。当 $E_1 < E_2$ 时，降低温度有利于提高目的产物的收率。

③ 当反应级数 $n_1 \neq n_2$ 时，$\frac{r_P}{r_S} = \frac{k_1}{k_2} c_A^{n_1 - n_2}$。若 $n_1 > n_2$，

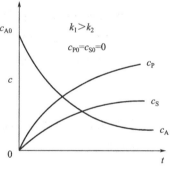

图1-1 一级平行反应浓度分布

即主反应级数大于副反应级数时，为了获得较大的 r_P/r_S 比值，在整个反应过程中应使 c_A 维持在一个较高水平。当 $n_1 < n_2$，应使 c_A 维持在一个较低水平。

2. 连串反应

连串反应是指反应产物能进一步反应生成其他副产物的反应。许多水解反应、卤化反应、氧化反应都是连串反应。如苯的液相氯化就是一个例子。

对于一级不可逆连串反应：$A \xrightarrow{k_1} P \xrightarrow{k_2} S$，其中P称中间产物，S称最终产物。

三个组分的生成速率为：

$$-r_A = -\frac{dc_A}{dt} = k_1 c_A \tag{1-33}$$

$$r_P = \frac{dc_P}{dt} = k_1 c_A - k_2 c_P \tag{1-34}$$

$$r_S = \frac{dc_S}{dt} = k_2 c_P \tag{1-35}$$

设 $c_{P0}=c_{S0}=0$，则通过积分推导可得：

$$c_A = c_{A0} e^{-k_1 t} \tag{1-36}$$

$$c_P = \frac{k_1}{k_1-k_2} c_{A0} (e^{-k_2 t} - e^{-k_1 t}) \tag{1-37}$$

$$c_S = c_{A0} \left[1 + \frac{1}{k_1-k_2}(k_2 e^{-k_1 t} - k_1 e^{-k_2 t}) \right] \tag{1-38}$$

若 $k_2 \gg k_1$ 时：$c_S = c_{A0}(1-e^{-k_1 t})$；$k_1 \gg k_2$ 时：$c_S = c_{A0}(1-e^{-k_2 t})$。

式(1-36)～式(1-38)分别为组分 A、P、S 随时间变化关系。以浓度对时间作图，可得图 1-2，由图可知：

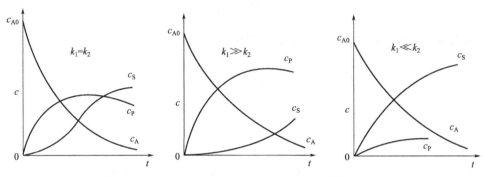

图 1-2　连串反应的浓度-时间变化

① A 的浓度随时间呈指数下降，S 的浓度随时间增加呈指数而连续上升；中间产物 P 的浓度随时间增加到最大值后再下降。这是连串反应的显著特征。

② 中间产物 P 的最大值及其位置受 k_1、k_2 大小支配，P 浓度的最大值为：

$$c_{Pmax} = c_{A0} \left(\frac{k_1}{k_2} \right)^{\frac{k_2}{k_2-k_1}}$$

③ 若 P 为目的产物为提高目的产物的收率，应尽可能使 k_1/k_2 比值增加，使 c_A 浓度增加，c_P 浓度降低。

二、反应器流动模型

反应器的性能与流体的流动状态和混合密切相关，对反应器的计算、选型和优化有很大的影响。由于反应器的结构型式、几何尺寸、操作条件的不同，导致反应器内的流体流动也有所不同，为此研究反应器内的流体流动是必要的。

(一) 理想流动模型

为简化反应器工艺设计，根据反应器内流体的流动状况，建立两种理想流动模型，即理想置换流动模型和理想混合流动模型。

1. 理想置换流动模型

理想置换流动模型也称为平推流模型或活塞流模型。它假设流体在反应器内平行地像活塞一样向前移动，是一种返混程度为零的理想流动模型。该模型的主要特点是：由于流体沿同一方向以相同的速度推进，所有流体粒子在反应器内的停留时间相等；在定态情况下，沿流体流动方向上，流体的参数（如温度、浓度、压力等）不断变化，而与流动方向垂直的径向上所有的参数均相同；一般情况下，长径比较大、流速较快的管式反应器内的流体流动可视为是理想置换流动模型。

2. 理想混合流动模型

理想混合流动模型也可称为全混流模型。它假设进入反应器的新鲜流体粒子与存留在反应器内的流体粒子能在瞬间混合均匀，是一种返混程度为无穷大的理想流动模型。由于搅拌的作用，使进入反应器的流体粒子部分有可能刚进入反应器就从出口流出，停留时间非常短；也有可能部分流体粒子刚到出口附近又被搅了回来，停留时间很长，造成反应器内流体粒子的停留时间不同，形成返混。理想混合流动模型认为在搅拌剧烈的反应器内不同停留时间的流体粒子达到了完全混合，使反应器内所有流体粒子具有相同的温度、相同的浓度且等于反应器出口的温度和浓度。搅拌十分强烈的连续操作釜式反应器中的流体流动可视为是理想混合流动模型。

3. 返混

返混是指不同时刻进入反应器的物料之间的混合，是逆向的混合，或者说是不同年龄质点之间的混合。返混是连续化后才出现的一种混合现象。间歇操作反应器中不存在返混，理想置换反应器是没有返混的一种典型的连续反应器，而理想混合反应器则是返混达到极限状态的一种反应器。

对理想混合反应器而言，进口的反应物虽然具有高浓度，但一旦进入反应器内，由于存在剧烈的混合作用，进入的高浓度反应物料立即被迅速分散到反应器的各个部位，并与那里原有的低浓度物料相混合，使高浓度瞬间消失。可见，理想混合反应器中由于剧烈的搅拌混合，不可能存在高浓度区。

在此需要指出的是，间歇操作和连续操作釜式反应器虽然同样存在剧烈的搅拌与混合，但参与混合的物料是不同的。前者是同一时刻进入反应器的物料之间的混合，并不改变原有的物料浓度；后者则是不同时刻进入反应器的物料之间的混合，是不同浓度、不同性质物料之间的混合，属于返混，它造成了反应物高浓度的迅速消失，导致反应器的生产能力下降。

返混改变了反应器内的浓度分布，使反应器内反应物的浓度下降，反应产物的浓度上升。但是，这种浓度分布的改变对反应的利弊取决于反应过程的浓度效应。

返混是连续操作反应器中的一个重要工程因素，任何过程在连续化时必须充分考虑这个因素的影响，否则不但不能强化生产，反而有可能导致生产能力的下降或反应选择性的降低。实际生产中，应首先研究清楚反应的动力学特征，然后根据它的浓度效应确定采用恰当形式的连续操作反应器。

返混对反应的利弊视具体的反应特征而异。在返混对反应不利的情况下，要使反应过程由间歇操作转为连续操作时，应当考虑返混可能造成的危害。选择反应器的型式时，应尽量避免选用可能造成返混的反应器，特别应当注意有些反应器内的返混程度会随其几何尺寸的变化而显著增强。

返混不但对反应过程产生不同程度的影响，更重要的是对反应器的工程放大所产生的问题。由于放大后的反应器中流动状况改变，导致了返混程度的变化，给反应器的放大计算带来很大的困难。因此，在分析各种类型反应器的特征及选用反应器时都必须把反应器的返混状况作为一项重要特征加以考虑。

理想流动是对流体实际流动情况的理想化，是一种简化问题的方法。工业生产中有些实际反应器近似于上述两种理想流动模型，因此可以在工程计算中作为理想状况进行处理。理想流动模型计算方法比较简单，同时也是非理想流动的计算基础。

（二）非理想流动模型

理想流动模型是两种极端状况下（返混程度为零或充分返混）的流体流动，而实际反应器中的流动过程介于两者之间，返混程度在 0~∞ 之间，与理想流动有所偏离。工业生产中所有偏离理想流动模型的流动模式均称为非理想流动模型。实际反应器属于非理想流动反应器。

1. 非理想流动的产生原因

非理想流动反应器存在不同程度的返混，导致非理想流动的原因有很多，归纳起来主要有以下几类。

（1）滞留区的存在　滞留区也称死角、死区，是指反应器内流体流动极慢以至几乎不流动的区域。由于滞留区的存在，使得部分流体粒子的停留时间极长。滞留区主要产生于设备的死角中，如设备两端、挡板与设备壁的交接处以及设备中的其他障碍物，最易产生死角。若要减少滞留区的存在，主要通过合理的设计来保证。

（2）沟流和短路　设备设计不良时流体在设备内的停留时间极短，例如当设备的进出口离得太近时就会出现短路。在固定床反应器、填料塔以及滴流床反应器中，由于催化剂颗粒或填料装填不匀，造成一低阻力通道，使得部分流体快速从此通道流过从而形成沟流。

（3）循环流　在实际的釜式反应器、鼓泡塔和流化床中都存在着流体的循环流动。

（4）流体流速分布不均匀　由于流体在反应器内的径向流速分布不均匀，从而造成流体在反应器内的停留时间不同。当反应器内流体层流流动时，流体在径向上的流速呈抛物线分布。

（5）扩散　由于分子扩散及涡流扩散的存在而造成了流体粒子之间的混合，使停留时间的分布偏离理想流动状况。

对于一个流动系统而言，导致非理想流动的原因很多，可能是上述中的一种，也可能是几种，甚至是上述所有因素同时存在，抑或是还有其他的原因存在。

2. 非理想流动的改善措施

在实际反应器中，非理想流动是不可避免的。若化学反应希望采取平推流模型，改善返混的措施如下。

（1）增大流体在设备内的湍流程度，消除径向和轴向扩散，使停留时间分布均匀。

（2）在反应器内装设充填物，以改变设备内速度分布和浓度分布，从而使停留时间分布均匀。但要注意避免沟流和短路现象的发生。

（3）增加设备级数或在设备内增设挡板。

（4）采用适当的气体分布装置，或调节各组反应管的阻力，使其均匀一致。

若化学反应希望采取全混流模型，则希望反应器内流体的返混程度非常大，物料的混合十分均匀，可以选择适宜的搅拌器和搅拌功率，改善反应釜结构，加速物料的混合，避免出现死区。

任务一　认识釜式反应器

知识目标：了解釜式反应器的基本构成、各部件的结构、特点及在化工生产中的应用。
能力目标：能对照实物说出釜式反应器各部件的名称及作用。

釜式反应器是各类反应器中结构较为简单、应用较广的一种。主要应用于液-液均相反应过程，在气-液、液-液非均相反应过程也有应用。在化工生产中，既可适用于间歇操作过程，又可实现单釜或多釜串联的连续操作过程，而以在间歇生产过程中应用最多。它具有温度和压力范围宽、适应性强、操作弹性大，连续操作时温度、浓度容易控制，产品质量均一等特点。但若应用在需要较高转化率的工艺要求时，则需要较大容积。通常在反应条件比较缓和的情况下操作，如常压、温度较低且低于物料沸点时，应用此类反应器最为普遍。

釜式反应器的基本结构主要包括反应器壳体、搅拌器、密封装置和换热装置等。

● 任务实施

一、釜式反应器的壳体结构

釜式反应器壳体部分的结构如图 1-3 所示。主要包括筒体、底、盖（或称封头）、手孔或人孔、视镜及各种工艺接管口等。

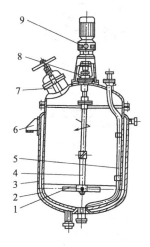

图 1-3 釜式反应器
1—搅拌器；2—釜体；3—夹套；4—搅拌轴；
5—压出管；6—支座；7—人孔；
8—轴封；9—传动装置

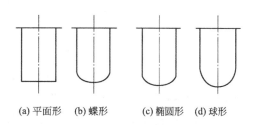

图 1-4 几种反应釜底的形式

釜式反应器的筒体皆制成圆筒形。底、盖常用的形状有平面形、碟形、椭圆形和球形，釜底也有锥形，如图 1-4 所示。平面形结构简单，容易制造，一般在釜体直径小，常压（或压力不大）条件下操作时采用；碟形和椭圆形应用较多；球形多用于高压反应器。当反应后的物料需用分层法使其分离时可用锥形底。

釜式反应器壳体所用材料一般为碳钢，根据特殊需要，可在与反应物料接触部分衬有不锈钢、铅、橡胶、玻璃钢或搪瓷等；也可直接用不锈钢制造。

上封头与筒体连接有两种：一种是上封头与筒体直接焊死构成一个整体；另一种是考虑拆卸方便用法兰连接以便于维护检修。在上封头上开有各种工艺接管口、人孔、手孔、视镜等。

手孔或人孔的安设是为了检查内部空间以及安装和拆卸设备内部构件。手孔的直径一般为 0.15~0.20m，它的结构一般是在封头上接一短管，并盖以盲板。当釜体直径比较大时，可以根据需要开设人孔，人孔的形状有圆形和椭圆形两种，圆形人孔直径一般为 400mm，椭圆形人孔的最小直径为 400mm×300mm。

釜式反应器的视镜主要是为了观察设备内部物料的反应情况，其结构应满足比较宽阔的视察范围。

工艺接管口主要用于进、出物料及安装温度、压力的测定装置。进料管或加料管应做成不使料液的液沫溅到釜壁上的形状，以避免由于料液沿反应釜内壁向下流动而引起釜壁局部腐蚀。

二、釜式反应器的搅拌装置

釜式反应器安装搅拌器的作用是加强物料的均匀混合，强化釜内的传热和传质过程。常用的搅拌器有桨式、框式、锚式、旋桨式、涡轮式和螺带式等，如图1-5所示。

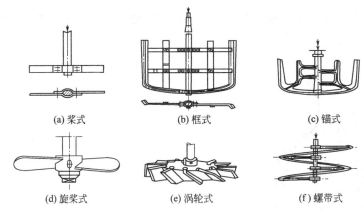

图1-5 釜式反应器的搅拌器型式

桨式搅拌器一端为平轭形，是搅拌器中结构最简单的一种，按桨叶的安装方式可分为平直叶和折叶两种形式。桨叶总长可取为釜体内径的1/3~2/3，转速可为15~80r/min，属于低速搅拌器。结构简单，制造方便。因桨叶水平装设，故可造成水平液流，一般仅适用于不需要剧烈混合的过程。

框式搅拌器在水平桨之外增设垂直桨叶，形成一个框，框的宽度可取釜内径的2/3，转速可为15~80r/min，属于低速搅拌器。结构简单，制造方便。可较好地搅拌液体。

锚式搅拌器由垂直桨叶和形状与底封头形状相同的水平桨叶组成，允许造出特定的锚形。转速可为15~80r/min，属于低速搅拌器。结构简单，制造方便。转动时几乎触及釜体的内壁，可及时刮除壁面沉积物，有利于传热。适用于黏稠物料的搅拌和传热。

旋桨式搅拌器用1~3片推进式桨叶装于转轴上而成。转速为400~1500r/min，当搅拌黏性液体以及含有悬浮物或可形成泡沫的液体时，转速应在150~400r/min之间。结构简单、制造方便、可在较小的功率消耗下得到高速旋转。广泛用于较低黏度的液体搅拌，也可用来制备乳浊液和颗粒在10%以下的悬浮液。

涡轮搅拌器由一个或数个装置在直轴上的涡轮所构成，主要分为圆盘式和开启式两种。转速为2~10r/min，其操作形式类似于离心泵的翼轮，能造成剧烈的搅拌效果。生产成本较高，适用于大量液体的连续搅拌操作，除稠厚的浆糊状物料外，几乎可应用于任何情况。

螺带式搅拌器由宽度和螺距一定的螺旋带构成搅拌叶，通过横向拉杆与搅拌轴连接，转速较低，通常不超过50r/min。螺带外廓接近釜内壁，螺带方向通常是螺带旋转时沿釜体壁上升。能将黏于器壁的沉积物料刮下来，适用于黏稠易挂壁物料。

在一般情况下，对低黏性均相液体混合，可选用任何形式的搅拌器；对非均相液体分散混合，选用旋桨式、涡轮式搅拌器为好；在有固体悬浮物存在，固液密度差较大时，选用涡轮式搅拌器，固液密度差较小时，选用桨式搅拌器；对于物料黏性很大的液体混合，可选用锚式搅拌器。

三、挡板和导流筒

当反应过程需要更大的搅拌强度或需使被搅拌液体作上下翻腾运动时，可在反应器内装设挡板和导流筒。

挡板结构如图1-6所示。挡板宽度为（1/12～1/10）倍的釜径。作圆周运动的液体碰到挡板后改变90°方向，或顺着挡板作轴向运动或垂直于挡板作径向运动。因此，挡板可把切线流转变为轴向流和径向流，提高了宏观混合速率和剪切性能，从而改善了搅拌效果。挡板的数目视釜径而定，一般为2～4块。需要注意的是，在层流状态，挡板不起作用。因此对于低速搅拌高黏度液体的锚式和框式搅拌器，安装挡板毫无意义。

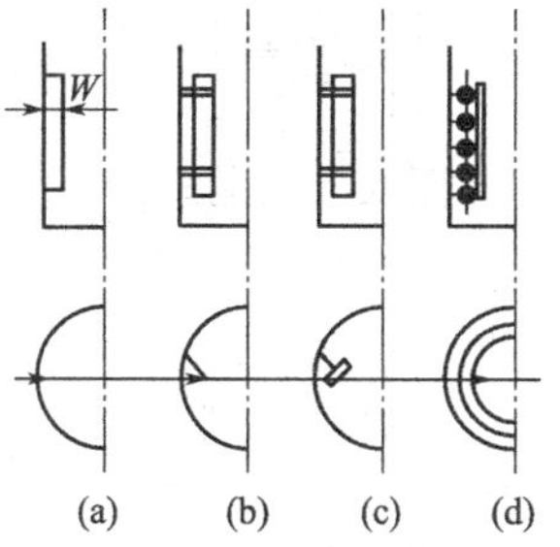

有时在搅拌操作中需要控制流体的流型，这时可以在反应釜内安装导流筒。导流筒是一个圆筒，一般安装在搅拌器的外面，主要是用于旋桨式和涡轮式搅拌器。对于涡轮式搅拌器，导流筒安置在叶轮的上方，使叶轮上方的轴向流得到加强。而对于螺旋桨推进式搅拌器，导流筒安置在叶轮的外面，以便旋桨式搅拌器所产生的轴向流得到进一步加强。总之导流筒的作用主要是使从搅拌器排出的液体在导流筒内部和外部形成上下循环的流动，以增加流体的湍动程度，减少短路机会，增加循环流量和控制流型。

图1-6　挡板形式及安装方式

四、釜式反应器的换热装置

反应器的换热装置是用来加热或冷却反应物料，使之符合工艺要求的温度条件的设备。其结构型式主要有夹套式、蛇管式、列管式、外部循环式等，如图1-7所示。

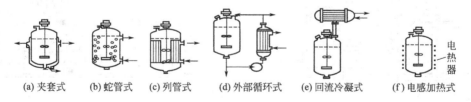

(a) 夹套式　(b) 蛇管式　(c) 列管式　(d) 外部循环式　(e) 回流冷凝式　(f) 电感加热式

图1-7　釜式反应器的换热装置

夹套式换热是反应釜最常用的传热装置。夹套一般由钢板焊接而成，套在反应器筒体外面，形成密封空间。结构简单，使用方便。当所需传热面较大，而夹套不能满足要求时，可用蛇管式。蛇管分为水平和直立两种型式。对于大型反应釜，需要高速传热时，可在釜内安装列管式换热器。除了使反应物料在反应器内进行换热之外，还可以采用各种型式的换热器使反应物料在反应器外进行换热，即将反应器内的物料移出反应器经过外部换热器换热后再循环回反应器中。

各种换热装置的选择主要视传热表面是否易被污染而需要清洗、所需传热面积的大小、传热介质的泄漏可能造成的后果以及传热介质的温度和压力等因素来决定。一般在需要较大传热面积时，采用蛇管或列管式换热器；反应在沸腾下进行时，采用釜外回流冷凝器取走热量；

在需要较小传热面积，传热介质压力又较低的情况下，采用简单的夹套式换热器比较适宜。

五、传动装置及密封

釜式反应器具有单独的传动装置，一般包括电动机、减速装置、联轴节及搅拌轴等，如图1-8所示。传动装置通常设置在反应釜顶部，采用立式布置。电动机经减速机将转速减至按工艺要求的搅拌转速下，再通过联轴器带动搅拌轴旋转。

一般在封头上焊一底座，整个传动装置连机座及轴封都一起安装在这个底座上，以使传动装置与轴封装置在安装时保持一定的同心度，同时也便于装卸和检修。

静止的搅拌釜封头和转动的搅拌轴之间设有搅拌轴密封装置，简称轴封，以防止釜内物料泄漏。轴封装置主要有填料密封和机械密封两种。还可用新型密封胶密封。填料密封的结构如图1-9所示。填料箱由箱体、填料、油环、衬套、压盖和压紧螺栓等零件组成，旋转压紧螺栓时压盖压紧填料，使填料变形并紧贴在轴表面上，达到密封目的。填料密封结构简单，填料装卸方便，但使用寿命较短，难免微量泄漏。机械密封的结构如图1-10所示，机械密封由动环、静环、弹簧加荷装置（弹簧、螺栓、螺母、弹簧座、弹簧压板）及辅助密封圈四部分组成。由于弹簧力的作用使动环紧紧压在静环上，当轴旋转时，动环、弹簧、弹簧座、弹簧压板等零件随轴一起旋转，而静环则固定在座架上静止不动，动环与静环相接触的环形密封端面阻止了物料的泄漏。机械密封结构较复杂，但密封效果甚佳。

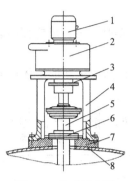

图1-8 釜式反应器的传动装置
1—电动机；2—减速器；3—联轴器；4—支架；5—搅拌轴；6—轴封装置；7—凸缘；8—顶盖

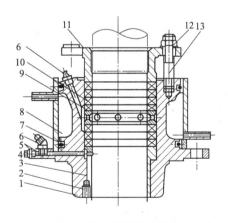

图1-9 带夹套铸铁填料箱
1—本体；2—螺钉；3—衬套；4—螺塞；5—油圈；6,9—油环；7—O形密封环；8—水夹套；10—填料；11—压盖；12—螺母；13—双头螺柱

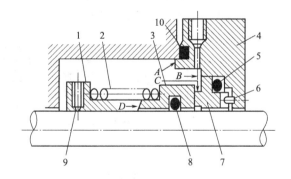

图1-10 机械密封装置
1—弹簧座；2—弹簧；3—动环；4—静环座；5—静环密封圈；6—防转销；7—静环；8—动环密封圈；9—紧定螺钉；10—静环座密封圈

○ **拓展知识**

新型立卧式球形反应釜

目前在化工生产中，普遍使用的釜式反应器有立式、卧式两种，但釜体结构都是圆柱筒

体，流体介质在釜内的流动形态不是完全均质的，甚至有反应死角，对反应介质的传热、传质都有不利影响。

带夹套球形搅拌反应釜的新型反应装置，是将传统的带夹套搅拌反应釜的釜体和夹套制作成球形体。由于球形内壳形成了360°万向对称的约束空间，使釜内介质在搅拌的工况下，能在全容积中获得更加均匀的轴、径、周三向流动场，实现气-液-固三相的均匀分散，达到无死角、高效、均匀传质反应。在同样材质、同等压力和温度条件下，球形壳体比相同直径的圆筒形壳体壁厚可以减少一半，可成比例降低器壁热阻，提高热传导能力。当容积和釜壁两侧工况相同时，球形反应釜的热传导能力约为圆筒形反应釜的1.5倍。同时，由于球形体空间分布的万向对称性，该反应釜可实现立、卧、斜3种使用方式，在结构受力方面，特别适用于高温、高压、大容积的设备要求，易于系列化和大型化。另外，球形釜更便于釜壁的清理。

新型带夹套球形搅拌反应釜在传质、传热、受力等方面都具有极大的优越性，是对传统化工搅拌反应器的一次革命性创新，将在化工生产领域具有广泛的应用前景。

● 考核评价

任务一　认识釜式反应器学习评价表

学习目标	评价项目	评价标准	评价			
			优	良	中	差
认识釜式反应器的结构	壳体	说明壳体的形式、构成、作用				
	搅拌装置	说明搅拌装置的作用、类型及特点、选用				
	轴封	说明轴封的类型、作用				
	换热装置	说明换热装置的作用、类型及特点、选用				
能绘制设备结构简图	反应器	壳体、搅拌装置、轴封				
综合评价						

任务二　间歇釜式反应器的设计

知识目标：了解釜式反应器生产的基本概念。
　　　　　了解间歇操作搅拌釜式反应器的特点。
　　　　　掌握反应器设计的基础方程。
　　　　　掌握间歇操作釜式反应器的反应时间与反应器体积计算。
能力目标：能根据生产任务的要求，设计计算釜式反应器的体积。

● 相关知识

一、反应器设计基础

（一）反应器的分类

前已述及，工业反应器有各种不同的分类方法。如按结构分类有管式反应器、釜式反应器等；按操作方式分类有间歇式反应器、连续式反应器、半连续（半间歇）式反应器等；按温度变化分类有等温反应器、非等温反应器等。

当反应器内存在返混时，反应器内物料的浓度将受返混的影响。尽管反应动力学方程没有变化，但浓度的变化将影响反应速率，进而影响整个反应器内的反应情况。因此按物料在反应器内返混情况作为反应器分类的依据，能更好地反映其本质。按返混情况不同反应器可分为理想流动反应器和非理想流动反应器。其中理想流动反应器又可分为间歇釜式反应器（BR）、理想置换反应器（PFR）和连续操作的充分搅拌釜式反应器（CSTR）。

（二）反应器设计的内容

反应器的工艺设计包括两方面内容：

一是在确定的生产任务条件下（已知原料量、原料组成及对产品的要求），通过设计计算，确定反应器工艺尺寸。

二是对反应器的校核计算，即对已有的反应器，在确定产品达到一定质量要求的前提下，核算能否完成产量；或保持一定产量时，质量是否合格。

（三）反应器设计的基础方程

反应器计算的基本方程包括：描述浓度变化的物料衡算式；描述温度变化的热量衡算式；描述反应速率变化的动力学方程。动力学方程在前面已经学习了，现介绍反应过程中的物料衡算式和热量衡算式。

1. 物料衡算式

（1）基本方程　物料衡算式是在所选的衡算范围内，根据质量守恒定律对系统内某一关键组分进行衡算，是计算反应器体积的基本方程。对任何型式的反应器，关键组分既可以是反应物也可以是产物。而衡算范围的选择原则是把反应速率视为定值的最大空间范围。若不知其传递特性，则可认为在反应器的微元体积内参数是均一的，即在微元时间内取微元体积建立衡算式：

$$\left\{\begin{array}{l}\text{微元时间内}\\\text{进入微元体积}\\\text{关键组分量}\end{array}\right\} - \left\{\begin{array}{l}\text{微元时间内}\\\text{离开微元体积}\\\text{关键组分量}\end{array}\right\} + \left\{\begin{array}{l}\text{微元时间微元}\\\text{体积内变化的}\\\text{关键组分量}\end{array}\right\} = \left\{\begin{array}{l}\text{微元时间微元}\\\text{体积内关键}\\\text{组分的累积量}\end{array}\right\} \quad (1\text{-}39)$$

物料衡算式给出了反应物浓度或转化率随反应器位置或反应时间变化的函数关系。

（2）说明　式(1-39)是物料衡算式通式，对任何系统都适用，但不同情况下可作相应简化。对于间歇反应器，由于是分批加料、卸料，在反应过程中无加料卸料，因此微元时间内进入和离开微元体积的关键组分量为零；而对于连续操作反应器则微元时间内在微元体积内关键组分量的累计量为零。若关键组分是反应物，则微元时间微元体积内变化的关键组分量前应为"－"号。若关键组分是生成物，则微元时间微元体积内变化的关键组分量前应为"＋"号。只有对不稳定过程中的半连续半间歇操作的反应器才需要同时考虑上述四项。

2. 热量衡算式

（1）基本方程　热量衡算式是在所选的衡算范围内，根据能量守恒与转换定律对系统内整个反应混合物进行衡算。微元时间内对微元体积所作的热量衡算如下：

$$\left\{\begin{array}{l}\text{微元时间内进入}\\\text{微元体积的物料}\\\text{带入的热量}\end{array}\right\} - \left\{\begin{array}{l}\text{微元时间内离开}\\\text{微元体积的物料}\\\text{带出的热量}\end{array}\right\} + \left\{\begin{array}{l}\text{微元时间微元}\\\text{体积内反应过}\\\text{程的热效应}\end{array}\right\} + \left\{\begin{array}{l}\text{微元时间微元}\\\text{体积内和外界}\\\text{的热交换量}\end{array}\right\} = \left\{\begin{array}{l}\text{微元时间微}\\\text{元体积内热}\\\text{量的累积量}\end{array}\right\}$$

(1-40)

热量衡算式给出了温度随反应器位置或反应时间变化的函数关系，反映换热条件对反应过程的影响。对于等温过程，热量衡算的目的只是为了计算为维持等温操作所需要的热量及换热面积。

（2）说明　式(1-40)是热量衡算式通式。对于间歇反应器，微元时间内进入和离开微元体积的物料所带的热量为零；而对于连续操作反应器则累积的热量为零。对于等温过程微元时间内进入和离开微元体积的物料所带的热量相等；对于绝热过程，和外界的热交换量为零。对于放热反应，热效应为负值，则微元时间微元体积内和外界的热交换量项前为"－"号；吸热反应，热效应为正值，微元时间微元体积内和外界的热交换量项前为"＋"号。计算时应注意在同一衡算式中各热量计算相取同一个基准温度。

（四）几个时间概念

在设计和分析反应器时，经常涉及反应时间、停留时间、空间时间和空间速度等概念。

1. 反应持续时间

反应持续时间是指间歇反应器反应物料进行反应达到要求的转化率所需的时间，也称为反应时间。反应时间不包括装料、卸料、升温等非生产时间。

2. 停留时间

停留时间是指连续反应器流体微元从进入反应器到离开反应器所经历的时间，又称接触时间。在反应器中，由于流动状况和化学反应的不同，同时进入反应器的流体微元并不能同时离开反应器，导致流体微元在反应器内的停留时间各不相同，称停留时间分布。

各流体微元从反应器入口到出口所经历的平均时间称为平均停留时间，用 $\bar{t}$ 表示：

$$\bar{t} = \int_0^{V_R} \frac{V_R}{V_0} \tag{1-41}$$

式中　$\bar{t}$ ——平均停留时间，h；

　　　V_R ——反应器的有效体积，m^3；

　　　V_0 ——反应过程中流体特征体积流率，即在反应器入口条件下及转化率为零时的体积流率，m^3/h。

3. 空间时间

空间时间是指反应器的有效容积 V_R 与流体特征体积流率 V_0 的比值，用 τ 表示。

$$\tau = \frac{V_R}{V_0} \tag{1-42}$$

式中　τ ——反应器的空间时间，h。

空间时间表示处理在进口条件下一个反应器有效体积的流体所需要的时间，如 $\tau=1min$ 表示每1min可处理与反应器有效容积相等的物料量。空间时间反映了连续反应器的生产强度，空时越小，表示该反应器所能处理的物料量越大，反之则能处理的物料量越小。在生产过程中，有时用空间时间来代替停留时间，但空间时间和停留时间不是同一个概念，只有在恒容均相反应过程中，它们的数值才相等。

4. 空间速度

空间速度指单位有效反应器容积所能处理的反应混合物料的标准体积流率，用 S_V 表示：

$$S_V = \frac{\bar{V}_{0N}}{V_R} \tag{1-43}$$

式中　S_V ——空间速度，1/h；

　　　$\bar{V}_{0N}$ ——表示反应器入口物料在标准状况下的体积流率，对于液体通常是指25℃下的体积流率，对于气体是指在0℃，0.1MPa下的体积流率，m^3/h。

空间速度通常用于比较设备生产能力的大小。空速越大，反应器的生产能力越大。对气固相催化反应，空速的定义是指单位催化剂体积（或催化剂质量）所能处理的反应混合物料的标准体积流率。

空间时间与空间速度的关系为：

$$\tau = \frac{1}{S_V} \frac{p_0}{p} \frac{T}{T_0}$$

式中　p_0、p——标准状况、操作状态时的压力，Pa；
　　　T_0、T——标准状况、操作状态时的温度，K。

二、间歇釜式反应器的基础方程

1. 特点

（1）所有物料在反应器中停留时间相同，不存在返混；

（2）反应器内有效空间中各位置物料温度、浓度、反应速率处处均匀一致，且随时间逐渐变化，属于不稳定过程；

（3）反应过程中没有进、出料，出料组成与反应器的最终组成相同；

（4）存在非生产时间，即装卸料时间。

2. 基础方程式

以整个反应器为衡算范围对反应物 A 作物料衡算得：

$$\begin{Bmatrix}微元时间内\\进入微元体积\\反应物 A 量\end{Bmatrix} - \begin{Bmatrix}微元时间内\\离开微元体积\\反应物 A 量\end{Bmatrix} + \begin{Bmatrix}微元时间微元\\体积内变化的\\反应物 A 量\end{Bmatrix} = \begin{Bmatrix}微元时间微元\\体积内反应\\物 A 的累积量\end{Bmatrix}$$

　　　　　0　　　　　　　0　　　　　　　$-(-r_A)V_R dt$　　　　dn_A

即

$$-(-r_A)V_R dt = dn_A \tag{1-44}$$

式中　$(-r_A)$——反应物 A 的反应速率，kmol/(m³·h)；
　　　V_R——反应器的有效体积，m³；
　　　n_A——反应物 A 的物质的量，mol；
　　　t——反应时间，h。

由于　　　　　　　　　　$n_A = n_{A0}(1-x_A)$　　　$dn_A = -n_{A0} dx_A$

则

$$dt = \frac{n_{A0} dx_A}{(-r_A)V_R}$$

对上式积分可得：

$$t = n_{A0} \int_0^{x_A} \frac{dx_A}{(-r_A)V_R} \tag{1-45}$$

式(1-45)为间歇釜式反应器的基础方程，适用于任何间歇反应过程。

● 任务实施

一、间歇釜式反应器反应时间的确定

反应时间是指装料完毕后算起到达到反应所要求的转化率时所需的时间。此处只讨论恒温等容过程间歇釜反应时间的计算。

对于等容过程

$$t = n_{A0}\int_0^{x_A}\frac{dx_A}{(-r_A)V_R} = \frac{n_{A0}}{V_R}\int_0^{x_A}\frac{dx_A}{(-r_A)} = c_{A0}\int_0^{x_A}\frac{dx_A}{(-r_A)} \tag{1-46}$$

因为 $c_A = c_{A0}(1-x_A)$，所以 $dc_A = -c_{A0}dx_A$，则

$$t = -\int_{c_{A0}}^{c_A}\frac{dc_A}{(-r_A)} \tag{1-47}$$

从式(1-46)、式(1-47)可以看出，间歇操作釜式反应器内为达到一定的转化率所需要的反应时间，只是动力学方程式的直接积分而与反应器的大小及物料的投入量无关。若已知反应动力学方程，就可以计算反应时间。

对于一级不可逆反应：

$$(-r_A) = kc_A = kc_{A0}(1-x_A)$$

则

$$t = c_{A0}\int_0^{x_A}\frac{dx_A}{kc_{A0}(1-x_A)} = \frac{1}{k}\ln\frac{1}{1-x_A} \tag{1-48}$$

对于二级不可逆反应：

$$(-r_A) = kc_A^2 = kc_{A0}^2(1-x_A)^2$$

则

$$t = c_{A0}\int_0^{x_A}\frac{dx_A}{kc_{A0}^2(1-x_A)^2} = \frac{x_A}{kc_{A0}(1-x_A)} \tag{1-49}$$

若反应的动力学方程相当复杂或不能用函数关系式表示时，则可以用图解法计算。如图 1-11 所示。

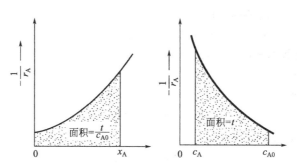

图 1-11 间歇釜式反应器恒温过程图解计算

液相反应前后物料的密度变化很小，因此一般情况下，多数液相反应都可看做是等容反应。

【例 1-3】 在理想间歇操作釜式反应器中用己二酸和己二醇为原料，等摩尔进料进行比缩聚反应生产醇酸树脂。反应温度 70℃，催化剂为 H_2SO_4。实验测得动力学方程式为 $(-r_A) = kc_A^2$ [kmol(A)/(L·min)]。其中速度常数 $k = 1.97$ L/(kmol·min)，反应物的初始浓度 $c_{A0} = 0.004$ kmol/L。求转化率为 0.8 时所需反应时间。

解：该反应为恒温等容二级反应，达到一定的转化率所需的时间为：

$$t=\frac{x_A}{kc_{A0}(1-x_A)}=\frac{1}{1.97\times 0.004}\times\frac{0.8}{(1-0.8)}\text{min}=507.6\text{min}=8.5\text{h}$$

二、间歇釜式反应器体积计算

1. 反应器的有效体积 V_R

反应器有效体积与生产时间有关。间歇操作釜式反应器的生产时间包括两部分：反应时间和非生产时间。非生产时间是指反应物料的加料时间、出料时间、清洗时间等，一般情况下，非生产时间由生产经验确定。

反应器的有效体积为

$$V_R=V_0(t+t') \tag{1-50}$$

式中　V_R——反应器有效体积，m^3；
　　　V_0——每小时处理的物料体积，m^3/h；
　　　t——达到要求的转化率所需要的反应时间，h；
　　　t'——非生产时间，h。

2. 反应器的体积 V

间歇操作釜式反应器的总体积按下式计算：

$$V=\frac{V_R}{\varphi} \tag{1-51}$$

其中 φ 表示装填系数，是一经验值，根据具体情况而定，一般为 0.4～0.85。对于沸腾或起泡沫的物料取 0.4～0.6；对于不沸腾或不起泡沫的物料取 0.7～0.85；搅拌剧烈的反应釜可取 0.6～0.7。

如果物料的处理量很大，需要采用多釜并联操作时，反应釜的台数 m 为：

$$m=\frac{V}{V'}\beta \tag{1-52}$$

式中　V——反应器总体积，m^3；
　　　V'——每台反应釜的体积，m^3；
　　　β——反应器生产能力的后备系数，一般为 1～1.5。

3. 间歇釜式反应器体积计算步骤

(1) 计算反应时间 t

(2) 计算生产时间 $t_{总}$

$$t_{总}=t+t'$$

(3) 计算每批投放物料总量 F_A

$$F_A=F_{A0}t_{总}$$

式中　F_{A0}——单位时间内处理的原料量，kmol/h。

(4) 计算反应器有效体积 V_R

$$V_R=F_A/c_{A0}$$

或　　　　　　　　　　　　$$V_0=F_{A0}/c_{A0}$$
$$V_R=V_0 t_{总}$$

(5) 计算反应器实际体积：$V=\dfrac{V_R}{\varphi}$

【**例 1-4**】　在理想间歇操作釜式反应器中用己二酸和己二醇为原料，等摩尔进料进行比缩聚反应生产醇酸树脂。反应温度 70℃，催化剂为 H_2SO_4。实验测得动力学方程式为 $(-r_A)=kc_A^2$ kmol(A)/(L·min)。其中速度常数 $k=1.97$ L/(kmol·min)，反应物的初始浓度 $c_{A0}=0.004$ kmol/L。若每天处理 2400kg 己二酸，每批操作的非生产时间为 1h，反应器的装填系数为 0.75，求当转化率为 80% 时，反应器的体积。

解：己二酸的相对分子质量为 146，每小时己二酸的进料量为：

$$F_{A0}=\frac{2400}{24\times 146}\text{kmol/h}=0.684\text{kmol/h}$$

处理的物料的体积：

$$V_0=\frac{F_{A0}}{c_{A0}}=\frac{0.684}{0.004}\text{L/h}=171\text{L/h}$$

根据例 1-3，反应时间 $t=8.5$(h)

反应器的体积：$V_R=V_0(t+t')=171\times(8.5+1)\text{L}=1625\text{L}=1.63\text{m}^3$

反应器的实际体积：$V=\dfrac{V_R}{\varphi}=\dfrac{1.63}{0.75}\text{m}^3=2.17\text{m}^3$

三、反应釜的结构尺寸确定

反应釜的实际体积包括圆筒部分和底封头，计算时，若忽略底封头体积，则：

$$V=\frac{\pi}{4}D^2H \tag{1-53}$$

其中 D 为筒体的直径，H 为筒体的高度。所求得的筒体的直径和高度需要圆整，并检验装填系数是否合适。一般情况下，反应釜的高径比接近 1。当体积一定时，若直径过大，将使水平搅拌发生困难；若高度过大，会使垂直搅拌发生困难，同时还增加夹套的换热面积。

○ **拓展知识**

等容非恒温间歇反应过程

温度是影响反应器操作的敏感因素，温度不同，物料的物理性质不同，从而影响传热、传质速率，进而对转化率、收率、反应速率等有影响。

对于间歇釜式反应器要做到绝对恒温是困难的。当反应热效应不大时，可以做到近似恒温，当反应热效应很大时，即便是采取了换热措施，也未必能够保证反应在恒温下进行。而实际生产过程中并不一定要求反应必须在恒温下进行，对于许多化学反应，恒温操作效果不如变温操作好。因此，研究变温操作具有重要的意义。

反应过程中温度的变化规律可通过热量衡算来计算。

对于间歇操作釜式反应器，热量衡算的范围与物料衡算的范围相同，仍为单位时间、整个反应器的体积。基准温度为 0℃，对反应器内所有物料进行衡算，根据热量衡算式可得：

$$\begin{Bmatrix}\text{微元时间内进入}\\ \text{微元体积的物料}\\ \text{带入的热量}\end{Bmatrix}-\begin{Bmatrix}\text{微元时间内离开}\\ \text{微元体积的物料}\\ \text{带出的热量}\end{Bmatrix}+\begin{Bmatrix}\text{微元时间微元}\\ \text{体积内反应过程}\\ \text{的热效应}\end{Bmatrix}+\begin{Bmatrix}\text{微元时间微元}\\ \text{体积内和外界}\\ \text{的热交换量}\end{Bmatrix}=\begin{Bmatrix}\text{微元时间微元}\\ \text{体积内热量}\\ \text{的累积量}\end{Bmatrix}$$

$\quad\quad 0 \quad\quad\quad\quad\quad 0 \quad\quad\quad V_R(-r_A)(-\Delta H_r)\text{d}t \quad KA(T_W-T)\text{d}t \quad m_t c_{pt}\text{d}T$

即

$$V_R(-r_A)(-\Delta H_r)\text{d}t+KA(T_W-T)\text{d}t=m_t c_{pt}\text{d}T$$

整理

$$V_R(-r_A)(-\Delta H_r) + KA(T_W - T) = m_t c_{pt}\frac{dT}{dt} \tag{1-54}$$

式中 $(-\Delta H_r)$——反应过程热效应，kJ/kmol；

$(-r_A)$——组分 A 的反应速率，kmol/(m³·h)；

K——传热系数，kW/(m²·K)；

A——传热面积，m²；

T_W——换热介质的温度，K；

T——反应物料的温度，K；

m_t——反应物料的总质量，kg；

c_{pt}——反应物料的平均比热容，kJ/(kg·K)；

t——反应时间，h。

式(1-54)即为间歇操作釜式反应器反应温度 T 随反应时间 t 的变化规律。在计算过程中，由于速度常数 k 既是温度的函数，同时又是浓度或转化率的函数，因此需要将物料衡算式与热量衡算式联立求解。

将物料衡算式(1-44)代入热量衡算式(1-54)得：

$$KA(T_W - T) + (-\Delta H_r)n_{A0}\frac{dx_A}{dt} = m_t c_{pt}\frac{dT}{dt}$$

积分

$$\int_0^t KA(T_W - T)dt + \int_{x_{A0}}^{x_A}(-\Delta H_r)n_{A0}dx_A = \int_{T_0}^T m_t c_{pt}dT$$

即

$$\int_0^t KA(T_W - T)dt + (-\Delta H_r)n_{A0}(x_A - x_{A0}) = m_t c_{pt}(T - T_0) \tag{1-55}$$

式中 T_0——反应物料的初始温度，K；

x_{A0}——反应物料的初始转化率。

式(1-55)说明对一定的反应系统而言，温度与转化率的关系取决于系统与换热介质的换热速率。

若反应过程采用绝热操作，即反应过程中与外界无热量交换，热量衡算式中与外界交换的热量这一项为 0，则式(1-55)为：

$$(T - T_0) = \frac{(-\Delta H_r)n_{A0}}{m_t c_{pt}}(x_A - x_{A0}) \tag{1-56}$$

式(1-56)称为绝热方程式。定义 $\lambda = (-\Delta H_r)n_{A0}/m_t c_{pt}$，称为绝热温变，其物理意义是当反应系统中的组分 A 全部转化时，系统温度的变化值。一般情况下 $(-\Delta H_r)$ 和 c_{pt} 在反应过程中的变化可忽略不计，因此 λ 可看成常数，则式(1-56)为线性关系：

$$(T - T_0) = \lambda(x_A - x_{A0}) \tag{1-57}$$

当 $x_{A0} = 0$ 时，上式变为

$$T = T_0 + \lambda x_A \tag{1-58}$$

式(1-58)是绝热间歇操作釜式反应器中的温度-转化率关系，可见随着转化率的增加，温度是线性地变化，由于 T 随着 x_A 而变，故反应动力学方程中的 k 值不是常数，进行反应时间计算时 k 值不能移到积分符号外面来，必须借助数值法或图解法求反应时间。

考核评价

任务二 间歇釜式反应器的设计学习评价表

学习目标	评价项目	评价标准	评价			
			优	良	中	差
反应器设计的基础	反应器分类	能够根据返混现象对反应器进行分类				
	基础方程式	能写出物料衡算式、热量衡算式				
间歇釜式反应器的设计	反应器特点	能够说出间歇釜式反应器的特点				
	反应时间计算	会计算1级、2级反应的反应时间				
	反应器体积计算	会进行间歇釜式反应器的体积计算				
综合评价						

任务三 连续釜式反应器的设计

知识目标：了解理想连续操作釜式反应器的特点及多釜串联生产的特性。
掌握反应器设计的基础方程。
学会理想连续操作釜式反应器的设计计算。
学会多釜串联反应器中各釜的出口转化率的计算方法。

能力目标：能根据生产任务的要求，设计计算理想连续操作釜式反应器的体积及串联釜式反应器个数。

相关知识

连续操作充分搅拌釜式反应器又称为全混流反应器，简称为CSTR，是指在反应过程中反应物料连续加入反应器，同时在反应器出口连续不断地引出反应产物的釜式反应器。生产过程可以实现连续化，是一定态操作过程，容易实现自动控制，产品质量稳定，可用于产量大的产品生产。

一、连续釜式反应器的特点

（1）反应器内温度、浓度、反应速率处处均一，不随时间而变，且与出口相同，符合全混流理想流动模型。

（2）连续操作，属于稳定流动，物料的积累量为零。

（3）流体达到充分混合，返混程度为无穷大，物料粒子在反应器内的停留时间不同。

在连续操作釜式反应器中，反应物的浓度处于出口状态的低浓度，产物的浓度处于出口状态的高浓度。在反应过程中，操作条件的变化规律如图1-12所示。

二、连续釜式反应器的基础方程

根据理想连续操作釜式反应器的特点，衡算范围可选为单位时间、整个反应器的体积，并对反应物A作物料衡算。

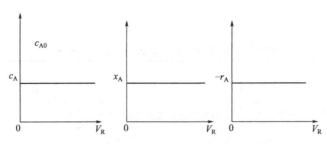

图 1-12 连续操作釜式反应器操作条件变化

$$\begin{Bmatrix} \text{单位时间} \\ \text{内进入的} \\ \text{反应物 A 量} \end{Bmatrix} - \begin{Bmatrix} \text{单位时间} \\ \text{内离开的} \\ \text{反应物 A 量} \end{Bmatrix} + \begin{Bmatrix} \text{单位时间} \\ \text{内转化掉的} \\ \text{反应物 A 量} \end{Bmatrix} = \begin{Bmatrix} \text{单位时间} \\ \text{内反应物 A} \\ \text{的累积量} \end{Bmatrix}$$

$$F_{A0} \qquad\qquad F_A \qquad\qquad -(-r_A)V_R \qquad\qquad 0$$

即
$$F_{A0} - F_A - (-r_A)V_R = 0$$

式中 F_{A0}——进料中反应物 A 的摩尔流量，kmol/h；

F_A——出料中反应物 A 的摩尔流量，kmol/h。

因为
$$F_A = F_{A0}(1-x_A)$$

则
$$F_{A0}x_A = (-r_A)V_R$$

又
$$F_{A0} = V_0 c_{A0}$$

则
$$\tau = \frac{V_R}{V_0} = \frac{c_{A0}x_A}{(-r_A)} = \frac{c_{A0}-c_A}{(-r_A)} \tag{1-59}$$

式中 V_0——进口物料的体积流量，m³/h；

τ——物料在反应釜内的空间时间，h。

式(1-59)为连续操作釜式反应器的基础方程，将不同反应的动力学方程式代入，即可进行连续操作釜式反应器的相关计算。

因为在连续操作釜式反应器中主要是进行液相反应，而液相反应一般都可以看成是恒容反应，所以该釜式反应器平均停留时间与空时相等。

$$\bar{t} = \tau$$

● 任务实施

一、单一连续操作釜式反应器的计算

1. 空间时间计算

一级不可逆反应 $\qquad (-r_A) = kc_A = kc_{A0}(1-x_A)$

代入式(1-59)可得：

$$\tau = \frac{V_R}{V_0} = \frac{x_A}{k(1-x_A)} \tag{1-60}$$

二级不可逆反应 $\qquad (-r_A) = kc_A^2 = kc_{A0}^2(1-x_A)^2$

则为：

$$\tau = \frac{V_R}{V_0} = \frac{x_A}{kc_{A0}(1-x_A)^2} \qquad (1-61)$$

若反应的动力学方程相当复杂或不能用函数关系式表示时,则可以用图解法计算。如图 1-13 所示。图中曲线为反应器内所进行的化学反应的动力学曲线,对于单一连续操作釜式反应器而言,完成一定的生产任务所需要的空时就等于图中所示矩形的面积。值得注意的是:由于全混流反应器是在出口浓度下进行工作的,因此,所对应的反应速率值是出口浓度时的反应速率。

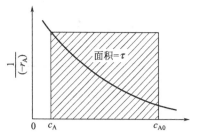

图 1-13 CSTR 图解法计算示意图

2. 反应器的有效体积

因为
$$\tau = \frac{V_R}{V_0}$$

所以
$$V_R = V_0 \tau \qquad (1-62)$$

【例 1-5】 在一搅拌良好的釜式反应器中用己二酸和己二醇为原料,连续等摩尔进料进行比缩聚反应生产醇酸树脂。反应温度 70℃,催化剂为 H_2SO_4。实验测得动力学方程式为 $(-r_A) = kc_A^2$ [kmol(A)/(L·min)]。其中速率常数 k=1.97L/(kmol·min),反应物的初始浓度 c_{A0}=0.004kmol/L。若每天处理 2400kg 己二酸,求转化率为 0.8 时反应器的体积。

解:反应釜的空间时间为:
$$\tau = \frac{1}{kc_{A0}} \frac{x_A}{(1-x_A)^2} = \frac{1}{1.97 \times 0.004} \times \frac{0.8}{(1-0.8)^2} \text{min} = 2538 \text{min}$$

反应釜的初始体积流量为:
$$V_0 = \frac{F_{A0}}{c_{A0}} = \frac{2400}{24 \times 146 \times 0.004} \text{L/h} = 171 \text{L/h} = 2.85 \text{L/min}$$

反应釜的有效体积为:
$$V_R = V_0 \tau = 2.85 \times 2538 \text{L} = 7233 \text{L} = 7.23 \text{m}^3$$

由此可见,完成相同的生产任务,连续操作釜式反应器的生产时间比间歇操作釜式反应器的生产时间要长,有效体积大。主要原因是连续操作釜式反应器内的化学反应是在出口处的低浓度下进行的。

二、多个串联连续釜式反应器（n-CSTR）的计算

由于单个连续操作釜式反应器内存在严重的逆向混合,降低了反应速率,因此为了减少逆向混合的程度,可以采用多个反应釜串联操作。

从图 1-14 可以看出,串联操作中,反应物的浓度只有在最后一个釜时与单釜操作时的浓度相同,处于最低的出口浓度,其他各釜的浓度均比单釜操作时的浓度高。这就使得多釜串联操作的总体工作浓度大于单釜操作的浓度,反应速率也比单釜快。因此在总体积相等时,多个串联的连续釜式反应器生产能力要大于单个连续釜式反应器的生产能力。需要注意的是,对于多个串联操作的釜式反应器,每一个釜式反应器内的浓度是均一的,等于该釜出口浓度,而各釜之间的浓度是不相同的。

1. 解析法

假设多釜串联连续釜式反应器中各釜内均为理想混合,且各釜之间不存在混合,每一个反应釜都是在定态的等温条件下反应,反应过程中物料的体积不发生变化。

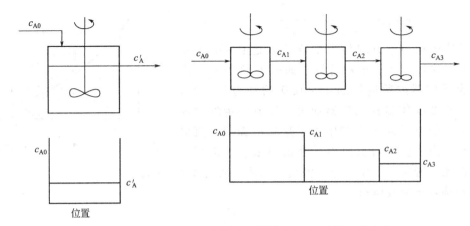

图 1-14 单釜和多釜连续操作充分搅拌釜式反应器浓度变化

根据图 1-15 所示，对其中任一釜进行物料衡算如下：

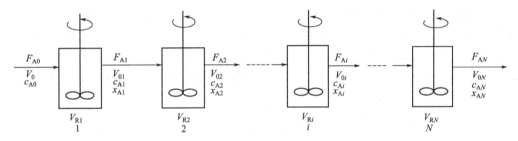

图 1-15 多釜连续操作充分搅拌釜式反应器物料衡算示意图

$$F_{A(i-1)} - F_{Ai} - (-r_A)_i V_{Ri} = 0$$

整理得：
$$V_{Ri} = \frac{F_{A(i-1)} - F_{Ai}}{(-r_A)_i}$$

因为
$$F_A = F_{A0}(1 - x_A)$$
$$F_{A0} = V_0 c_{A0}$$

则：
$$V_{Ri} = F_{A0} \frac{x_{Ai} - x_{A(i-1)}}{(-r_A)_i} = c_{A0} V_0 \frac{x_{Ai} - x_{A(i-1)}}{(-r_A)_i}$$

$$\tau_i = \frac{V_{Ri}}{V_0} = c_{A0} \frac{x_{Ai} - x_{A(i-1)}}{(-r_A)_i}$$

因为 $c_A = c_{A0}(1 - x_A)$，则

$$\tau_i = \frac{V_{Ri}}{V_0} = c_{A0} \frac{x_{Ai} - x_{A(i-1)}}{(-r_A)_i} = \frac{c_{A(i-1)} - c_{Ai}}{(-r_A)_i} \tag{1-63}$$

其中 V_{Ri}——第 i 釜的有效体积，m^3；

τ_i——第 i 釜的空间时间，h；

x_{Ai}——经过第 i 釜后反应物料 A 达到的转化率，无量纲；

$x_{A(i-1)}$——经过第 $i-1$ 釜后反应物料 A 达到的转化率，无量纲；

c_{Ai}——第 i 釜内反应物料 A 的浓度，$kmol/m^3$；

$c_{A(i-1)}$——第 $i-1$ 釜内反应物料 A 的浓度，$kmol/m^3$；

F_{Ai}——第 i 釜内反应物料 A 的摩尔流量，$kmol/h$；

$F_{A(i-1)}$——第 $i-1$ 釜内反应物料 A 的摩尔流量，kmol/h。

式(1-63)为多釜串联恒容反应器计算的基础公式，具体计算时将反应的动力学方程式代入，根据串联操作釜式反应器的特征，前一釜反应物的出口浓度是后一釜反应物的入口浓度的关系，逐釜依次计算，直到达到要求的转化率。

例：一级不可逆反应： $(-r_A)=kc_A=kc_{A0}(1-x_A)$

则第一釜的体积为： $V_{R1}=\dfrac{V_0}{k_1}\dfrac{x_{A1}-x_{A0}}{1-x_{A1}}$

则第二釜的体积为： $V_{R2}=\dfrac{V_0}{k_2}\dfrac{x_{A2}-x_{A1}}{1-x_{A2}}$

⋮

则第 N 釜的体积为： $V_{RN}=\dfrac{V_0}{k_N}\dfrac{x_{AN}-x_{A(N-1)}}{1-x_{AN}}$

串联操作釜式反应器的总体积和空间时间为：

$$V_R=\sum V_{Ri} \tag{1-64}$$

$$\tau=\sum \tau_i \tag{1-65}$$

2. 图解法

当反应的动力学方程相当复杂或不能用函数表达式表示时，用解析法计算是比较麻烦的。此时用图解法则较为方便。

式(1-63)可改为：

$$(-r_A)_i=-\dfrac{c_{Ai}}{\tau_i}+\dfrac{c_{A(i-1)}}{\tau_i}$$

此式表示第 i 釜进出口浓度与反应速率的操作关系，是一线性关系，直线的斜率是 $-1/\tau_i$，截距为 $c_{A(i-1)}/\tau_i$，在 $(-r_{Ai})$-c_A 的图上绘出，如图 1-16 中的 $c_{A0}A_1$、$c_{A1}A_2$ ⋯⋯即为操作线。

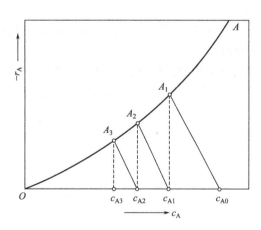

图 1-16 多釜连续操作釜式反应器图解法

(1) 若已知处理量 V_0，初始浓度 c_{A0} 和要求的最终转化率 x_{AN}，采用相同体积 V_{Ri} 的理想连续釜式反应器操作，求其串联的台数。图解法作图步骤如下。

① 绘出根据动力学方程式或实验数据给出的在操作温度下的动力学关系曲线（如图 1-16 中的曲线 OA）。

② 在横坐标上找到 c_{A0} 点，根据斜率 $-1/\tau_i (\tau_i=\dfrac{V_{Ri}}{V_0})$，画出该釜的操作线，并与动力学

曲线 OA 交于 A_1 点（如图 1-16 中的直线 $c_{A0}A_1$）。因为该釜的出口浓度不仅要满足该操作线方程，而且还要满足动力学方程，则两线交点的交点所对应的坐标值，即为第一釜内的化学反应速率 $(-r_A)_1$ 和出口浓度 c_{A1}。

③ 若各釜的反应温度和反应体积均相同，则以 A_1 点的横坐标作操作线 $c_{A0}A_1$ 的平行线 $c_{A1}A_2$，与动力学曲线交于 A_2，A_2 点的坐标就是第二釜的化学反应速率 $(-r_A)_2$ 和出口浓度 c_{A2}。

④ 不断重复上述步骤，直到最后一釜的浓度等于或略小于给定的出口浓度，则平行线的根数即为连续串联操作所需要的釜数。

(2) 若已知处理量 V_0，初始浓度 c_{A0} 和要求的最终转化率 x_{AN}，求串联的台数及各釜的有效体积，也可以使用图解法。其步骤为：

若各釜的有效体积相同，根据操作线方程，假设不同的 V_{Ri}，就可以在 c_{A0} 和 c_{AN} 之间作出多组具有不同斜率、不同段数的平行直线，表示串联釜数和各釜有效体积 V_{Ri} 值的不同组合关系，通过经济比较，确定其中一组为所求的解；

若串联的釜数已经选定，仅需在图上调整平行线的斜率，使之同时满足 c_{A0}、c_{AN} 和釜数，然后根据斜率，即可求出有效体积 V_{Ri} 值。

用图解法计算时要注意：如果串联的各釜式反应器操作温度不同，就需要给出各釜不同的操作温度下的动力学曲线，并分别与相对应的操作线相交得出交点，同时满足各釜动力学方程和操作线方程的要求；如果串联的各釜式反应器的有效体积不同，则物料通过各釜的平均停留时间也不同，即各釜的操作线的斜率不同，此时各釜的操作线就不平行，就需要分别以各釜的操作线与对应的动力学曲线相交，计算釜的出口浓度和串联的釜数。

3. 连续串联操作釜式反应器最优化

在连续串联操作釜式反应器中，当物料的处理量，初始浓度 c_{A0} 和最终转化率 x_{AN} 已知时，需要综合考虑多种因素来确定反应器的釜数和各釜的体积或各釜的转化率，这就是连续串联操作釜式反应器最优化的问题。

对于一级不可逆反应，采用连续串联操作釜式反应器时，要保证总反应体积最小，必要的条件是串联的各釜的体积应相等。

【例 1-6】 用 2 个搅拌良好的连续操作釜式反应器串联生产醇酸树脂，要求经过第一釜操作后转化率达到 50%，反应条件同 [例 1-5]，试计算当反应最终转化率达到 80% 时反应器的体积。

解： 根据 [例 1-5] 知：$V_0 = 2.85 \text{L/min}$

则第一釜的体积为：

$$V_{R1} = \frac{c_{A0}V_0(x_{A1}-x_{A0})}{(-r_A)_1} = \frac{c_{A0}V_0(x_{A1}-x_{A0})}{kc_{A0}^2(1-x_{A1})^2} = \frac{2.85 \times (0.5-0)}{1.97 \times 0.004 \times (1-0.5)^2} \text{L} = 723.4$$

第二釜的体积为：

$$V_{R2} = \frac{c_{A0}V_0(x_{A2}-x_{A1})}{kc_{A0}^2(1-x_{A2})^2} = \frac{2.85 \times (0.8-0.5)}{1.97 \times 0.004 \times (1-0.8)^2} \text{L} = 2712.6 \text{L}$$

反应的总体积为：$V_R = V_{R1} + V_{R2} = (723.4 + 2712.6) \text{L} = 3436 \text{L} = 3.436 \text{m}^3$

通过计算结果可以看出：完成相同的生产任务，多个连续操作釜式反应器的串联所需的反应体积比单个连续操作釜式反应器的所需的反应体积要小。主要原因就是因为多个连续操作釜式反应器的串联操作改变了反应过程中反应物的浓度变化。串联的釜数越多，则浓度的改变越大，所需的反应器的体积越小。一般情况下，釜数不宜太多，否则会造成设备投资或操作费用的增加大于反应总体积减小的费用。

○ 拓展知识

连续操作釜式反应器的热稳定性

工业反应器的设计,不仅要确定反应器的规格,而且要考虑如何控制温度和确定操作条件。因为对于放热反应来说,在选择反应器型式和操作方法时,总要考虑到系统温度失去控制的可能性。对化学反应速率快、反应热效应大、温度敏感性强的化学反应过程,必须认真考虑反应的可操作性。否则,反应器不仅不能正常运转,而且会导致反应温度剧烈波动,甚至失去控制,发生冲料、爆炸等危险,给生产造成严重后果。影响反应器可操作性的主要因素是热稳定性和参数敏感性。

热稳定性是指反应器本身对热的扰动有无自行恢复平衡的能力。当反应过程的放热或移热因素发生某些变化时,过程的温度等因素将产生一系列的波动,在干扰因素消除后,如果反应过程能恢复到原来的平衡状态,称为热稳定性的;否则称为热不稳定性的。参数敏感性是指反应过程中各有关参数(流量、进口温度、冷却温度等)发生微小变化时,反应器内的温度将会有多大的变化。如果反应器参数的敏感性过高,那么对参数的调节就会有过高的精度要求,使反应器的操作变得十分困难。

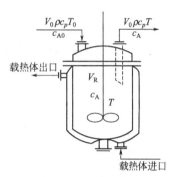

图1-17 釜式反应器热量衡算示意图

1. 连续操作釜式反应器的热量衡算式

为了确定反应的温度和反应的可操作性需要对反应器进行热量衡算。连续操作釜式反应器的热量衡算如图1-17所示。衡算范围为单位时间、整个反应器的体积。基准温度为0℃,反应过程为恒温恒容。根据热量衡算基本方程式得:

$$\begin{Bmatrix} 微元时间内进入 \\ 微元体积的物料 \\ 带入的热量 \end{Bmatrix} - \begin{Bmatrix} 微元时间内离开 \\ 微元体积的物料 \\ 带出的热量 \end{Bmatrix} + \begin{Bmatrix} 微元时间微元 \\ 体积内反应过 \\ 程的热效应 \end{Bmatrix} - \begin{Bmatrix} 微元时间微元 \\ 体积内和外界 \\ 的热交换量 \end{Bmatrix} = \begin{Bmatrix} 微元时间微 \\ 元体积内热 \\ 量的累积量 \end{Bmatrix}$$

$V_0 \rho c_p T_0 \Delta\tau \qquad V_0 \rho c_p T \Delta\tau \qquad V_R(-r_A)(-\Delta H_r)\Delta\tau \qquad KA(T-T_W)\Delta\tau \qquad 0$

即

$$V_0 \rho c_p T_0 \Delta\tau - V_0 \rho c_p T \Delta\tau + V_R(-r_A)(-\Delta H_r)\Delta\tau - KA(T-T_W)\Delta\tau = 0$$

整理得

$$V_0 \rho c_p (T-T_0) + KA(T-T_W) = V_R(-r_A)(-\Delta H_r) \tag{1-66}$$

式中 $(-\Delta H_r)$——反应过程热效应,kJ/kmol;

$(-r_A)$——化学反应速率,kmol/(m³·h);

K——传热系数,kW/(m²·K);

A——传热面积,m²;

T_W、T、T_0——换热介质的温度、反应温度、进料温度,K;

ρ——反应物料的平均密度,kg/m³;

c_p——反应物料的平均比热容,kJ/(kg·K);

V_0——进料的体积流量,m³/h。

式(1-66)为连续操作釜式反应器的热量衡算式。通过该式可计算反应在一定的温度下进行时,达到规定的转化率所需移出(放热反应)或提供(吸热反应)的热量,从而确定换热介质用量。

2. 连续操作釜式反应器热稳定性的判断

(1) 放热速率　从式(1-66)可以看出，放热速率 Q_R：

$$Q_R = V_R(-r_A)(-\Delta H_r) \tag{1-67}$$

放热速率 Q_R 和反应的动力学形式有关。假设反应器内进行的是恒容一级不可逆放热反应，其反应速率为 $(-r_A)=kc_A$，根据式(1-59)得：

$$c_A = c_{A0}/(1+k\tau)$$

又因为

$$V_R = V_0\tau$$

代入式(1-67)得：

$$Q_R = \frac{V_0 c_{A0}(-\Delta H_r)k\tau}{1+k\tau}$$

将速度常数 k 的表达式代入上式得：

$$Q_R = \frac{V_0 c_{A0}(-\Delta H_r)k_0\tau\exp(-E/RT)}{1+k_0\tau\exp(-E/RT)} \tag{1-68}$$

式(1-68)为放热速率与温度的表达式。是一条 S 形曲线，称为反应放热曲线，如图 1-18 所示。

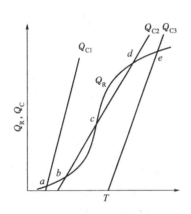

图 1-18　连续釜式反应器热稳定性示意图　　图 1-19　理想连续操作釜式反应器着火点和熄火点

(2) 移热速率　移热速率 Q_C 为

$$Q_C = V_0\rho c_p(T-T_0) + KA(T-T_W)$$

整理得

$$Q_C = (V_0\rho c_p + KA)T - (V_0\rho c_p T_0 + KAT_W) \tag{1-69}$$

式(1-69)表示移热速率 Q_C 与温度的表达式，是一直线关系。由于参数值的不同，直线有不同的斜率和截距，如图 1-18 中 Q_{C1}、Q_{C2} 及 Q_{C3}。

(3) 热稳定性的判断　由图 1-18 可以看出，若移热直线为 Q_{C2}，则放热曲线与移热直线的交点有 b、c、d 三个，这三个交点均满足 $Q_C=Q_R$，为定常状态。

对于操作点 b（或 d），如果反应釜的温度升高，则出现 $\frac{dQ_C}{dT} > \frac{dQ_R}{dT}$，即移热速率大于放热速率，导致反应釜的温度下降，操作点恢复到 b 点（或 d 点）；反之，如果反应釜温度下降，则 $\frac{dQ_C}{dT} < \frac{dQ_R}{dT}$，即移热速率小于放热速率，导致反应釜的温度升高，操作点恢复到 b 点（或 d 点）。故操作点 b 和 d 为热稳定点。

在 c 点操作时，如反应釜温度升高，则出现 $\dfrac{dQ_C}{dT} < \dfrac{dQ_R}{dT}$。即移热速率小于放热速率，将使反应釜温度继续升高至 d 点为止；反之则由于 $\dfrac{dQ_C}{dT} > \dfrac{dQ_R}{dT}$ 使釜温下降到 b 点为止。即在 c 点温度略有升降，系统均不能恢复到原来的热平衡状态。因此 c 点为热不稳定点。

若移热直线为 Q_{C1} 或 Q_{C3}，分析可知，a、e 两点为热稳定点。

综上所述，定常状态稳定操作点必须具备两个条件：即

$$Q_c = Q_R \text{ 和 } \dfrac{dQ_C}{dT} > \dfrac{dQ_R}{dT}$$

通常，反应釜操作既要维持其操作的稳定性，又希望在适宜的温度下加快反应速度、提高设备生产能力。如在 b 点操作，虽满足热稳定条件，但反应温度偏低，反应速率慢，这是工业上不希望的。因此将操作点控制在 d 点为宜。

3. 操作参数对热稳定性的影响

改变连续操作釜式反应器的某些操作参数，如进料流量 V_0、进料温度 T_0、冷却介质温度 T_C，间壁冷却器冷却面积 A 与传热系数 K 等都会对热稳定性产生不同的影响。

若其他参数不变，逐渐改变进料温度 T_0，则放热速率线不变，而移热速率线平行移动。若进料温度从 T_G 慢慢增加至 T_E 时，所对应的移热速率线分别与放热速率线相交，交点温度即定态温度如图 1-19 中的 $GAFDE$ 所示。值得注意的是：曲线在 F 点是不连续的。即在 F 点时，若温度稍有一点增加，则定态温度点突然升高到 D 点，继续提高进料温度时，则不会发生定态温度的突变。因此，F 点也叫着火点。若进料温度从 T_E 慢慢降低至 T_G 时，定态温度则沿 $EDFAG$ 曲线下降，这条曲线也出现一个间断点 B。即在 B 点时，若温度稍有一点降低，则定态温度突然下降到 A 点，继续降低进料温度时，则不会再发生定态温度的突变。所以也把 B 点叫作熄火点。着火点和熄火点对于反应的开车和停车是非常有用的。但由于在 B 点和 F 点之间反应器内出现的是一种非连续性的温度突变，不可能获得稳定操作点。因此，B 点和 F 点分别是低温操作和高温操作的两个界限。

若其他参数不变，仅改变进料流量 V_0，也即改变 F_{A0}。由放热速率计算式可得到不同的 S 形放热曲线，同时从移热速率计算式得到相应的不同斜率的移热直线。同样也可以出现着火现象和熄火现象，只是此时的现象是由流量发生变化造成的。例如在操作中，如果由于物料流量过大，而导致发生熄火现象，此时就可以一面提高进料的温度，一面减小流量，使系统重新点燃。

从以上分析我们也可以发现，在操作时定态温度点不止一个，可能同时存在几个点。定态温度点数目的多少，取决于所进行的化学反应的特性和反应器的操作条件，如进料温度、进料流量、反应器和外界的换热情况等。一般情况下，只有放热反应才会出现多定态点的问题，而吸热反应由于换热介质的温度高于反应温度，所以它的定态点只有一个。

◎ 考核评价

任务三　连续操作釜式反应器的设计学习评价表

学习目标	评价项目	评价标准	评价			
			优	良	中	差
连续操作釜式反应器的设计	反应器操作特点	能够理解连续操作釜式反应器的特点				
	反应器设计的基础方程	会计算连续操作釜式反应器的空时及反应器的体积				

续表

学习目标	评价项目	评价标准	评价			
			优	良	中	差
多釜串联操作釜式反应器的设计	反应器设计的基础方程	会计算多釜串联操作各釜式反应器的出口转化率及各釜的空时				
	串联操作釜式反应器的体积	会计算多釜串联反应器的串联釜数及有效体积				
连续操作釜式反应器的热稳定性条件	热稳定性条件	能够理解连续操作釜式反应器的热稳定性条件，找出热稳定点				
	着火点和熄火点	理解操作参数对热稳定性的影响				
综合评价						

任务四　釜式反应器的操作

知识目标：熟悉釜式反应器的操作步骤及影响釜式反应器操作的因素。
能力目标：能进行开停车操作，并根据影响釜式反应器操作的因素，对参数进行正常调节及简单的事故处理。

● **任务实施**

一、连续釜式反应器的操作

以搅拌釜生产系统为例，说明连续操作釜式反应器的日常运行与操作。

（一）开车

首先，通入惰气对系统进行试漏，惰气置换。检查转动设备的润滑情况。投运冷却水、蒸汽、热水、惰气、工厂风、仪表风、润滑油、密封油等系统。投运仪表、电气、安全联锁系统，往反应釜中加入原料。当釜内液体淹没最低一层搅拌叶后，启动反应釜搅拌器。继续往釜内加入原料，到达正常料位时停止。升温使釜温达到正常值。在升温的过程中，当温度达到某一规定值时，向釜内加入催化剂等辅料，并同时控制反应温度、压力、反应釜料位等工艺指示，使之达正常值。

（二）反应釜系统的参数控制

1. 反应温度控制

反应温度控制对于反应系统操作是最关键的。反应温度的控制一般有如下三种方法。

① 通过夹套冷却水换热。

② 通过反应釜组成气相外循环系统，调节循环气体的温度，并使其中的易冷凝气相冷凝，冷凝液流回反应釜，从而达到控制反应温度的目的。

③ 料液循环泵、料液换热器和反应釜组成料液外循环系统，通过料液换热器能够调节循环料液的温度，从而达到控制反应温度的目的。

2. 压力控制

反应温度恒定时，在反应物料为气相时主要通过催化剂的加料量和反应物料的加料量来控制反应压力。如反应物料为液相时，反应釜压力主要决定物料的蒸汽分压，也就是反应温度。反应釜气相中，不凝性惰性气体的含量过高是造成反应釜压力超高的原因之一。此时需放火炬，以降低反应釜的压力。

3. 液位控制

反应釜液位应该严格控制。一般反应釜液位控制在70%左右，通过料液的出料速率来控制。连续反应时反应釜必须有自动料位控制系统，以确保液位准确控制。液位控制过低反应产率低；液位控制过高，甚至满釜，就会造成物料浆液进入换热器、风机等设备中造成事故。

4. 原料浓度控制

料液过浓，造成搅拌器电机电流过高，引起超负载跳闸，停转，就会造成釜内物料结块，甚至引发飞温，出现事故。停止搅拌是造成事故的主要原因之一。控制料液浓度主要通过控制溶剂的加入量和反应物产率来实现的。有些反应过程还要考虑加料速度、催化剂用量的控制。

(三) 停车

首先停进催化剂、原料等；继续加入溶剂，维持反应系统继续运行；在化学反应停止后，停进所有物料，停搅拌器和其他传动设备，卸料；用惰气置换，置换合格后交检修。

二、间歇釜式反应器的操作

(一) 熟悉生产原理及工艺流程

本装置的产品（2-巯基苯并噻唑）是橡胶制品硫化促进剂 DM（2,2'-二硫代苯并噻唑）的中间产品，它本身也是硫化促进剂，但活性不如 DM。

全流程的缩合反应包括备料工序和缩合工序。考虑到突出重点，将备料工序略去。则缩合工序共有三种原料，多硫化钠（Na_2S_n）、邻硝基氯苯（$C_6H_4ClNO_2$）及二硫化碳（CS_2）。

主反应如下：$2C_6H_4ClNO_2 + Na_2S_n \rightarrow C_{12}H_8N_2S_2O_4 + 2NaCl + (n-2)S\downarrow$

$C_{12}H_8N_2S_2O_4 + 2CS_2 + 2H_2O + 3Na_2S_n \rightarrow 2C_7H_4NS_2Na + 2H_2S\uparrow + 3Na_2S_2O_3 + (3n+4)S\downarrow$

副反应如下：$C_6H_4ClNO_2 + Na_2S_n + H_2O \rightarrow C_6H_6NCl + Na_2S_2O_3 + S\downarrow$

工艺流程如图1-20所示。

来自备料工序的 CS_2、$C_6H_4ClNO_2$、Na_2S_n 分别注入计量罐及沉淀罐中，经计量沉淀后利用位差及离心泵压入反应釜中，釜温由夹套中的蒸汽、冷却水及蛇管中的冷却水控制，设有分程控制 TIC101（只控制冷却水），通过控制反应釜温来控制反应速度及副反应速度，来获得较高的收率及确保反应过程安全。

在本工艺流程中，主反应的活化能要比副反应的活化能要高，因此升温后更利于反应收率。在90℃的时候，主反应和副反应的速度比较接近，因此，要尽量延长反应温度在90℃以上时的时间，以获得更多的主反应产物。

(二) 开车操作

装置开工状态为各计量罐、反应釜、沉淀罐处于常温、常压状态，各种物料均已备好，大部阀门、机泵处于关停状态（除蒸汽联锁阀外）。

1. 备料过程

①向沉淀罐 VX03 进料（Na_2S_n）。②向计量罐 VX01 进料（CS_2）。③向计量罐 VX02 进料（邻硝基氯苯）。

2. 进料

①微开放空阀 V12，准备进料。②从 VX03 中向反应器 RX01 中进料（Na_2S_n）。③从 VX01 中向反应器 RX01 中进料（CS_2）。④从 VX02 中向反应器 RX01 中进料（邻硝基氯

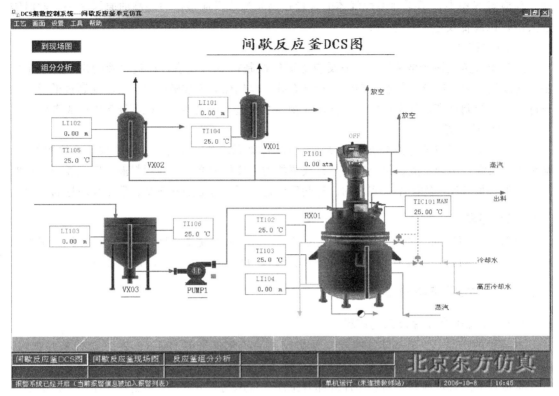

图 1-20 工艺流程图

苯)。⑤进料完毕后关闭放空阀 V12。

3. 开车阶段

①检查放空阀 V12、进料阀 V4、V8、V11 是否关闭。打开联锁控制。②开启反应釜搅拌电机 M1。③适当打开夹套蒸汽加热阀 V19，观察反应釜内温度和压力上升情况，保持适当的升温速度。④控制反应温度直至反应结束。

4. 反应过程控制

①当温度升至 55～65℃左右关闭 V19，停止通蒸汽加热。②当温度升至 70～80℃左右时微开 TIC101（冷却水阀 V22、V23），控制升温速度。③当温度升至 110℃以上时，是反应剧烈的阶段。应小心加以控制，防止超温。当温度难以控制时，打开高压水阀 V20。并可关闭搅拌器 M1 以使反应降速。当压力过高时，可微开放空阀 V12 以降低气压，但放空会使 CS_2 损失，污染大气。④反应温度大于 128℃时，相当于压力超过 8atm，已处于事故状态，如联锁开关处于"on"的状态，联锁启动（开高压冷却水阀，关搅拌器，关加热蒸汽阀。）⑤压力超过 15atm（相当于温度大于 160℃），反应釜安全阀起作用。

(三) 正常运行操作

1. 反应中要求的工艺参数

①反应釜中压力不大于 8atm。②冷却水出口温度不小于 60℃，如小于 60℃易使硫在反应釜壁和蛇管表面结晶，使传热不畅。

2. 主要工艺生产指标的调整方法

① 温度调节。操作过程中以温度为主要调节对象，以压力为辅助调节对象。升温慢会引起副反应速度大于主反应速度的时间段过长，因而引起反应的产率低。升温快则容易反应失控。

② 压力调节。压力调节主要是通过调节温度实现的，但在超温的时候可以微开放空阀，使压力降低，以达到安全生产的目的。

③ 收率。由于在90℃以下时，副反应速度大于正反应速度，因此在安全的前提下快速升温是收率高的保证。

（四）停车操作

在冷却水量很小的情况下，反应釜的温度下降仍较快，则说明反应接近尾声，可以进行停车出料操作了。步骤如下。

①打开放空阀V12约5～10s，放掉釜内残存的可燃气体。关闭V12。②向釜内通增压蒸汽。③打开蒸汽预热阀V14片刻。④打开出料阀门V16出料。⑤出料完毕后保持开V16约10s进行吹扫。⑥关闭出料阀V16（尽快关闭，超过1min不关闭将不能得分）。⑦关闭蒸汽阀V15。

（五）常见事故处理

1. 超温（压）事故。

原因：反应釜超温（超压）。

现象：温度大于128℃（气压大于8atm）。

处理：①开大冷却水，打开高压冷却水阀V20；②关闭搅拌器，使反应速度下降；③如果气压超过12atm，打开放空阀V12。

2. 搅拌器M1停转

原因：搅拌器坏。

现象：反应速度逐渐下降为低值，产物浓度变化缓慢。

处理：停止操作，出料维修。

3. 蛇管冷却水阀V22卡

原因：蛇管冷却水阀V22卡。

现象：开大冷却水阀对控制反应釜温度无作用，且出口温度稳步上升。

处理：开冷却水旁路阀V17调节。

4. 出料管堵塞

原因：出料管硫磺结晶，堵住出料管。

现象：出料时，内气压较高，但釜内液位下降很慢。

处理：开出料预热蒸汽阀V14吹扫5min以上（仿真中采用）。拆下出料管用火烧化硫磺，或更换管段及阀门。

◉ 考核评价

由仿真系统评分。

◉ 项目二　管式反应器的设计和操作

>>>>> 生产案例 <<<<<

乙二醇是一种重要的有机化工原料，用途十分广泛。是合成纤维的重要原料，可生产合成树脂PET（纤维级PET即涤纶纤维，瓶片级PET用于制作矿泉水瓶），还可用作汽车防冻剂及工业冷量的输送等。乙二醇的生产是用原料环氧乙烷与水进行水合反应生成乙二醇水溶液，通过干燥得到乙二醇产品。环氧乙烷与水进行的水合反应是液相均相反应，反应设备使用的是管式反应器。

通过本项目的学习，在了解管式反应器结构、特点的基础上，学会选择、设计合适的管式反应器，并能进行反应器的开、停车操作及简单的事故处理。

任务一　认识管式反应器

知识目标：了解管式反应器的结构、特点及在化工生产中的应用。
能力目标：能对照实物说出管式反应器的形式。

在化工生产中，通常把长径比大于100的反应器统称为管式反应器。管式反应器主要用于气相或液相连续反应过程。操作时，物料自一端连续加入，在管中连续反应，从另一端连续流出，达到要求的转化率。由于管式反应器能承受较高的压力，故用于加压反应尤为合适，例如油脂或脂肪酸加氢生产高碳醇、裂解反应的管式炉等便是管式反应器。随着化工生产越来越趋于大型化、连续化、自动化，连续操作的管式反应器在生产中使用越来越多，甚至某些传统上一直使用间歇搅拌釜的高分子聚合反应，目前也开始改用连续操作的管式反应器。

◉ 任务实施

一、管式反应器的类型

管式反应器由单管（直管或盘管）或多根并联的管子组成，一般设有套管或壳管式换热装置。常用的管式反应器有直管式、盘管式、多管式、U形管式等几种类型。

1. 直管式反应器

图1-21所示为水平管式反应器，（a）结构类似单程套管换热器；（b）结构由无缝管与U形管连接而成，类似多程套管换热器。此类反应器是进行气相或液相均相反应常用的一种管式反应器，这种结构易于加工制造和检修。

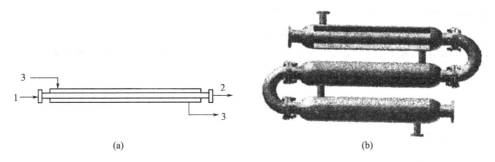

图1-21　水平管式反应器
1—反应物料；2—产物；3—换热介质

图1-22是立管式反应器，其中（a）为单程式立管式反应器；（b）为夹套式立管式反应器，其特点是将一束立管安装在一个加热套筒内，以节省地面。立管式反应器被应用于液相氨化反应、液相加氢反应、液相氧化反应等工艺中。

2. 盘管式反应器

盘管式反应器是将管式反应器做成盘管的形式，设备紧凑，节省空间，但检修和清刷管道比较麻烦。图 1-23 所示的反应器由许多水平盘管上下重叠串联而成。每一个盘管是由许多半径不同的半圆形管子相连接成螺旋形式，螺旋中央留出 ϕ400mm 的空间，便于安装和检修。

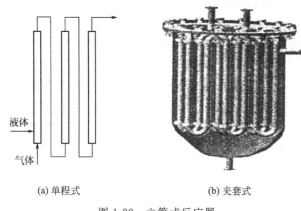

(a) 单程式　　　(b) 夹套式

图 1-22　立管式反应器

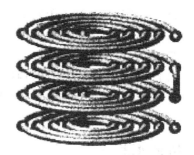

图 1-23　盘管式反应器

直管或盘管式反应器属于单管式反应器，是最简单的一种反应器，其传热面积较小，一般仅适用于热效应较小的反应过程，如环氧乙烷水解制乙二醇和乙烯等均使用此型反应器。管式裂解炉中的炉管亦属于此类反应器，其热源为燃烧的燃料气，炉管应选用表面热强度较大的材质。管式裂解炉结构、计算比较复杂。

3. 多管反应器

多管并联结构的管式反应器如图 1-24 所示。多管式反应器的传热面积较大，可适用于热效应较大的均相反应过程。多管式反应器的反应管内还可充填固体颗粒，以提高液体湍动或促进非均相流体的良好接触，并可用来贮存热量使反应器温度能够更好地控制，亦可适用于气-固、液-固非均相催化反应过程。例如气相氯化氢和乙炔在多管并联装有固相催化剂中反应制氯乙烯，气相氮和氢在多管并联装有固相铁催化剂中合成氨。

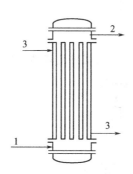

图 1-24　多管反应器

1—反应物料；2—产物；3—换热介质

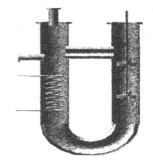

图 1-25　U 形管式反应器

4. U 形管式反应器

图 1-25 是一种内部设有搅拌和电阻加热装置的 U 形管式反应器。U 形管式反应器的管内设有挡板或搅拌装置，以强化传热与传质过程。U 形管的直径大，物料停留时间增长，可以应用于反应速率较慢的反应。例如带多孔挡板的 U 形管式反应器，被应用于己内酰胺的聚合反应。带搅拌装置的 U 形管式反应器适用于非均液相物料或液固相悬浮物料，如甲苯的连续硝化、蒽醌的连续磺化等反应。

模块一　均相反应器

二、管式反应器的特点

(1) 由于反应物的分子在反应器内停留时间相等,所以在反应器内任何一点上的反应物浓度和化学反应速度都不随时间而变化,只随管长变化。

(2) 管式反应器的单位反应器体积具有较大的换热面,特别适用于热效应较大的反应。

(3) 由于反应物在管式反应器中反应速度快、流速快,所以它的生产效率高。

(4) 管式反应器适用于大型化和连续化的化工生产,便于自动化控制。

(5) 和釜式反应器相比较,其返混较小,在流速较低的情况下,其管内流体流型接近于理想置换流。

综上所述,管式反应器结构简单紧凑、强度高、抗腐蚀强、抗冲击性能好、使用寿命长、便于检修,此种反应器具有容积小,比表面积大,返混少,反应混合物连续性变化,易于控制等优点。但对于慢速反应,存在需要管子长,压降较大等不足。

◎ 拓展知识

管式裂解炉

20世纪50年代后,由于石油化工的发展,世界各国竞相研究提高乙烯生产水平的工艺技术,并找到了通过高温短停留时间的技术措施可以大幅度提高乙烯收率。其中管式炉反应器很好地适应了这一要求。

1. SRT 型短停留时间裂解炉

Lummus 公司的 SRT 型裂解炉为单排双辐射立管式裂解炉,SRT-Ⅰ型炉如图1-26所示。SRT 型裂解炉已从早期的 SRT-Ⅰ型发展为近期采用的 SRT-Ⅵ型。其中炉管的材质和结构是反应器的核心部分。除了对炉管材质作了改进外,Lummus 公司在后续开发中采用反应管为多分支变径管,其中分支的目的是缩短停留时间,提高选择性,SRT 型裂解炉反应管型式如图1-27所示。采用变径管是根据反应前期和反应后期的不同特征,使入口端(反应前期)管径小于出口端(反应后期),这样可以比采用等径管的停留时间短,传热强度、处理能力和生产能力有所提高。

2. 超选择性裂解炉(USC炉)

这种炉子采用单排双面辐射多组变径炉管的管式炉结构。新构型可使烃类在较高的选择性

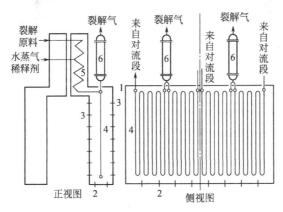

图1-26 SRT-Ⅰ型竖管裂解炉
1—炉体;2—油气联合烧嘴;3—气体无焰烧嘴;4—辐射段炉管(反应管);5—对流段炉管;6—急冷锅炉

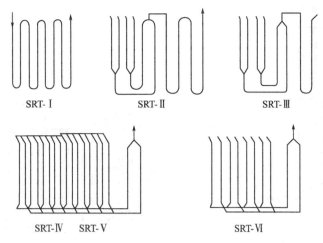

图 1-27　SRT 型裂解炉反应管型式

下操作，故称为超选择性裂解炉。USC 炉的基本结构及炉管概况如图 1-28 及图 1-29 所示。每组炉管呈 W 形由四根管径各异的炉管组成，每台炉内装有 16、24 或 32 组炉管，每组炉管前两根为 HK-40 管，后两根是 HP-40 管，均系离心浇铸内壁经机械加工。每组炉管的出口处和在线换热器 USX 直接相连接。裂解产物在 USX 中被骤冷以防止发生二次反应。USX 所发生的高压水蒸气经过热后作为装置的动力及热源。每台炉子的乙烯生产能力约为 4×10^4 t/a。

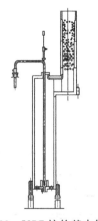

图 1-28　USC 炉的基本结构

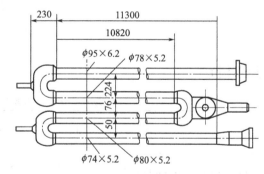

图 1-29　一组 USC 炉管的构型

3. 毫秒炉或超短停留时间炉（USRT 炉）

毫秒炉是 Kellogg 公司和日本出光石油化学公司共同致力于开发一种新型的裂解炉。毫秒炉采用直径较小的单程直管，不设弯头以减少压降。一台年产 2.5 万吨乙烯的裂解炉有 7 组炉管，每组由 12 根并联的管子组成，管内径为 25mm，长约 10m，炉管单排垂直吊在炉膛中央，采用底部烧嘴双面加热。可以全部烧油或烧燃料气。烃原料由下部进入，上部排出，由于管径小，热强度增大，因此可以在 100ms 左右的超短停留时间内实现裂解反应，故选择性高。据称乙烯、丙烯的收率比传统炉高 10%，甲烷及燃料油收率则降低。USRT 炉的基本结构如图 1-30 所示。

4. Linde-Selas 混合管裂解炉（LSCC 炉）

Linde-Selas 公司应用低烃分压-短停留时间的概念开发了一种单双排混合型变径炉管裂解炉即 LSCC 炉。采用 3 种规格的管，入口处为较小直径管。呈双排双面辐射加热以强化初

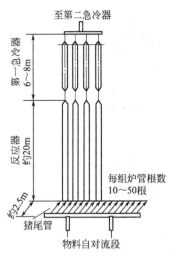

图 1-30 USRT 炉的基本结构

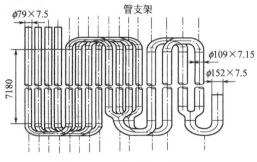

图 1-31 LSCC 炉炉管系统

期升温速度，出口部分有 5 炉管，改为单排双面辐射。每台炉有 4 组炉管，乙烯生产能力约为 3×10^4 t/a，其简要结构如图 1-31 及图 1-32 所示。

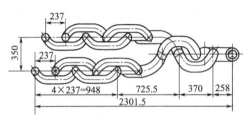

图 1-32 LSCC 炉管的构型及排列

考核评价

任务一 认识管式反应器学习评价表

学习目标	评价项目	评价标准	评价			
			优	良	中	差
认识反应器的结构	管式反应器类型、特点	说明管式反应器的类型、特点及应用，传热方式				
能绘制设备结构简图	反应器	管式反应器、传热方式、物料走向				
综合评价						

任务二 管式反应器的设计

知识目标：了解管式反应器的特点，掌握管式反应器的空间时间与反应器体积计算。
能力目标：能根据生产任务的要求，计算管式反应器的体积。

相关知识

生产实际中，连续操作管式反应器可近似地看成理想置换反应器，又称为平推流反应器,简称 PFR。

一、理想置换反应器的特点

物料在连续操作管式反应器内进行理想置换流动时,具有如下特点:
① 物料流动处于稳定状态,反应器内各点物料浓度、温度和反应速率均不随时间而变;
② 反应器内沿流动方向各点物料浓度、温度和反应速率在逐渐改变,而在径向上流体特性(温度、浓度等)是一致的;
③ 稳定状态下,单元时间、微元体积内反应物的积累量为零;
④ 反应物料在反应器内的停留时间相同,返混程度为零。

二、理想置换反应器的基础方程

对理想连续操作管式反应器进行物料衡算。参见图 1-33,在单元时间、微元体积内,对反应物 A 作物料衡算:

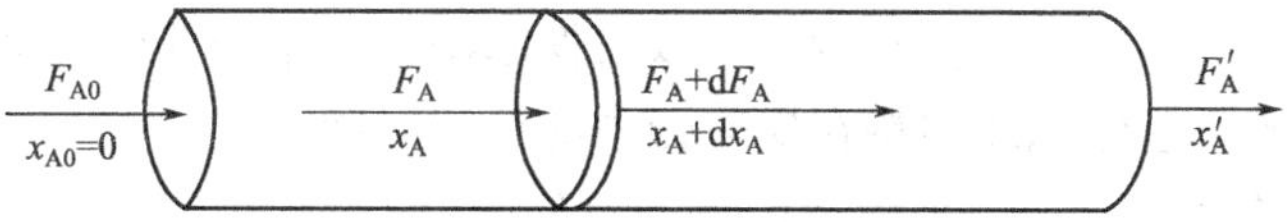

图 1-33 连续操作管式反应器物料衡算

$$\left\{\begin{array}{l}\text{单元时间内}\\ \text{进入微元体积}\\ \text{反应物 A 量}\end{array}\right\} - \left\{\begin{array}{l}\text{单元时间内}\\ \text{离开微元体积}\\ \text{反应物 A 量}\end{array}\right\} + \left\{\begin{array}{l}\text{单元时间微元}\\ \text{体积内变化的}\\ \text{反应物 A 量}\end{array}\right\} = \left\{\begin{array}{l}\text{单元时间微元}\\ \text{体积内反应}\\ \text{物 A 的累积量}\end{array}\right\}$$

$$F_A \Delta \tau \quad (F_A + dF_A)\Delta \tau \quad -(-r_A)dV\Delta \tau \quad 0$$

即:
$$F_A \Delta \tau - (F_A + dF_A)\Delta \tau - (-r_A)dV\Delta \tau = 0$$
$$dF_A + (-r_A)dV = 0$$

因为
$$F_A = F_{A0}(1-x_A)$$

所以
$$dF_A = -F_{A0}dx_A$$

代入得:
$$(-r_A)dV = F_{A0}dx_A \tag{1-70}$$

式中 F_{A0}——反应组分 A 进入反应器的摩尔流量,kmol/h;

F_A——反应组分 A 进入微元体积的摩尔流量,kmol/h。

式(1-70)即为连续操作管式反应器的基础方程式。将其积分,可以用来求取反应器的有效体积和空间时间。

$$V_R = F_{A0} \int_0^{x_A} \frac{dx_A}{(-r_A)} \tag{1-71}$$

因为
$$F_{A0} = V_0 c_{A0}$$

所以
$$V_R = V_0 c_{A0} \int_0^{x_A} \frac{dx_A}{(-r_A)}$$

得
$$\tau = \frac{V_R}{V_0} = c_{A0} \int_0^{x_A} \frac{dx_A}{(-r_A)} \tag{1-72}$$

式中 V_0——物料进口处的体积流量,m³/h;

τ——连续管式反应器中的空间时间，等容过程 τ 为物料在反应器中的停留时间，h。

若积分下限不为零时，则

$$\tau = \frac{V_R}{V_0} = c_{A0} \int_{x_{A0}}^{x_A} \frac{dx_A}{(-r_A)} \tag{1-73}$$

● **任务实施**

管式反应器可用于液相反应和气相反应，当用于液相反应和反应前后物质的量无改变的气相反应时，反应前后物料的密度变化不大，可视为恒容过程；当用于反应前后物质的量发生改变的气相反应时，就必须考虑物料密度的变化，按变容过程处理。温度也有类似情况，如反应过程中利用适当的调节手段能使温度维持基本不变，则为等温操作，否则即为非等温操作。等温恒容过程计算比较简单，但在实际过程中必须考虑变容情况。

一、等温恒容管式反应器的计算

管式反应器在等温恒容过程操作时，可以根据基础方程结合等温恒容条件，计算出达到一定转化率所需要的反应体积或物料在反应器中的停留时间。

对于一级不可逆反应　　　$(-r_A) = kc_A$

在等温条件下 k 为常数，在恒容情况下 $c_A = c_{A0}(1-x_A)$

代入式(1-72)，得：

$$\tau = \frac{V_R}{V_0} = c_{A0} \int_0^{x_A} \frac{dx_A}{kc_{A0}(1-x_A)} = \frac{1}{k} \ln \frac{1}{1-x_A} \tag{1-74}$$

对于二级不可逆反应　　　$(-r_A) = kc_A^2 = kc_{A0}^2(1-x_A)^2$

代入式(1-72)，得：

$$\tau = \frac{V_R}{V_0} = c_{A0} \int_0^{x_A} \frac{dx_A}{kc_{A0}^2(1-x_A)^2} = \frac{x_A}{kc_{A0}(1-x_A)} \tag{1-75}$$

若反应的反应动力学方程相当复杂或不能用函数表达式表示时，则可以用图解法计算。如图 1-34 所示。

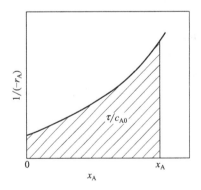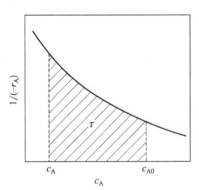

图 1-34　连续操作管式反应器恒温过程图解计算

将物料在连续管式反应器的停留时间与在间歇操作釜式反应器的反应时间的计算式相比，可以看出在等温恒容过程时完全相同。即在相同的条件下，同一反应达到相同的转化率时，在两种反应器中的时间值相等。这是因为在这两种反应器内，反应物浓度经历了相同的变化过程，只是在间歇操作釜式反应器内浓度随时间变化，在管式反应器内浓度随位置变化而已。说明仅就反应过程而言，两种反应器具有相同的效率，只因间歇操作釜式反应器存在非生产时间，故生产能力低于管式反应器。

【例 1-7】 某工厂用连续操作管式反应器生产醇酸树脂，反应物己二酸与己二醇投料比为等摩尔比，用硫酸作为催化剂，在 343K 下进行缩聚反应。实验测得动力学方程式为 $(-r_A)=kc_A^2$，$k=3.28\times10^{-5}\text{m}^3/(\text{kmol}\cdot\text{s})$，己二酸的初始浓度 $c_{A0}=4\text{kmol/m}^3$，若每天处理 2400kg 己二酸，试计算转化率为 0.8 时物料的停留时间和反应器体积。

解： 对于二级反应

空间时间

$$\tau=\frac{V_R}{V_0}=\frac{x_A}{kc_{A0}(1-x_A)}=\frac{0.8}{3.28\times10^{-5}\times4\times(1-0.8)}\text{s}=3.05\times10^4\text{s}=8.5\text{h}$$

物料的处理量：$V_0=\dfrac{F_{A0}}{c_{A0}}=\dfrac{2400/24/146}{4}\text{m}^3/\text{h}=0.171\text{m}^3/\text{h}$

反应器体积：$V_R=V_0\tau=0.171\times8.5\text{m}^3=1.45\text{m}^3$

二、等温变容管式反应器的计算

对于气相反应体系，如果反应过程中气体的总物质的量发生变化，系统的温度与压力变化对气体的体积影响较大，所以气相反应常常是变容过程。

前已述及，对于变容反应体系，反应前和反应后的物料存在如下关系：

$$V_t=V_0(1+y_{A0}\delta_A x_A)$$
$$F_t=F_0(1+y_{A0}\delta_A x_A)$$
$$c_A=c_{A0}\frac{1-x_A}{1+y_{A0}\delta_A x_A}$$

式中 F_0——总进料的摩尔流量，kmol/h；

F_t——在操作压力为 p、温度为 t、转化率为 x_A 时总物料的摩尔流量，kmol/h；

y_{A0}——进料中反应物 A 占总物料的摩尔分数，$y_{A0}=F_{A0}/F_0$；

V_t——在操作压力为 p、温度为 t、反应物转化率为 x_A 时物料总体积流量，m³/h。

对于等温变容过程，根据式(1-26)，其动力学方程为

$$(-r_A)=-\frac{1}{V}\frac{dn_A}{dt}=\frac{c_{A0}}{1+y_{A0}\delta_A x_A}\frac{dx_A}{d\tau} \tag{1-76}$$

将动力学方程代入基础方程式(1-70)，可以求得变容过程反应器的有效体积，表 1-3 给出了等温变容下的管式反应器计算式。

表 1-3　等温变容管式反应器计算式

化学反应	速率方程	计算式
A→P(零级)	$-r_A=k$	$\dfrac{V_R}{F_{A0}}=\dfrac{x_A}{k_A}$
A→P(一级)	$-r_A=kc_A$	$\dfrac{V_R}{F_{A0}}=\dfrac{-(1+\delta_A y_{A0})\ln(1-x_A)-\delta_A y_{A0}x_A}{kc_{A0}}$
2A→P A+B→P $(c_{A0}=c_{B0})$(二级)	$(-r_A)=kc_A^2$	$\dfrac{V_R}{F_{A0}}=\dfrac{1}{kc_{A0}^2}\left[2\delta_A y_{A0}(1+\delta_A y_{A0})\ln(1-x_A)+\delta_A^2 y_{A0}^2 x_A+(1+\delta_A y_{A0})^2\dfrac{x_A}{1-x_A}\right]$

【例 1-8】 在一管式反应器中进行气体 A 的热分解反应：A→R+S。该反应为恒温恒压反应。$(-r_A)=kc_A$，其中 $k=7.80\times10^9\exp\left(-\dfrac{19220}{T}\right)$，原料为纯气体，反应压力为

5atm，反应温度为500℃，要求 A 的转化率为90%，原料气体的处理流量为1.55kmol/h，试求所需反应器的体积和空间时间。

解：因为进料是纯组分 A：$y_{A0}=1.0$ $F_0=F_A$

膨胀因子：
$$\delta_A=\frac{2-1}{1}=1$$

则：
$$c_A=c_{A0}\frac{1-x_A}{1+y_{A0}\delta_A x_A}=c_{A0}\frac{1-x_A}{1+x_A}$$

反应气体可以近似看成理想气体：$pV_0=F_0RT$

反应气体入口体积流量：
$$V_0=\frac{F_0RT}{p}=\frac{1.55\times 8.314\times(500+273)}{5\times 1.0133\times 10^2}\text{m}^3/\text{h}=19.66\text{m}^3/\text{h}$$

空间时间：
$$\tau=c_{A0}\int_0^{x_A}\frac{dx_A}{(-r_A)}=c_{A0}\int_0^{x_A}\frac{dx_A}{kc_A}=c_{A0}\int_0^{x_A}\frac{dx_A}{kc_{A0}\frac{1-x_A}{1+x_A}}=\frac{1}{k}\int_0^{x_A}\frac{(1+x_A)dx_A}{1-x_A}$$

$$=\frac{1}{k}\left(2\ln\frac{1}{1-x_A}-x_A\right)=\frac{1}{7.80\times 10^9\exp\left(-\frac{19220}{500+273}\right)}\left(2\ln\frac{1}{1-0.9}-0.9\right)\text{h}=0.0083\text{h}$$

所需反应器体积 $V_R=V_0\tau=19.66\times 0.0083\text{m}^3=0.1632\text{m}^3$

◎ 拓展知识

变温管式反应器的计算

当反应过程的热效应较大，而反应热量不能及时传递时，反应器内温度就会发生变化。此外，对于可逆放热反应，为了使反应达到最大的反应速度，也经常人为地调节反应器内的温度分布，使之接近最适宜温度分布。因此许多管式反应器是在非等温条件下操作的。

管式反应器内的非等温操作可分为绝热式和换热式两种。当反应的热效应不大、反应的选择性受温度影响较小时，可采用没有换热措施的绝热操作。若反应热效应较大，必须采用换热式操作，通过载热体及时移走或供给反应热。下面介绍绝热连续管式反应器的计算。

当进行非等温管式流动反应器计算时，须对反应体系列出热量衡算式，然后与物料衡算式、反应动力学方程式联立计算出反应器内沿管长方向温度和转化率的分布，并求得为达到一定转化率所需要的反应器体积。

根据绝热管式反应器热量衡算通式可得：

$$\left\{\begin{array}{l}\text{微元时间内进入}\\ \text{微元体积的物料}\\ \text{带入的热量}\end{array}\right\}-\left\{\begin{array}{l}\text{微元时间内离开}\\ \text{微元体积的物料}\\ \text{带出的热量}\end{array}\right\}+\left\{\begin{array}{l}\text{微元时间微元}\\ \text{体积内反应过}\\ \text{程的热效应}\end{array}\right\}+\left\{\begin{array}{l}\text{微元时间微元}\\ \text{体积内和外界}\\ \text{的热交换量}\end{array}\right\}=\left\{\begin{array}{l}\text{微元时间微元}\\ \text{体积内热量}\\ \text{的累积量}\end{array}\right\}$$

$F'_t\overline{M'}\,\overline{c'_p}(T'-T_b)d\tau$ $F_t\overline{M}\overline{c_p}(T-T_b)d\tau$ $(-r_A)dV_R(-\Delta H_r)_{A,T}d\tau$ 0 0

即
$$F'_t\overline{M'}\,\overline{c'_p}(T'-T_b)d\tau-F_t\overline{M}\overline{c_p}(T-T_b)d\tau+(-r_A)dV_R(-\Delta H_r)_{A,T}d\tau=0$$

式中 F'_t、F_t——进入、离开微元体积的总物料流量，kmol/h；

$\overline{M'}$、$\overline{M}$——进入、离开微元体积的物料的平均摩尔质量，kg/kmol；

T'、T——进入、离开微元体积的物料的温度，K；

T_b——选定的基准温度，K；

$\overline{c'_p}$、$\overline{c_p}$——进入、离开微元体积的物料在 $T_b\sim T'$ 和 $T_b\sim T$ 温度范围内的平均比等压

热容，kJ/(kg·K)；

$(-\Delta H_r)_{A,T}$——以反应物 A 计算的反应热，kJ/kmol。

将物料衡算式 $(-r_A)dV_R = F_{A0}dx_A$ 代入上式：

$$F'_t\overline{M'}\overline{c'_p}(T'-T_b)d\tau - F_t\overline{M}\overline{c_p}(T-T_b)d\tau + F_{A0}dx_A(-\Delta H_r)_{A,T}d\tau = 0$$

在衡算体积 dV_R 内，$T-T'=dT$，$F'_t\overline{M'}\overline{c'_p}$ 与 $F_t\overline{M}\overline{c_p}$ 之间差别很小，则

$$F_t\overline{M}\overline{c_p}dT = F_{A0}dx_A(-\Delta H_r)_{A,T} = 0$$

为便于计算，可将绝热过程简化为：反应在进口温度 T_0 下进行，使转化率从 x_{A0} 变为 x_A，然后物料由温度 T_0 升至 T。这样在计算时：$(-\Delta H_r)_{A,T}$ 应该取 T_0 时的值，而 F_t、$\overline{M}$ 则按出口物料组成计算，$\overline{c_p}$ 为 T_0 至 T 范围内的平均值。

积分得：

$$\int_{T_0}^{T}dT = \frac{F_{A0}(-\Delta H_r)_{A,T_0}}{F_t\overline{M}\overline{c_p}}\int_{x_{A0}}^{x_A}dx_A$$

$$T - T_0 = \frac{F_{A0}(-\Delta H_r)_{A,T_0}}{F_t\overline{M}\overline{c_p}}(x_A - x_{A0}) \tag{1-77}$$

式(1-77)即为绝热管式反应器内温度和转化率之间的关系式，结合前述管式反应器基础方程式和反应动力学方程，便可计算出绝热管式流动反应器为达到一定转化率所需要的体积。

● 考核评价

任务二　管式反应器的设计学习评价表

学习目标	评价项目	评价标准	评价			
			优	良	中	差
管式反应器的设计	反应器特点	能够理解管式反应器的特点				
	停留时间计算	会计算等温管式反应器中物料的停留时间				
	反应器体积计算	会计算管式反应器的体积及管长				
综合评价						

任务三　管式反应器的操作

知识目标：熟悉管式反应器的操作步骤及影响反应器操作的因素。

能力目标：能进行开停车操作，能根据影响管式反应器操作的因素，对参数进行正常调节及处理异常现象。

以环氧乙烷与水反应生成乙二醇为例进行管式反应器的操作训练。

● 任务实施

一、熟悉生产原理及工艺流程

在乙二醇反应器中，来自精制塔底的环氧乙烷和来自循环水排放物流的水反应形成乙二醇水溶液。其反应式如下：

主反应　　　　　$CH_2{-}CH_2 + H_2O \longrightarrow HO{-}CH_2{-}CH_2{-}OH$
　　　　　　　　　　＼　／
　　　　　　　　　　　O

副反应 HO—CH₂—CH₂—OH + CH₂—CH₂ $\xrightarrow{1.0\text{MPa}}$ HO—CH₂—CH₂—O—CH₂—CH₂—OH

乙二醇（MEG）　　　　　　　　　　　二乙二醇
（上式中间物为环氧乙烷，O在CH₂—CH₂之间）

环氧乙烷与水反应流程如图 1-35 所示，精制塔塔底物料在流量控制下同循环水排放物流以 1：22 的摩尔比混合，混合后通过在线混合器进入乙二醇反应器。反应为放热反应，反应温度为 200℃ 时，每生成 1mol 乙二醇放出热量为 8.315×10^4 J。来自循环水排放浓缩器的水，是在同精制塔塔底物料的流量比控制下进入乙二醇反应器上游的在线混合器的。混合物流通过乙二醇反应器，在此反应，形成乙二醇。反应器的出口压力是通过维持背压来控制的。从乙二醇反应器流出的乙二醇-水物流进入干燥塔。

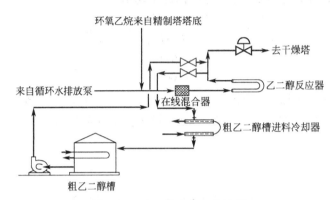

图 1-35　乙二醇生产工艺流程

二、管式反应器的操作

1. 开车前的检查和准备

(1) 把循环水排放流量控制器置于手动，开始由循环水排放浓缩器底部向反应器进水。在乙二醇反应器进口排放这些水，直到清洁为止。

(2) 关闭进口倒淋阀并开始向反应器充水，打开出口倒淋阀，关闭乙二醇反应器压力控制阀。当反应器出口倒淋阀排水干净时关闭。

(3) 来自精制塔塔底泵的热水用泵通过在线混合器送到乙二醇反应器，各种联锁报警均应校验。

(4) 当乙二醇反应器出口倒淋排放清洁时，把水送到干燥塔。

(5) 运行乙二醇反应器压力控制器，调节乙二醇反应器压力，使之接近设计条件。

(6) 干燥塔在运行前，干燥塔喷射系统应试验。后面的所有喷射系统都遵循这个一般程序。为了在尽可能短的时间内进行试验，关闭冷凝器和喷射器之间的阀门，因此在试验期间塔不必排泄。

(7) 检查所有喷射器的倒淋和插入热井底部水封的尾管，用水充满热井所有喷射器冷凝器，并密封管线。

(8) 打开喷射器系统的冷却水流量。稍开高压蒸汽管线过滤器的倒淋阀，然后稍开喷射泵的蒸汽阀。关闭倒淋阀，然后慢慢打开蒸汽阀。

(9) 使喷射器运行，直到压力减少到正常操作压力。在这个试验期间应切断塔的压力控制系统。隔离切断阀下游喷射系统和相关设备，在 24h 内最大允许压力上升速度为 33.3Pa/h。如果压力试验满足要求，则慢慢打开喷射系统进口管线上的切断阀，直到干燥塔冷凝器的冷却水流量稳定。

（10）干燥塔压力控制系统和压力调节器设为自动状态（设计设定点）。到热井的冷凝液流量较少，允许在容器这边溢流。

（11）喷射系统已满足试验条件后，关闭入口切断阀并停止喷射泵。根据真空泄漏的下降程度确定塔严密性是否完好。如果系统不能达到要求的真空，应检查系统的泄漏位置并修理。

2. 正常开车

（1）启动乙二醇反应器控制器。

（2）启动循环水排放泵。

（3）通过乙二醇反应器在线混合器设定到乙二醇反应器的循环水排放量。

（4）精制塔塔底的流体，从精制塔开始，经过乙二醇反应器在线混合器和循环水混合后，输送到乙二醇反应器进行反应。

（5）设定并控制精制塔底物流的流量，控制循环水排放物流流量和精制塔底物流的流量，使之在一定的比例之下操作。如果需要，加入汽提塔底液位同循环水排入物流的串级控制。

3. 正常停车

（1）确定再吸收塔塔底的环氧乙烷耗尽，其表现为塔底温度将下降，通过再吸收塔的压差也将下降。

（2）确定无环氧乙烷进到再吸收塔，再吸收塔和精馏塔继续运行，直到环氧乙烷含量为零。

（3）关闭再吸收塔进水阀，停止塔底泵。

（4）关闭精制塔塔底流体去乙二醇反应器的阀门。

（5）当所有通过乙二醇反应器的环氧乙烷都被转化为乙二醇后，停止循环水排放流量。

如果停车持续时间超过4h，在系统中的所有环氧乙烷必须全部反应成乙二醇，这是很重要的。

4. 正常操作

（1）乙二醇反应器进料组成　乙二醇反应器进料组成是通过控制循环水排放到混合器的流量和精制塔内环氧乙烷排放到混合器的流量的比例来实现的，通常该反应器进料中水与环氧乙烷摩尔比为22:1。乙二醇反应器前的混合器的作用是稀释含有富醛的环氧乙烷排放物。如果不稀释，则乙二醇反应器中较高的环氧乙烷浓度容易形成二乙二醇、三乙二醇等高级醇。

（2）乙二醇反应器温度　每反应1%的环氧乙烷，反应温度会升高约5.5℃，因而乙二醇反应器内的温升（出口－进口）是精制塔塔底环氧乙烷浓度的良好测量方法。

正常乙二醇反应器进口温度应稳定在110~130℃范围内，使出口温度在165~180℃的范围内。如果乙二醇反应器进口混合流体的温度偏低，将会导致环氧乙烷不能完全反应，从而乙二醇反应器的出口温度也会偏低，产品中乙二醇的含量将会减小。

精制塔塔底部不含CO_2的环氧乙烷溶液质量分数为10%，在该溶液被送至进乙二醇反应器之前，先在反应器进料预热器中加热到89℃，再输送到反应器一级进料加热器的管程，在0.21MPa的低压蒸汽下加热至114℃。再到反应器二级进料加热器的管程，由脱醛塔顶部来的脱醛蒸汽加热到122℃。然后进入三段加热器中，被壳程中的0.8MPa的蒸汽加热至130℃，进入乙二醇反应器。乙二醇反应器是一个绝热式的U形管式反应器，反应是非催化的,停留时间约 18min,工作压力 1.2MPa,进口温度 130℃,设计负荷情况下出口温度 175℃,在这样的条件下基本上全部的环氧乙烷都完全转化成乙二醇,质量分数约为 12%。

因此,可以直接通过控制加热蒸汽的量来控制乙二醇反应器的进口温度,当然有时也可以通过控制环氧乙烷的流量来控制乙二醇反应器的出口温度,从而提高产品中乙二醇的含量。

(3) 乙二醇反应器压力　在压力一定的情况下,当温度高到一定程度时,环氧乙烷会汽化,未反应的环氧乙烷会增多,反应器出口未转化成乙二醇的环氧乙烷的损失也相应增加。因此,反应器压力必须高到能足以防止这些问题的发生。通常要求维持在反应器的设计压力,以保证在乙二醇反应器的出口设计温度下无汽化现象。

通常情况下,乙二醇反应器的压力是通过该反应器上压力记录控制仪表来控制的,并将该仪表设定为自动控制。反应器内设计压力为 1250kPa,压力控制范围为 1100～1400kPa。

5. 事故处理

事故现象	事故原因	处理方法
所有泵停止	电源故障	①立即切断通入乙二醇进料汽提塔、反应器进料加热器以及至所有再沸器的蒸汽 ②重新调整所有其他的流量控制器,使其流量为零 ③电源一恢复,反应系统一般应按"正常开车"中所述进行再启动。在蒸发器完全恢复前,来自再吸收塔的环氧乙烷水的流量应很小 ④乙二醇蒸发系统应按"正常开车"中的方法重新投入使用
反应温度达不到要求	蒸汽故障	①精制工段必须立即停车 ②立即关掉干燥塔、一乙二醇塔、一乙二醇分离塔、二乙二醇塔和三乙二醇塔喷射泵系统上游的切断阀或手控阀,以防止蒸汽或空气返回到任何塔中
反应温度过高	冷却水故障	①停止到蒸发器和所有塔的蒸汽 ②停止各塔和各蒸发器的回流 ③将调节器给定点调到零位流量 ④当冷却水流量恢复后,按"正常开车"中所述的启动
反应器压力不正常	真空喷射泵故障	①关闭特殊喷射器的工艺蒸汽进口处的切断阀 ②停止到喷射器塔的蒸汽、回流和进料 ③用氮气来消除塔中的真空,然后遵循相应的"正常停车"步骤,停乙二醇装置的其余设备
反应流体不能输送	泵卡	①启动备用泵 ②如果备用泵不能投入使用,蒸发系列必须停车 ③乙二醇精制系统可以运行以处理存量,或全回流,或停车

◎ 考核评价

任务三　管式反应器的操作学习评价表

学习目标	评价项目	评价标准	评价			
			优	良	中	差
熟悉生产原理	生产原理	说出水合反应的特点				
认识工艺流程	工艺流程	能够叙述工艺流程、绘制工艺流程图				
能够进行反应器的操作与控制	开停车操作	掌握开停车操作一般原则及注意事项				
	参数控制	掌握乙二醇反应器进料组成、乙二醇反应器温度、乙二醇反应器压力控制方法,理解平稳运行过程中参数的控制原则				
	异常现象处理	对简单的异常现象能够做出判断,提出处理方案				
综合评价						

项目三 均相反应器型式和操作方式的评选

均相反应器的型式包括管式和釜式反应器,操作方式则包括间歇操作、连续操作、半连续操作以及加料方式的分批或分段加料等。工业生产中应根据不同的反应特性,选择适合的反应器型式和操作方式。对某个具体的反应,选择时主要考虑化学反应本身的特性及反应器的特性,主要从两个方面进行比较:生产能力和反应的选择性。对于简单反应,不存在选择性的问题,只需要进行生产能力的比较。对于复杂反应,不仅要考虑生产能力,还要考虑反应的选择性,因为副产物的多少,直接影响到原料的消耗量及后续分离流程的选择和分离设备的大小,因此复杂反应要重点进行反应选择性的比较。

任务一 简单反应反应器生产能力的比较

知识目标:理解容积效率、反应器的生产能力的基本概念。
掌握单个间歇釜式、连续釜式和连续管式反应器生产能力的比较。
能力目标:能根据反应特性,选择适合的反应器型式和操作方式。

● 任务实施

一、单个反应器生产能力的比较

反应器的生产能力即单位时间、单位体积反应器所能得到的产物量。生产能力的比较也就是指达到给定生产任务所需反应器体积大小的比较。生产能力越大,达到给定生产任务所需反应器体积越小。

1. 间歇操作釜式反应器和连续操作管式反应器的比较

对于间歇操作釜式反应器,其反应时间为

$$t_m = c_{A0} \int_0^{x_A} \frac{dx_A}{(-r_A)}$$

对于连续操作管式反应器

$$\tau_p = \frac{(V_R)_p}{V_0} = c_{A0} \int_0^{x_A} \frac{dx_A}{(-r_A)}$$

可以看出,$t_m = \tau_p$,间歇操作釜式反应器与连续操作管式反应器的反应时间是相同的。但两种反应器的生产能力是不同的,原因是间歇操作釜式反应器存在非生产时间,而且还有装填系数,因此需要的反应器体积比连续操作管式反应器的体积大,因此生产能力较连续操作管式反应器低。

2. 连续操作釜式反应器和连续操作管式反应器的比较

对于单一反应 A→P,在连续操作釜式反应器和连续操作管式反应器内进行时,由于反应器的性能特征不同,表现出不同的结果。若分别以 c_A-V_R、x_A-V_R、$(-r_A)$-V_R 作图,结果如图 1-36 所示。对于管式反应器,当工艺条件一旦确定,过程的反应速率取决于 $(1-x_A)$ 值的大小及其分布。在连续釜式反应器 x_A-V_R 图中可见,由于返混达到最大,反应器内反应物浓度即为出料中的浓度,因而整个反应过程处于低浓度范围操作。由此可得到

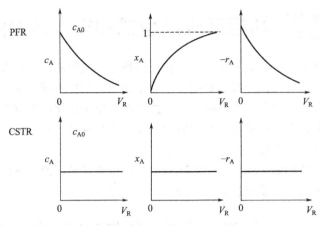

图 1-36　不同反应器中浓度 c_A、转化率 x_A 及反应速率（$-r_A$）的变化

这样的结论：对于同一个单一正数级反应，在相同的工艺条件下，为达到相同的转化率，管式反应器所需的反应器体积为最小，而连续釜式反应器所需的反应器体积为最大。换句话说，若反应体积相同，则管式反应器可达到的转化率为最大，而连续釜式反应器可达到的转化率为最小。

工业生产中引入容积效率值可以对反应器的选择作定量说明。

在等温等容过程中，相同产量、相同转化率、相同初始浓度和温度下，所需连续操作管式反应器体积 $(V_R)_p$ 和连续操作釜式反应器有效体积 $(V_R)_m$ 之比称为容积效率，用 η 表示，即

$$\eta = \frac{(V_R)_p}{(V_R)_m} \tag{1-78}$$

容积效率 η 的影响因素主要是转化率和反应级数。

对于连续操作釜式反应器

$$\tau_c = \frac{(V_R)_m}{V_0} = \frac{c_{A0} x_A}{(-r_A)}$$

因此，容积效率为

$$\eta = \frac{(V_R)_p}{(V_R)_m} = \frac{\tau_p}{\tau_c} = \frac{c_{A0} \int_0^{x_A} \frac{dx_A}{(-r_A)}}{\frac{c_{A0} x_A}{(-r_A)}}$$

将动力学方程代入上式，即可求出不同转化率和反应级数时的容积效率。

对于零级反应　　　　　　　　　　$(-r_A) = k$

$$\eta_0 = \frac{(V_R)_p}{(V_R)_m} = \frac{\tau_p}{\tau_c} = \frac{\dfrac{c_{A0} x_A}{k}}{\dfrac{c_{A0} x_A}{k}} = 1 \tag{1-79}$$

对于一级反应　　　　　　　　　　$(-r_A) = k c_A$

$$\eta_1 = \frac{(V_R)_p}{(V_R)_m} = \frac{\tau_p}{\tau_c} = \frac{\dfrac{1}{k} \ln \dfrac{1}{1-x_A}}{\dfrac{x_A}{k(1-x_A)}} = \frac{1-x_A}{x_A} \ln \frac{1}{1-x_A} \tag{1-80}$$

对于二级反应　　　　　　　　　　$(-r_A) = k c_A^2$

$$\eta_2=\frac{(V_R)_p}{(V_R)_m}=\frac{\tau_p}{\tau_c}=\frac{\dfrac{x_A}{kc_{A0}(1-x_A)}}{\dfrac{x_A}{kc_{A0}(1-x_A)^2}}=1-x_A \tag{1-81}$$

以 x_A 为横坐标，η 为纵坐标，对式(1-79)～式(1-81) 作图，如图1-37所示。从图中可以看出：反应级数愈高，容积效率愈低；转化率愈高，容积效率愈低。

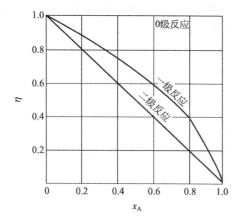

图1-37 单个反应器容积效率

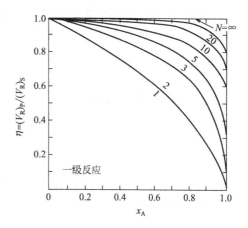

图1-38 多段串联釜一级反应容积效率

3. 反应器型式和操作方式的选择

(1) 对于反应级数较高，转化率要求较高的反应，以选用连续管式反应器为宜。若只有反应釜，则可以用间歇釜式反应器（存在非生产时间）或多釜串联。

(2) 零级反应与浓度无关，所以物料的流动形式不影响反应器体积的大小，选任何反应器均可。

二、多釜串联操作釜式反应器个数的选择

以一级反应为例，其容积效率为

$$\eta=\ln\left(\frac{1}{1-x_A}\right)\Big/N\left[\left(\frac{1}{1-x_A}\right)^{1/N}-1\right] \tag{1-82}$$

以 x_A 为横坐标，η 为纵坐标，对式(1-82)作图，如图1-38所示。由图可以看出：当串联操作釜数 $N=\infty$ 时，$\eta=1$，此时 n-CSTR 相当于连续操作管式反应器；当 $N=1$ 时，η 最小，此时多釜串联操作釜式反应器相当于连续操作釜式反应器。随着 N 增大，η 也增大，但增大的速度逐渐缓慢，因此通常取串联的釜数为4或者小于4。

● 考核评价

任务一 简单反应反应器生产能力的比较学习评价表

学习目标	评价项目	评价标准	评价			
			优	良	中	差
简单反应生产能力的比较	反应器生产能力	了解各种均相反应器的特点,会比较完成相同生产任务时各反应器所需的有效体积				
	容积效率的物理意义	理解并计算容积效率				
	反应器的选择	会选择反应器型式和操作方式				
综合评价						

任务二　复杂反应选择性的比较

知识目标：理解复杂反应选择性的基本概念，掌握复杂反应选择性的比较。
能力目标：能根据复杂反应特性，选择适合的反应器型式和操作方式。

实际的反应物系多属于复杂反应。复杂反应的种类很多，其基本反应是平行反应和连串反应。对于复杂反应，在选择反应器型式和操作方法时必须考虑反应的选择性问题。

● 任务实施

一、平行反应选择性的比较

1. 反应为一种反应物生成一种主产物和一种副产物

$$A \xrightarrow{k_1} R \ \text{主反应}$$
$$A \xrightarrow{k_2} S \ \text{副反应}$$

动力学方程为：

$$(-r_A) = -\frac{dc_A}{d\tau} = k_1 c_A^{a_1} + k_2 c_A^{a_2}$$

$$r_R = \frac{dc_R}{d\tau} = k_1 c_A^{a_1}$$

$$r_S = \frac{dc_S}{d\tau} = k_2 c_A^{a_2}$$

可以看出：随着反应的进行，反应物 A 的浓度逐渐下降，而主产物 R 和副产物 S 的浓度均是逐渐增加。工业生产上，总是希望能够获得所期望的最大主产物量，副产物量尽可能小，因此需要对反应进行分析，选择不同的反应器型式和操作方式。

若只是为了比较反应过程中主副反应的竞争，则反应的选择性 S_R 可以表示为

$$S_R = \frac{r_R}{r_S} = \frac{dc_R}{dc_S} = \frac{k_1}{k_2} c_A^{a_1 - a_2} \tag{1-83}$$

由式(1-83)可见，提高 $\frac{r_R}{r_S}$ 可以增大反应的选择性，得到较多的产物 R。当反应在一定的反应体系和温度下，k_1、k_2、a_1、a_2 均为常数，因此只要调节 c_A 就可以得到较大的 $\frac{r_R}{r_S}$ 值。

（1）反应器型式和操作方法的选择

① 当 $a_1 > a_2$ 时，即主反应级数高，提高反应物浓度 c_A，$\frac{r_R}{r_S}$ 比值增大，R 收率增加。因为在管式反应器内反应物的浓度较连续操作釜式反应器为高，故适宜于采用管式反应器，其次则采用连续操作多釜串联反应器或间歇操作釜式反应器。

② 当 $a_1 < a_2$ 时，即主反应级数低，降低反应物浓度 c_A，$\frac{r_R}{r_S}$ 比值增大，R 收率增加。为此，适宜于采用连续操作釜式反应器。但在完成相同生产任务时，所需釜式反应器体积较大，故需权衡利弊，再作选择。

③ 当 $a_1 = a_2$ 时，即主副反应级数相等，$\frac{r_R}{r_S} = \frac{k_1}{k_2} =$ 常数，则反应物浓度与选择性无关，

对 R 收率无影响。

由上述分析可以知道，对平行反应而言，提高反应物浓度有利于反应级数较高的反应，降低反应物浓度有利于反应级数较低的反应。

(2) 操作条件的选择　除了选择反应器型式外，还可以采用适当的条件以提高反应的选择性。

① 如果主反应的级数高，可以采用浓度较高的原料或对气相反应增加压力等办法，以提高反应器内反应物的浓度。反之则降低反应物的浓度，以达到提高反应选择性的目的。

② 通过改变反应体系的温度来改变 k_1/k_2 比值，从而提高反应的选择性。当主反应的活化能大于副反应，即 $E_1 > E_2$ 时，提高温度有利于提高 $\dfrac{k_1}{k_2}$，有利于提高反应的选择性；当主反应的活化能小于副反应，即 $E_1 < E_2$ 时，降低温度有利于提高反应选择性。总之，提高温度有利于活化能高的反应，降低温度有利于活化能低的反应。

【例 1-9】 有一分解反应

A→R（目的产物），$r_R = c_A^2$ [mol/(L·min)]

A→S（副产物），$r_S = 2c_A$ [mol/(L·min)]

在一连续操作管式反应器进行。其中 $c_{A0} = 4.0 \text{mol/L}$，$c_{R0} = c_{S0} = 0$，物料的体积流量为 5.0L/min，求转化率为 80% 时，(1) 反应器的体积为多少？(2) 目的产物 R 的选择性为多少。

解： 反应器的停留时间为：

$$\tau_p = \frac{V_R}{V_0} = -\int_{c_{A0}}^{c_A} \frac{dc_A}{(-r_A)}$$

反应物 A 的动力学方程式　　　　$(-r_A) = c_A^2 + 2c_A$

所以：$\tau_p = \dfrac{V_R}{V_0} = -\int_{c_{A0}}^{c_A} \dfrac{dc_A}{(-r_A)} = -\int_{c_{A0}}^{c_A} \dfrac{dc_A}{c_A^2 + 2c_A} = \dfrac{1}{2}\left(\ln\dfrac{c_{A0}}{c_A} + \ln\dfrac{c_A + 2}{c_{A0} + 2}\right)$

而：　　　　$c_A = c_{A0}(1 - x_A) = 4 \times (1 - 0.8) = 0.8 \text{(mol/L)}$

$$\tau_p = \frac{1}{2}\left(\ln\frac{4}{0.8} - \ln\frac{4+2}{0.8+2}\right) = 0.42 \text{(min)}$$

反应釜的有效体积为：　$V_R = V_0 \tau_p = 5.0 \times 0.42 = 2.1 \text{(L)}$

产物 R 的比选择性：　$S_R = \dfrac{r_R}{r_S} = \dfrac{c_A^2}{2c_A} = \dfrac{c_A}{2} = \dfrac{0.8}{2} = 0.4$

2. 反应为两种反应物生成一种主产物和一种副产物

$$A + B \xrightarrow{k_1} R \text{ 主反应}$$

$$A + B \xrightarrow{k_2} S \text{ 副反应}$$

动力学方程为

$$r_R = \frac{dc_R}{d\tau} = k_1 c_A^{a_1} c_B^{\beta_1}$$

$$r_S = \frac{dc_S}{d\tau} = k_2 c_A^{a_2} c_B^{\beta_2}$$

$$(-r_A) = \frac{dc_A}{d\tau} = k_1 c_A^{a_1} c_B^{\beta_1} + k_2 c_A^{a_2} c_B^{\beta_2}$$

选择性为

$$S_R = \frac{r_R}{r_S} = \frac{k_1}{k_2} c_A^{a_1 - a_2} c_B^{\beta_1 - \beta_2} \tag{1-84}$$

为了提高反应的选择性，应设法提高 $\frac{r_R}{r_S}$，其中各反应物浓度的高、低取决于竞争反应的动力学，浓度的控制可以按进料方式和反应器类型调整。表 1-4、表 1-5 为不同竞争反应动力学下，反应器型式和操作方法的选择。

表 1-4　间歇操作时不同竞争反应动力学下的操作方式

动力学特点	$\alpha_1>\alpha_2, \beta_1>\beta_2$	$\alpha_1<\alpha_2, \beta_1<\beta_2$	$\alpha_1>\alpha_2, \beta_1<\beta_2$
控制浓度要求	应使 c_A、c_B 都高	应使 c_A、c_B 都低	应使 c_A 高、c_B 低
操作示意图	(A 和 B 同时加入反应器)	(A 和 B 缓缓加入)	(B 缓缓加入装有 A 的反应器)
加料方法	瞬间加入所有的 A 和 B	缓缓加入 A 和 B	先把全部 A 加入，然后缓缓加 B

表 1-5　连续操作时不同竞争反应动力学下的操作方式及浓度分布

动力学特点	$\alpha_1>\alpha_2, \beta_1>\beta_2$	$\alpha_1<\alpha_2, \beta_1<\beta_2$	$\alpha_1>\alpha_2, \beta_1<\beta_2$
控制浓度要求	应使 c_A、c_B 都高	应使 c_A、c_B 都低	应使 c_A 高、c_B 低
操作示意图	(管式反应器；串联釜式)	(单个釜式反应器)	(沿程加B的管式；多釜串联加B；釜+分离器)
浓度分布图	c_A、c_B 从 c_{A0}、c_{B0} 沿程下降	c_A、c_B 都低且平稳	c_A 下降，c_B 呈锯齿状低值 / c_A 恒高、c_B 低

二、连串反应选择性的比较

连串反应更为复杂，在此只讨论一级不可逆连串反应。

$$A \xrightarrow{k_1} R \xrightarrow{k_2} S$$

动力学方程为

$$r_R = \frac{dc_R}{d\tau} = k_1 c_A - k_2 c_R$$

$$r_S = \frac{dc_S}{d\tau} = k_2 c_R$$

随着反应的进行，反应物 A 的浓度逐渐降低，而产物 R 的浓度是先增加然后再降低，存在一极值。产物 S 的浓度则是逐渐增加的。

若目的产物为 R，反应的选择性为

$$S_R = \frac{r_R}{r_S} = \frac{dc_R}{dc_S} = \frac{k_1 c_A - k_2 c_R}{k_2 c_R} \tag{1-85}$$

由式(1-85) 可知，当 k_1、k_2 一定时，为使选择性 S_R 提高，应使 c_A 增高而 c_R 降低，适宜采用连续操作管式反应器、间歇操作釜式反应器和连续多釜串联反应器。同时，反应物料的停留时间要短，防止生成的产物 R 继续反应变成副产物 S。

若目的产物为 S 时，无需选择反应器，只要反应时间无限长，即原料全部变成产物 S。一般情况下，连串反应主要讨论的是目的产物为 R 的反应。

图 1-39 表示一级不可逆连串反应在连续管式反应器和连续釜式反应器选择性的比较。

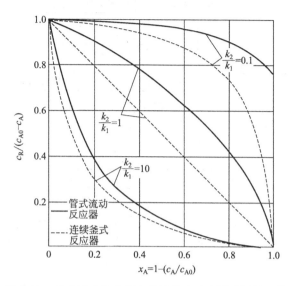

图 1-39　管式流动反应器和连续釜式反应器选择性比较

由图 1-39 可以看出：

① 连续操作管式反应器的选择性始终要高于连续操作釜式反应器。

② 连串反应的选择性随着反应转化率的增大而下降。

③ 选择性的大小与速率常数比值 k_2/k_1 密切相关。当转化率一定时，k_2/k_1 比值越大，则选择性越小；同时 k_2/k_1 比值越大，反应的选择性随转化率的增加而下降的趋势越严重。因此当反应的 $k_1 < k_2$ 时只能在较低的转化率下操作；而当 $k_1 > k_2$ 时，则可在较高的反应转化率下操作。由于连串反应中 R 生成量具有一极大值，因此在操作时就存在一最佳操作点，操作条件应选择在最佳操作点或接近最佳操作点附近工作。

根据以上分析可以知道，连串反应转化率的控制十分重要，不能盲目追求反应的高转化率。在工业生产上经常使反应在低转化率下操作，以获得较高的选择性。而把未反应的原料经分离后返回反应器循环使用。此时应以反应分离系统的优化经济目标来确定最适宜的反应转化率。

● 考核评价

任务二　复杂反应选择性的比较学习评价表

学习目标	评价项目	评价标准	评价			
			优	良	中	差
平行反应选择性的比较	反应为一种反应物生成两种产物	会计算选择性并根据反应的选择性确定反应器型式和操作方式				
	反应为两种反应物生成两种产物	会计算选择性并根据反应的选择性确定反应器型式和操作方式				
连串反应选择性的比较	连串反应选择性	会计算选择性并根据反应的选择性确定反应器型式和操作方式				
综合评价						

小 结

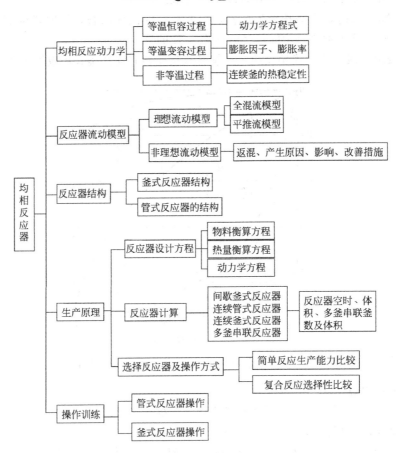

自测练习

一、选择题

1. 与平推流反应器比较，进行同样的反应过程，全混流反应器所需要的有效体积要（　　）。
   A. 大　　　　　B. 小　　　　　C. 相同　　　　　D. 无法确定

2. 一个反应过程在工业生产中采用什么反应器并无严格规定，但首先以满足（　　）。为主。
   A. 工艺要求　　B. 减少能耗　　C. 操作简便　　D. 结构紧凑

3. 间歇反应器是（　　）。
   A. 一次加料，一次出料　　　　B. 二次加料，一次出料
   C. 一次加料，二次出料　　　　D. 二次加料，二次出料

4. 平推流的特征是（　　）。
   A. 进入反应器的新鲜质点与留存在反应器中的质点能瞬间混合
   B. 出口浓度等于进口浓度
   C. 流体物料的浓度和温度在与流动方向垂直的截面上处处相等，不随时间变化

D. 物料一进入反应器，立即均匀地发散在整个反应器中

5. 若反应物料要求迅速溶解、高度分散，则应选择（   ）。
A. 桨式搅拌器   B. 框式搅拌器   C. 旋桨式搅拌器   D. 涡轮式搅拌器

6. 工业反应器的设计评价指标有：转化率、选择性及（   ）。
A. 效率   B. 产量   C. 收率   D. 操作性

7. 间歇式反应器出料组成与反应器内物料的最终组成（   ）。
A. 不相同   B. 可能相同   C. 相同   D. 可能不相同

8. 实际生产过程中，为提高反应过程的目的产物的单程收率，宜采用（   ）措施。
A. 延长反应时间，提高反应的转化率，从而提高目的产物的收率
B. 缩短反应时间，提高反应的选择性，从而提高目的产物的收率
C. 选择合适的反应时间和空速，从而使转化率与选择性的乘积即单程收率达最大
D. 选择适宜的反应器类型，从而提高目的产物的收率

9. 釜式反应器的换热方式有夹套式、蛇管式、回流冷凝式和（   ）。
A. 列管式   B. 间壁式   C. 外循环式   D. 直接式

10. 化学反应器的分类方式很多，按（   ）的不同可分为管式、釜式、塔式、固定床、流化床等。
A. 聚集状态   B. 换热条件   C. 结构   D. 操作方式

二、判断题

（   ）1. 等温等容条件下，间歇釜式反应器反应时间与平推流反应器空间时间的计算式相同，两者的生产能力相同。

（   ）2. 复合反应中，反应物的转化率愈高，目的产物获得愈多。

（   ）3. 全混流连续操作反应器，反应器内温度、浓度处处均匀一致，故所有物料粒子在反应器内的停留时间相同。

（   ）4. 设备放大，造成微元停留时间分布和返混程度改变，放大时反应结果恶化。

（   ）5. 理想流动模型是指平推流模型和全混流模型。

（   ）6. 膨胀率为每转化 1kmol A 造成反应体系内物料的改变量。

（   ）7. 为了得到最高目的产品产量，在生产中就要提高单程转化率。

（   ）8. 单一反应过程，采用平推流反应器总比全混流反应器所需要的体积小。

（   ）9. 空间时间为反应器有效容积与流体特征体积流率的比值。

（   ）10. 空间速度为单位时间内投入有效反应器容积内的物料标准体积。

三、简答题

1. 试述平推流模型和全混流模型的特性。
2. 何谓返混？产生返混的主要原因有哪些？工业上采取哪些措施来改善、限制返混？
3. 对于复杂反应体系，如何选择反应器的型式和操作方式。
4. 反应器的容积效率如何定义，它与反应级数、转化率有何关系？
5. 釜式反应器的搅拌器的作用是什么？如何选择。
6. 釜式反应器的传热方式有哪些，如何选择。
7. 何谓全混釜反应器的热稳定性？符合什么条件的操作点为稳定操作点？如何判断稳定与不稳定操作点？

8. 对同一反应在相同条件下，达到相同转化率，为什么全混釜反应器所需有效体积最大，平推流反应器所需有效体积最小？多釜串联全混釜所需有效体积介于其间？

9. 在同样的操作条件下，完成相同生产任务时，为什么多釜串联操作釜式反应器的生产能力大于单釜操作反应器。

四、计算题

1. 乙炔气相加氢反应式为 $C_2H_2 + H_2 \rightarrow C_2H_4$。反应开始时初始混合物组成：$H_2$ 为 3mol，C_2H_2 为 1mol，CH_4 为 1mol。求膨胀因子 $\delta_{C_2H_2}$，膨胀率 $\varepsilon_{C_2H_2}$。

2. 在间歇反应器中进行二级反应 A→P，反应动力学方程式为 $(-r_A) = 0.01c_A^2$ [mol/(L·s)]，当 c_{A0} 分别为 1mol/L、5mol/L 和 10mol/L 时，求反应到 $c_A = 0.01$mol/L 时，所需反应时间。并对计算结果进行讨论。

3. 在等温间歇釜式反应器中，以硫酸为催化剂使过氧化氢异丙苯分解成苯酚、丙酮，该反应为一级反应，反应速度常数 k 为 0.08（1/s），若每小时处理过氧化氢异丙苯 $3m^3$，求转化率达到 98.8% 时所需反应釜的实际体积为多少？每批操作非生产时间为 3544.8s，装料系数 φ 为 0.65。

4. 反应物质 A，按二级反应动力学方程式等温分解，在间歇釜式反应器中 5min 后转化率为 50%，试问在该反应器中转化 75% 的 A 物质，需要增加多少分钟？

5. 液相反应 A→P，反应速率 $(-r_A) = kc_A^2$，在一个 CSTR 中进行反应时，在一定的工艺条件下，所得转化率为 0.50，今若将此反应移到一个比它大 6 倍的 CSTR 中进行，其他条件不变，其能达到的转化率是多少？

6. 某一级不可逆液相反应在等温条件下进行，其反应速率方程式为 $(-r_A) = kc_A$。已知 293K 时反应速度常数为 $10h^{-1}$，反应物 A 的初浓度 $c_{A0} = 0.2$kmol/m^3，加料速率 V_0 为 $2m^3$/h，问当最终转化率为 75% 时，采用下列不同反应器的体积为多少？（1）单个连续操作釜式反应器；（2）间歇操作釜式反应器，其中非生产时间为 0.75h。

7. 某一级反应在全混釜中进行，$(-r_A) = kc_A$，$k = 0.38$min^{-1}，若已知进料反应物浓度 $c_{A0} = 0.3$kmol/m^3，体积流量 $V_0 = 20$L/min，要求出口转化率 $x_A = 0.7$，试计算该反应器体积。若反应改在一平推流反应器中进行，反应器体积为多少？

8. 某二级液相反应 A+B→C，已知 $c_{A0} = c_{B0}$，在间歇反应器中达到 $x_A = 0.99$ 需反应时间为 10min，问：

（1）在全混流反应器中进行时，τ 应为多少？

（2）若选用两个体积相同的全混流反应器串联操作，τ 又为多少？

9. 在平推流反应器内进行一个一级不可逆等温反应。反应器的有效体积为 $2m^3$，原料以 $0.4m^3$/h 的流量进入反应器，测得出口处转化率为 60%，若改变原料流量为 $0.2m^3$/h，其他条件不变，出口处转化率应是多少？

10. 均相气相反应 A→3R，其动力学方程为 $(-r_A) = kc_A$，该过程在 185℃，400kPa 下在一管式反应器中进行，其中 $k = 0.02s^{-1}$，进料量为 30kmol/h，原料 A 中含有 50% 的惰性气体，为使反应器出口转化率达到 80%，该反应器的体积应为多少？

11. 反应 A+B→R+S，已知 $V_R = 1$L，物料进料速率 $V_0 = 0.5$L/min，$c_{A0} = c_{B0} = 0.005$mol/L。动力学方程式为 $(-r_A) = kc_Ac_B$，其中 $k = 100$L/(mol·min)。求：（1）反应在平推流反应器中进行时出口转化率为多少？（2）欲用全混流反应器得到相同的出口转化率，反应体积应多大？（3）若全混流反应器体积 $V_R = 1$L，可达到的转化率为多少？

12. 醋酐按下式水解为醋酸：$(CH_3CO)_2O + H_2O \rightarrow 2CH_3COOH$，实验测定该反应为一级不可逆反应 $(-r_A) = kc_A$，在288K时，反应速率常数 k 为 0.0806min^{-1}。现设计一理想反应器，每天处理醋酐水溶液为 14.4m^3，醋酐的初始浓度 c_{A0} 为 95mol/m^3，试问：(1) 当采用全混釜反应器，醋酐转化率为90%时，反应器的有效体积是多少？(2) 若用平推流反应器，转化率不变，求反应器有效体积？(3) 若选用两个体积相同的全混釜反应器串联操作，使第一釜醋酐转化率为68.4%，第二釜醋酐转化率仍为90%，求反应器总有效体积。(4) 平推流与全混釜反应器的容积效率是多少？

主要符号

a、b、r、s——化学反应计量系数；

a_A、a_B、a_R、a_S——组分的计量系数；

A——传热面积，m^2；

c——反应物料的浓度，kmol/m^3；

c_{Ai}——第 i 釜内反应物料 A 的浓度，kmol/m^3；

$c_{A(i-1)}$——第 $i-1$ 釜内反应物料 A 的浓度，kmol/m^3；

c_p——反应物料的平均比热容，kJ/(kg·K)；

D——筒体的直径，m；

E——反应的活化能，kJ/mol；

F_{A0}——进料中反应物 A 的摩尔流量，kmol/h；

F_A——出料中反应物 A 的摩尔流量，kmol/h；

F_{Ai}——第 i 釜内反应物料 A 的摩尔流量，kmol/h；

$F_{A(i-1)}$——第 $i-1$ 釜内反应物料 A 的摩尔流量，kmol/h；

F_{A0}——反应组分 A 进入反应器的摩尔流量，kmol/h；

F_A——反应组分 A 进入微元体积的摩尔流量，kmol/h；

F_0——总进料的摩尔流量，kmol/h；

F_t——在操作压力为 p、温度为 t、转化率为 x_A 时总物料的摩尔流量，kmol/h；

H——筒体的高度；

$(-\Delta H_r)$——反应过程热效应，kJ/kmol；

$(-\Delta H_r)_{A,T}$——以反应物 A 计算的反应热，kJ/kmol；

k_c、k_p——反应速率常数，单位与反应级数有关；

k_0——指前因子或频率因子，单位与反应级数有关；

K_A、K_B——组分 A、B 的吸附平衡常数；

$\overline{K}$——传热系数，$\text{kW/(m}^2\cdot\text{K)}$；

$\overline{M'}$、$\overline{M}$——进入、离开微元体积的物料的平均摩尔质量，kg/kmol；

m，n——反应级数，无量纲；

m_t——反应物料的总质量，kg；

n_{I0}，n_I——I 组分起始及终态时物质的量，mol；

n_A——反应物 A 的物质的量，mol；

p——组分的分压，Pa；

Q_R——放热速率，W；

Q_C——移热速率，W；

R——气体常数，$R = 8.314\text{kJ/(kmol·K)}$；

$(-r_A)$——化学反应速率，$\text{kmol/(m}^3\cdot\text{s)}$；

r_i——组分 i 的反应速率，$\text{kmol/(m}^3\cdot\text{h)}$；

S_V——空间速度，$1/\text{h}$；

S_R——复杂反应选择性；

T——反应温度，K；

T_W——换热介质的温度，K；

T_0——反应物料的初始温度，K；

T_b——选定的基准温度，K；

t——反应时间，h；

$\bar{t}$——平均停留时间，h；

t'——辅助时间，s；

V_R——反应器的有效体积，m^3；

V_0——反应过程中流体特征体积流率，即在反应器入口条件下及转化率为零时的体积流率，m^3/h；

$\overline{V}_{0N}$——表示反应器入口物料在标准状况下的体积流率，对于液体通常是指 25℃下；

V——终了状态下反应体系的总体积，m^3；

V——反应器总体积，m^3；

V'——每台反应釜的体积，m^3；

V_{Ri}——第 i 釜的有效体积，m^3；

V_t——在操作压力为 p、温度为 t、反应物转化率为 x_A 时物料总体积流量，m^3/h；

x——转化率；

x_{A0}——反应物料的初始转化率；

x_{Ai}——经过第 i 釜后反应物料 A 达到的转化率，无量纲；

$x_{A(i-1)}$——经过第 i-1 釜后反应物料 A 达到的转化率，无量纲；

Y——收率，无量纲；

y_{A0}——反应物 A 的初始状态下的摩尔分数，无量纲；

ρ——反应物料的平均密度，kg/m^3；

τ——物料在反应釜内的空间时间，h；

τ_i——第 i 釜的空间时间，h；

η——容积效率，无量纲；

ξ——反应程度，无量纲；

υ——吸附中心数，无量纲；

δ_A——膨胀因子，无量纲；

ε_A——膨胀率，无量纲；

β——反应器生产能力的后备系数。

模块二 气固相催化反应器

气固相催化反应是指气相反应物在固体催化剂上进行的反应，是一非均相过程。化学工业中最为常用的气固相反应器主要是固定床反应器与流化床反应器，在石油化工等领域广泛应用。

项目一 固定床反应器的设计和操作

生产案例

甲醇是一种重要的有机化工原料，应用广泛，可以用来生产甲醛、醋酸、甲基叔丁基醚等一系列有机化工产品，而且还可以用来合成甲醇蛋白。工业生产上主要是采用合成气（$CO+H_2$）为原料的化学合成法生产甲醇。合成气制甲醇是气固相催化反应，生产过程中使用催化剂，反应设备为固定床反应器。催化剂的性质对反应有很大的影响。通过此项目学习，在了解气固相催化反应过程、催化剂知识及设备结构的基础上，能选择、设计合适的固定床反应器，能进行反应器的开、停车操作及简单的事故处理。

预备知识

一、固体催化剂基础知识

许多化学反应按照热力学的观点是能够进行的，但从动力学角度考虑，由于反应速率非常慢，没有任何工业价值。为了提高这类反应的速率，可在反应过程中添加新的物质，通过改变化学反应的历程，提高反应速率。这种新加入的物质就称为催化剂。例如合成氨反应，400℃时 N_2 和 H_2 几乎不发生反应，但当给系统中加入熔铁催化剂后，在同样的温度下能以很显著的速率进行反应。催化剂是指参加了化学反应而反应前后本身不发生变化的物质。

（一）催化剂的催化特征

1. 催化剂能够改变反应历程，本身在反应前后没有变化

由于催化剂在参与化学反应的中间过程后又恢复到原来的化学状态而循环起作用，所以

催化剂的用量是很少的。例如氨合成用熔铁催化剂 1t 能生产出约 2×10^4t 氨。但应该注意，在实际反应过程中，催化剂并不能无限制地循环使用。因为催化作用不仅与催化剂的化学组成有关，亦与催化剂的物理状态有关。例如在使用过程中，由于高温受热而导致反应物的结焦使得催化剂的活性表面被覆盖，致使催化剂的活性下降。

2. 催化剂只能改变反应速率，不能改变反应的趋向性

催化剂只能加速热力学上可能进行的化学反应，而不能加速热力学上无法进行的反应。因此在开发一种新的化学反应催化剂时，首先要对该反应系统进行热力学分析，看它在该条件下是否属于热力学上可行的反应。

3. 催化剂不能改变化学平衡的状态

对于可逆反应，化学平衡常数与化学反应的自由焓变化的关系为 $\Delta G^{\ominus}=-RT\ln k$。催化剂尽管参加了化学反应，但其质和量在反应过程中是不发生变化的，因此，催化反应和非催化反应的自由焓变化值是相同的，因此两者的化学平衡常数也相同。故催化剂不改变化学平衡状态，意味着其既能加速正反应，也能同样程度地加速逆反应，这样才能使其化学平衡常数保持不变。所以某催化剂如果是某可逆反应正反应的催化剂，必然也是其逆反应的催化剂。例如 CO 和 H_2 合成甲醇反应，需要在高温、高压下进行，而甲醇分解为 CO 和 H_2 的反应在常压下便可进行。因此甲醇合成反应催化剂的筛选就可以利用在常压下进行的甲醇分解反应来初步选择。

4. 催化剂对反应具有选择性

工业上大多数反应，往往不只是进行简单的单一反应，而是同时进行多种反应的复合反应。催化剂能有选择地加快某一反应的速率而不加速（或少加速）另外一些反应。例如在乙炔加氢反应系统，可以利用催化剂的选择性来加速乙炔加氢生成乙烯的反应，而不加速乙炔加氢生成乙烷的反应。由于催化剂的选择性，使人们有可能对复杂的反应系统从动力学上加以控制，使之按照要求向特定反应方向进行，生产特定的产物。

（二）催化剂的组成

固体催化剂通常不是单一的物质，而是由多种物质组成。绝大多数工业催化剂是由活性组分、助催化剂、载体所组成。

1. 活性组分

活性组分是催化剂的主要成分，是起催化作用的根本性物质。没有活性组分就不存在催化作用。活性组分有时由一种物质组成，如乙烯氧化生产环氧乙烷的银催化剂，活性组分就是单一物质银；有时则由多种物质组成，如丙烯氨氧化生产丙烯腈用的钼-铋催化剂，活性组分是由氧化钼和氧化铋两种物质组合而成。

2. 助催化剂

助催化剂是本身对某一反应没有活性或活性很小，但在催化剂之中添加少量（一般小于催化剂总量的 10%）能提高主催化剂活性、选择性和稳定性的物质。例如，加氢脱硫反应所用的 $CoO\text{-}MoO_3$ 催化剂中钴即为助催化剂。

3. 载体

载体能提高活性组分的分散度，使之具有较大的比表面积。它是沉积催化剂的骨架，对活性组分起支撑作用，使催化剂具有适宜的形状和粒度，并且提高催化剂的耐热性和机械强度。载体在催化剂中的含量约占催化剂总质量的 80%～90%。

载体的种类很多，低比表面载体，比表面积 $<1\text{m}^2/\text{g}$，如石英粉、碳化硅等；中等比表

面载体，$1m^2/g<$比表面积$<100m^2/g$，如石棉、硅藻土等；高比表面载体，比表面积$>100m^2/g$，如活性炭、硅胶等。

4. 抑制剂

大部分的催化剂是由活性组分、助催化剂和载体三大部分构成，但有的催化剂中会加入少量的抑制剂。抑制剂是指如果在活性组分中添加少量的物质，便能使活性组分的催化活性适当调低，甚至在必要时大幅度地下降，则这种少量物质称为抑制剂。抑制剂的作用，正好与助催化剂相反。一些催化剂配方中添加抑制剂，是为了使工业催化剂的诸性能达到均衡匹配，整体优化。有时，催化剂过高的活性反而有害，会因反应器不能及时移出热量而导致"飞温"，或者导致副反应加剧，选择性下降，甚至引起催化剂积炭失活。

（三）催化剂的性能

1. 活性

催化剂的活性是指催化剂改变反应速率的能力，即加快反应速率的程度。它反映了催化剂在一定工艺条件下的催化性能，是描述催化剂性能的主要指标。催化剂活性不仅取决于催化剂的化学本性，还取决于催化剂的物理结构等性质。

工业上常用比活性、转化率及空时收率来表示催化剂活性。比活性是催化剂单位表面积上的反应速率；时空收率是指单位时间内、单位质量（或体积）催化剂上生成目的产物的数量。

2. 选择性

选择性是指催化剂促使反应向所要求的方向进行而得到目的产物的能力。它是催化剂的又一个重要指标。催化剂具有特殊的选择性，说明不同类型的化学反应需要不同的催化剂；同样的反应物，选用不同的催化剂，则获得不同的产物。

工业催化剂要求选择性高，可以减少副反应发生，降低后续反应产物的分离负荷。

3. 使用寿命

催化剂的寿命是指催化剂在反应条件下具有活性的使用时间，或者是指活性下降经再生而又恢复的累计使用时间。它也是催化剂的一个重要指标。催化剂寿命愈长，使用价值愈大。所以高活性、高选择性的催化剂还需要有长的使用寿命。通常工业催化剂要求的寿命至少为1000h，长的可达十多年。

4. 其他性能指标

催化剂还应具有足够的机械强度和稳定性。高机械强度是保证催化剂正常使用的必要条件。稳定性指催化剂在使用过程中的物理状态、化学组成和结构在较长时间保持不变的性质，主要包括热稳定性和抗毒稳定性。

（四）催化剂的物理结构

催化剂的物理结构对催化剂的性质有重要的影响。催化剂一般是做成多孔型的球形结构，还有圆柱形（包括拉西形及多孔球形）、锭形、条形、蜂窝形、内外齿轮形、梅花形等。描述催化剂的物理结构的指标如下。

1. 比表面积

单位质量催化剂所具有的表面积，记为S_g，单位为m^2/g。常用的多孔性催化剂，其比表面积比较大。一般情况下，催化剂的比表面积必须在$5\sim1000m^2/g$才能产生较好的催化效果。

2. 孔体积

孔体积又称为孔容积，简称孔容。指单位质量催化剂内部微孔所占有的体积，记为V_g，单位为mL/g。多孔性催化剂的孔容多数在$0.1\sim1.0$mL/g范围内。

3. 孔径分布

多孔性催化剂的孔径大小可从 Å（$1Å=10^{-10}m$）级至 μm 级。细孔型多数在 10Å 至数百 Å 范围，而粗孔型则为几 μm 至 $100\mu m$ 以上。除极少数例外（如分子筛），催化剂中的孔径都是不均匀的。为了表达孔径大小的分布，可以用多种不同的指标。例如在不同孔径范围内的孔所占孔容的分率，或不同孔径范围内的孔隙所提供的表面积分率。平均孔径为一设想值，即设想孔径一致时，为了提供实际催化剂所具有的孔容和比表面积，孔的半径应为多少。

4. 真密度（固体密度）

真密度指催化剂颗粒中固体物质单位体积（不包括孔体积）的质量，用 ρ_s 表示，单位为 g/cm^3。

5. 表观密度（颗粒密度）

表观密度指单位体积催化剂颗粒（包括孔体积）的质量，用 ρ_p 表示，单位为 g/cm^3。

6. 孔隙率

孔隙率是指催化剂颗粒孔隙体积与催化剂颗粒总体积之比。当催化剂的质量为 m_p 时

$$\varepsilon_p = \frac{催化剂颗粒的孔体积}{催化剂颗粒的总体积} = \frac{m_p V_g}{m_p V_g + m_p/\rho_s} = \frac{V_g \rho_s}{1+V_g \rho_s} = \frac{V_g}{1/\rho_p} \tag{2-1}$$

（五）催化剂的制备

1. 催化剂的制备方法

固体催化剂的制备方法很多。由于制备方法的不同，尽管原料与用量完全一样，但所制得的催化剂性能仍可能有很大的差异。工业上使用的固体催化剂的制备方法有：沉淀法、浸渍法、混合法、离子交换法、熔融法等。

（1）沉淀法 沉淀法是制备固体催化剂最常用的方法之一。基本原理是借助沉淀反应，用沉淀剂（如碱类物质）将可溶性的催化剂组分（金属盐类的水溶液）转化为难溶化合物（水合氧化物、碳酸盐的结晶或凝胶），再经分离、洗涤、干燥、焙烧、成型等工序制得成品催化剂。广泛用于制备高含量的非贵金属、金属氧化物、金属盐化催化剂或催化剂载体。

沉淀法的主要影响因素有溶液的浓度、沉淀的温度、溶液的 pH 值和加料的顺序等。该法的优点是：有利于杂质的清除；可获得活性组分分散度较高的产品；有利于组分间紧密结合，造成适宜的活性构造；活性组分与载体的结合较紧密，且前者不易流失。

（2）浸渍法 浸渍法是将载体置于含活性组分的溶液中浸泡，再经干燥、煅烧而制得，是负载型催化剂最常用的制备方法。例如用于加氢反应的载于氧化铝上的镍催化剂 Ni/Al_2O_3，其制造方法是将抽空的氧化铝粒子浸泡在硝酸镍溶液里，然后倒掉过剩的溶液，在炉内加热使硝酸镍分解成氧化镍。浸渍法的主要影响因素有活性组分对载体用量比、载体浸渍时溶液的浓度、浸渍后干燥速率等。

（3）混合法 是工业上制备多组分固体催化剂时采用的方法。它是将几种组分用机械混合的方法制成多组分催化剂。混合的目的是促进物料间均匀分布，提高分散度。因此，在制备时应尽可能使各组分混合均匀。尽管如此，这种单纯的机械混合，组分间的分散度不及其他方法。为了提高机械强度，在混合过程中一般要加入一定量的黏合剂。

（4）熔融法 熔融法主要是用于制备金属催化剂。如氨合成的熔铁催化剂、F-T 合成的催化剂、甲醇氧化的 Zn-Ga-Al 合成催化剂等。熔融法是在高温条件下进行催化剂组分的熔合，使之成为均匀的混合体、合金固溶体或氧化物固溶体。在熔融温度下金属、金属氧化物都呈流体状态，有利于它们混合均匀，促使助催化剂组分在活性组分上的分布。熔融法的主

要影响因素是温度。

(5) 离子交换法　离子交换法是利用载体表面存在着可进行交换的离子，将活性组分通过离子交换（通常是阳离子交换）到载体上，然后再经洗涤、干燥、焙烧、还原，最后得到金属负载型催化剂。离子交换反应在固定于载体表面的有限的交换基团和具有催化性能的离子之间进行，遵循化学计量关系，一般是可逆过程。该法制得的催化剂分散度好，活性高，尤其适用于制备低含量、高利用率的贵金属催化剂。沸石分子筛、离子交换树脂的改性过程也常采用这种方法。

2. 催化剂的成型

由于反应器的型式和操作条件不同，常需要不同形状的催化剂以符合其流体力学条件。催化剂对流体的阻力由固体的形状、外表面的粗糙度和床层的空隙率决定。具有良好流线形固体的阻力较小，一般固定床中球形催化剂的阻力最小，不规则形状者较大，流化床中一般采用细粒或微球形的催化剂。因此为了生产特定形状的催化剂，需要通过成型工序。催化剂的成型方法，通常有破碎成型、挤条成型、压片成型及生产球状成品的成型技术。

(1) 破碎　破碎是直接将大块的固体破碎成无规则的小块。坚硬的大块物料可选用颚式破碎机，欲进一步破碎则可采用粉碎机。由于用破碎法得到的固体催化剂的形状不规则，粒度不整齐，因此要筛分成不同的品级。破碎物块常有棱角，这些棱角部分易破裂成粉末状物，故通常在破碎后将块状物放在旋转的角磨机内，使颗粒间相互碰撞，磨去棱角。

(2) 挤条　挤条是将湿物料或在粉末物料中加适量的水碾捏成具有可塑性的浆状物料，然后放置在开有小孔的圆筒中，在活塞的推动下，物料呈细条状从小孔中被挤压出来，干燥并硬化。此法一般适用于亲水性强的物质，如氢氧化物等。

(3) 压片　压片是常用的成型方法，某些不易挤条成型的物质，可用此法成型。压片就是将粉末状物料注入圆形的空腔中的活塞上施加预定的压力，将其粉压成片。片的尺寸按需要而定。有些物料（例如硅藻土）压片容易，有些物料则需要添加少量塑化剂和润滑剂（例如滑石、石墨、硬脂酸）来帮助。压片成后排出，它的形状和尺寸非常均匀，机械强度大，孔隙率适中。有时在粉末中混入纤维（例如合成纤维），然后再将它烧去以增加片中的大孔；有时在粉末中混入金属以改善片内和片间的导热性能。

(4) 造球　催化剂中球状催化剂的应用居多，常用的造球方法有如下几种。

① 滚球法　滚球法是将少量的粉末加少量的液体（多数为水）造粒，过筛，取出一定筛分的粒子作种子，放入滚球机中，将待成型的粉末物料加入，并不断加入水分，由于水产生的毛细管力使粉末黏附于种子上，因而逐渐长大成为球状物。

② 流化法　流化法是将种子不断地加入到流化床层中，在床层底部将含有催化剂组分的浆料与热风一起鼓入。种子在床中处于流化状态，浆料黏附于种子上，同时逐渐干燥。由于粒子之间相互碰撞，使球体颗粒逐渐长大，得到所需要的球状固体催化剂。

③ 油浴法　油浴法是将可以胶凝的物料滴入（或喷入）一柱形容器中，器内盛油。由于表面张力，物料变为球状，并逐渐固化。成型后的球状产物移出容器外后，即送入老化干燥等工序。

(六) 催化剂的活化及钝化

1. 活化

催化剂基体成型后，还需通过活化处理使其物理、化学性质达到催化活性状态，才能具有催化作用。活化的方法主要有热活化和化学活化。

（1）热活化　热活化是通过改变催化剂的化学组成和物理状态使其达到催化活性状态。如金属氧化物催化剂通常是由氢氧化物、氨盐、硝酸盐、有机酸盐等加热分解后得到的。有些氧化物经高温活化处理后，组分间可相互作用形成化合物，如芳烃氨氧化的催化剂是由V-Sb氧化物构成的，其活性组分通常是以锑酸钒的形式存在。如水合氧化铝在热处理过程中物相常发生改变（水合氧化铝→α-单水合物→γ-氧化铝），从而使催化剂具有不同的催化性能。

（2）化学活化

① 还原　金属催化剂通常先制成金属氧化物，然后用氢或还原性物质使之还原成具有催化活性的金属状态。如氧化镍、氧化铜、氧化铁的还原。

② 氧化　即通过氧化剂使低价的金属氧化物转变成高价的。

③ 硫化　即通过氧化物的硫化，可制成硫化物催化剂。

2. 钝化

钝化处理通常是发生在催化剂包装出厂或催化剂还可继续使用而需对反应器进行检修、临时停车时，此时可通入钝化剂（通常为低浓度氧）使催化剂外表面形成一层钝化膜，以保护内部催化剂不再与氧接触继续发生氧化反应。如用纯氧或空气加到循环氮气流中可使联醇催化剂钝化，便于催化剂运输、装卸、更换，此法也适用于合成氨催化剂的钝化。另外，催化剂在生产过程中由于表面吸附或覆盖一些物质也能引起催化剂钝化，如钼催化剂可能因为表面残留一层炭而钝化。

绝大部分催化剂产品在包装出厂时处于钝化状态，即还未达到催化过程所需的化学状态和物理结构，还没有形成特定的活性中心。如催化剂生产企业可预先将合成氨所用的催化剂还原为α-Fe，再用含微量氧的惰性气体在α-Fe表面上覆盖一层氧化铁膜，被氧化的α-Fe约占总铁原子质量的10%左右。

（七）催化剂的失活与再生

1. 催化剂的失活

催化剂的活性和选择性随操作时间延长而下降的过程称为失活。催化剂失活大致有以下几种。

（1）化学失活　主要是由于原料中夹带的杂质引起催化剂中毒或催化剂毒物在活性部位上的吸附造成的。如加氢反应的金属催化剂若吸附含硫化合物会使催化剂中毒。

（2）物理失活　通常指因催化剂活性表面积减小而引起活性下降的不可逆物理过程，包括载体上金属晶粒变大或非负载催化剂表面积的减小。如部分氧化反应所用的金属氧化物催化剂，会出现一种复合的金属氧化物晶体分解成其他化合物，有时也会出现一种化合物挥发引起活性组分流失，或无定形催化剂的晶型化等，都会造成催化剂活性和选择性的下降。

（3）致污　由于沉积粉尘或积炭（或结焦）而引起的活性与选择性的下降。如催化裂化过程有时会出现结焦，从而引起活性表面下降或催化剂孔道的堵塞。

2. 催化剂的再生

催化剂在使用过程中，由于中毒或致污等暂时性影响致使催化剂的活性下降时，可用适当的方法使催化剂恢复或接近原来的活性，称为催化剂的再生。

（1）催化剂在反应过程中的再生　如顺丁烯二酸酐生产过程中，因磷的氧化物的升华损失而造成催化性能的下降，可采用在原料中添加少量有机磷化物，以补充催化剂在使用过程中磷的损失。

（2）生产后停车再生　这种情况主要是发生在催化剂使用过程中因结炭或吸附烃类化合物而引起催化剂活性下降，此时可以在原固定床反应器中直接通入蒸汽或空气将催化剂表面的结炭或烃类化合物烧掉的办法，使催化剂得以再生。如果是焦油状的烃类化合物，可以通入 H_2 或还原性气体的办法使催化剂得以再生。

（3）在催化剂再生条件下再生　通常催化剂再生的条件与反应条件有较大差异，往往对能量或设备材质消耗较多，为此可以在反应器外选择便于催化剂再生的条件进行操作，使催化剂得以再生。

（八）催化剂的装填

催化剂的装填非常重要。装填质量不仅影响催化剂装填量，而且对气体分布产生较大影响。催化剂装填应紧密均匀，避免出现沟流、短路。对于条状、圆环状、片状等强度较差、易破碎的催化剂，装填时要特别小心。催化剂的装填方法与催化剂的形状以及床层的形式有关。催化剂装填的步骤和方法如下。

（1）装填前必须将催化剂过筛，以防催化剂不均匀性对床层的影响。

（2）催化剂床层的底部和顶部须装有栅板、耐火球或不锈钢网等构件，以防催化剂移动。

（3）装填过程中催化剂应分散铺开，装填均匀，不能集中倾倒。为避免催化剂从高处落下造成损坏，可以采用布袋或金属管将加料斗中的催化剂以尽量低的高度轻轻倒入床层中。也可以采用在加料斗底部装有活动开口的加料口，通过加料斗移动来控制加料位置，通过吊绳控制活动开口大小、加料速度。

（4）用人工安装时，可以将催化剂一小桶或一小袋装进床层中，要小心倒出、均匀分散。操作人员必须站在木板上，严禁直接踩踏在催化剂上。

（5）装填时可采用振动内件的方法，边振动边装填；或在床层底部鼓风进行装填，从而保证均匀填实。

（6）注意控制催化剂颗粒自由落下的高度（通常低于 0.5m），每根管子阻力的相对误差要在一定范围内，催化剂表面要平整。

（7）装填完后可以用空气或原料气将催化剂中的粉尘吹除干净。

二、气固相催化反应动力学基础

由于气固相反应器绝大多数用于气固相催化反应，所以在气固相催化反应器设计和计算前必须了解气固相催化反应动力学的基础。

1. 气固相催化反应速率

前已述及，化学反应速率定义式为

$$反应速率 = \frac{反应量}{反应区域 \times 反应时间}$$

对于气固相催化反应过程，上式中的反应区域可以选择催化剂质量、催化剂体积、催化剂床层体积，对应的反应速率为：

$$(-r_A) = \frac{1}{m} \frac{dn_A}{dt}$$

$$(-r_A)' = \frac{1}{V_p} \frac{dn_A}{dt}$$

$$(-r_A)''=\frac{1}{V_b}\frac{dn_A}{dt}$$

式中 $(-r_A)$——以催化剂质量为基准的反应速率，kmol/(kg 催化剂·h)；
$(-r_A)'$——以催化剂体积为基准的反应速率，kmol/(m³ 催化剂·h)；
$(-r_A)''$——以催化剂床层体积为基准的反应速率，kmol/(m³ 催化剂床层·h)；
m——催化剂质量，kg；
V_p——质量 m（kg）的催化剂颗粒体积，m³；
V_b——质量 m（kg）的催化剂床层体积，m³。

三种反应速率的关系为

$$(-r_A)=\frac{(-r_A)'}{\rho_p}=\frac{(-r_A)''}{\rho_B}$$

式中 ρ_p——催化剂颗粒密度，kg/m³；
ρ_B——催化剂堆积密度，kg/m³。

2. 气固相催化反应的过程

如图 2-1 所示，气固相催化反应过程由以下几个步骤构成：

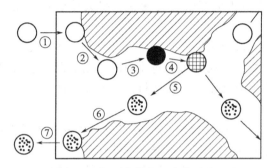

图 2-1 气固相催化反应的过程

① 反应组分从流体主体向固体催化剂外表面传递（外扩散过程）；
② 反应组分从催化剂外表面向催化剂内表面传递（内扩散过程）；
③ 反应组分在催化剂表面的活性中心吸附（吸附过程）；
④ 在催化剂表面上进行化学反应（表面反应过程）；
⑤ 反应产物在催化剂表面上脱附（脱附过程）；
⑥ 反应产物从催化剂内表面向催化剂外表面传递（内扩散过程）；
⑦ 反应产物从催化剂外表面向流体主体传递（外扩散过程）。

在上述七个步骤中，第①和第⑦步是气相主体通过气膜与颗粒外表面进行物质传递的过程，称为外扩散过程；第②和第⑥步骤是流体通过颗粒内部的孔道从外表面向内表面的传质，称为内扩散过程；第③和第⑤步是在颗粒表面上进行化学吸附和化学脱附的过程；第④步是在颗粒表面上进行的表面反应动力学过程。通常把③④⑤总称为表面过程。

由此可见，气固相催化反应过程是个多步骤过程。如果过程中某一步骤的速率与其他各步的速率相比要慢得多，以致整个反应速率取决于这一步的速率，该步骤就称为速率控制步骤。所谓控制步骤是指对反应动力学起关键作用的那一步。当反应过程达到定态时，各步骤的速率应该相等，且反应过程的速率等于控制步骤的速率。这一点对于分析和解决实际问题非常重要。

气固相催化反应的控制步骤主要有以下三种可能性。

① 外扩散控制 即内扩散过程的阻力很小,表面过程的速率很快。反应过程的速率取决于外扩散的速率。

② 内扩散控制 即反应过程的传质阻力主要存在于催化剂的内部孔道,表面过程的速率和外扩散的速率很快。

③ 动力学控制 即传质过程的阻力可以忽略,反应速率主要取决于表面过程。

由于外扩散过程是借助于流体流动的扩散过程,这就造成其扩散速度要比内扩散快得多,因此扩散控制以内扩散控制更为常见。下面我们介绍表面过程的化学吸附与脱附。

3. 化学吸附与脱附

催化作用的部分奥秘无疑是化学吸附现象。气体反应物在催化剂表面上进行反应时,首先发生的是催化剂表面活性部位对反应分子的化学吸附,从而削弱了其中的某些化学键,活化了反应分子并降低了反应活化能,大大加快了反应速率。

化学吸附被认为是由于电子的共用或转移而发生相互作用的分子与固体间电子重排,气体分子与固体之间相互作用力具有化学键的特征。化学吸附与物理吸附明显不同,前者在吸附过程中有电子的转移和重排,而后者不发生此类现象,固体物质和气体分子之间作用力仅为范德华力。化学吸附与物理吸附的比较见表 2-1。

表 2-1 物理吸附与化学吸附的比较

项 目	物理吸附	化学吸附
作用力	范德华力	化学键力
选择性	无	高度选择性
活化能及吸附速率	吸附活化能小,快	具有一定活化能,慢(升温可加快)
温度对吸附量影响	温度升高吸附量降低	不受温度影响
吸附覆盖层	单分子层或多分子层覆盖	仅单分子层覆盖(限于固体表面)
吸附温度	低温,一般低于被吸附物的沸点	较高温度,可以高于被吸附物的沸点
可逆性	可逆	常常不可逆

化学吸附只能发生于固体表面那些能与气相分子起反应的原子上,通常把该类原子称为活性中心,用符号"σ"表示。由于气体分子的运动,不断地与催化剂表面碰撞,具有足够能量的分子被催化剂上的活性中心吸附;同时被吸附的分子也可以发生脱附,最后达到动态的平衡。

气相中 A 组分在活性中心的吸附,其吸附式可表示为

$$A + \sigma \longleftrightarrow A\sigma$$

其中,组分 A 的覆盖率(吸附率)θ_A 为固体催化剂表面被气相分子覆盖的活性中心数与总的活性中心数之比值。

$$\theta_A = \frac{被 A 组分覆盖的活性中心数}{总的活性中心数}$$

空位率 θ_V 为固体催化剂表面尚未被气相分子覆盖的活性中心数与总的活性中心数之比值。

$$\theta_V = \frac{未被覆盖的活性中心数}{总的活性中心数}$$

若被吸附的组分不止一个,设 θ_i 为 i 组分的覆盖率,则

$$\sum \theta_i + \theta_V = 1$$

模块二 气固相催化反应器

4. 吸附等温方程

吸附等温方程主要研究在一定温度下化学吸附达到平衡时，气体吸附量（覆盖率）与压力的关系。有关等温吸附方程研究得比较多，曾提出有多种吸附等温模型，比较著名的有朗格缪尔吸附模型、弗里德里希吸附模型、焦姆金吸附模型等。

（1）朗格缪尔吸附等温方程

朗格缪尔吸附等温方程是利用朗格缪尔吸附模型得出的，其模型的基本假设是：

① 固体表面是均匀的，它对所有的分子吸附能力与机会都相同；
② 吸附只进行到单分子层为止，属单分子层吸附；
③ 每个吸附位只能吸附一个气体分子，且吸附分子之间没有相互作用；
④ 吸附平衡是动态平衡，即达到平衡时吸附速率与脱附速率相等。

朗格缪尔模型实际上是一种理想情况，该模型也称为理想吸附模型。

a. 若只有组分 A 被吸附，吸附式为

$$A + \sigma \Longleftrightarrow A\sigma$$

吸附速率为

$$r_a = k_a p_A \theta_V = k_{a0} \exp(-E_a/RT) p_A \theta_V$$

式中 r_a——化学吸附速率，Pa/h；
E_a——吸附活化能，kJ/kmol；
p_A——A 组分在气相中的分压，Pa；
θ_V——空位率，无量纲；
k_a——吸附速率常数，1/h；
k_{a0}——吸附指前因子，1/h。

脱附速率为

$$r_d = k_d \theta_A = k_{d0} \exp(-E_d/RT) \theta_A$$

式中 r_d——脱附速率，Pa/h；
E_d——脱附活化能，kJ/kmol；
θ_A——组分 A 的覆盖率，无量纲；
k_d——脱附速率常数，Pa/h；
k_{d0}——脱附指前因子，Pa/h。

吸附过程的表观速率 r 为吸附速率与脱附速率之差

$$r = r_a - r_d = k_a p_A \theta_V - k_d \theta_A$$

当吸附达到平衡时，$r_a = r_d$，表观速率 $r = 0$，即

$$k_a p_A \theta_V = k_d \theta_A$$

令 $K_A = \dfrac{k_a}{k_d}$，称为吸附平衡常数，则

$$\theta_A = K_A p_A \theta_V \tag{2-2}$$

其中

$$K_A = \frac{k_{a0}}{k_{d0}} \exp\left(\frac{E_d - E_a}{RT}\right) \tag{2-3}$$

脱附活化能与吸附活化能之差为吸附热，符号用 q 表示

$$q = E_d - E_a$$

则

$$K_A = \frac{k_{a0}}{k_{d0}} \exp\left(\frac{q}{RT}\right) \tag{2-4}$$

由于化学吸附是单分子层吸附，所以

$$\theta_V + \theta_A = 1$$

将上式代入式(2-2)，则吸附等温方程为

$$\theta_A = \frac{K_A p_A}{1 + K_A p_A} \tag{2-5}$$

b. 若组分 A 在吸附过程时发生解离，如：$N_2 = 2N$

则吸附式为 $\qquad A_2 + 2\sigma \Leftrightarrow 2A\sigma$

吸附速率为

$$r_a = k_a p_A \theta_V^2$$

脱附速率为

$$r_d = k_d \theta_A^2$$

因为 $\qquad \theta_V + \theta_A = 1$

吸附达到平衡时

$$k_a p_A (1 - \theta_A)^2 = k_d \theta_A^2$$

则吸附等温方程为

$$\theta_A = \frac{\sqrt{K_A p_A}}{1 + \sqrt{K_A p_A}} \tag{2-6}$$

c. 若吸附过程不仅吸附 A 分子，同时还吸附 B 分子，则吸附式为

$$A + \sigma \Leftrightarrow A\sigma$$
$$B + \sigma \Leftrightarrow B\sigma$$

吸附达到平衡时

组分 A： $\qquad k_{aA} p_A \theta_V = k_{dA} \theta_A$

组分 B： $\qquad k_{aB} p_B \theta_V = k_{dB} \theta_B$

由于 A、B 组分同时被吸附，则

$$\theta_V + \theta_A + \theta_B = 1$$

则吸附等温方程为

$$\theta_V = \frac{1}{1 + K_A p_A + K_B p_B} \tag{2-7}$$

$$\theta_A = \frac{K_A p_A}{1 + K_A p_A + K_B p_B} \tag{2-8}$$

$$\theta_B = \frac{K_B p_B}{1 + K_A p_A + K_B p_B} \tag{2-9}$$

若有 n 个不同的分子同时被吸附，则 i 组分的吸附等温方程为：

$$\theta_i = \frac{K_i p_i}{1 + \sum_{i=1}^{n} K_i p_i} \tag{2-10}$$

式(2-5)~式(2-10) 为不同吸附情况下的朗格缪尔吸附等温方程。

(2) 焦姆金吸附等温方程

朗格缪尔吸附模型认为被吸附分子间互不影响，是理想吸附模型。真实吸附过程被吸附

的分子间是有影响的。焦姆金吸附模型和弗里德里希吸附模型都是真实吸附模型。真实吸附模型认为催化剂的表面是不均匀的，吸附能量也是有强有弱，同时被吸附的分子之间互相产生作用。这样，就导致吸附过程的能量是随催化剂表面覆盖率发生变化的。

焦姆金吸附模型认为，由于催化剂表面不均匀，因此吸附活化能 E_a 随覆盖率的增加而增加，脱附活化能 E_d 随覆盖率的增加而降低，即

$$E_a = E_a^0 + \alpha\theta$$

$$E_d = E_d^0 - \beta\theta$$

式中 E_a^0、E_d^0——覆盖率等于零时的吸附活化能、脱附活化能，kJ/kmol；

α、β——常数，无量纲。

将上式代入吸附速率一般表达式，可得：

$$r_a = k_a^0 p_A f(\theta) \exp(-E_a^0/RT) \exp(-\alpha\theta/RT)$$

由于 θ 值在 0 到 1 之间，若系统处于中等覆盖度时，$f(\theta)$ 值的变化对吸附速率的影响远比 $\exp(-\alpha\theta/RT)$ 的影响小，近似把 $f(\theta)$ 视为常数对过程影响不大。

令

$$k_a = k_a^0 f(\theta) \exp(-E_a^0/RT)$$

$$g = \alpha/RT$$

可得：

$$r_a = k_a p_A \exp(-g\theta)$$

同理，脱附速率可表示为：

$$r_d = k_d \exp(h\theta)$$

其中 $k_d = k_d^0 f'(\theta) \exp(-E_d^0/RT)$

$$h = \beta/RT$$

则，净速率为

$$r = r_a - r_d = k_a p_A \exp(-g\theta) - k_d \exp(h\theta)$$

当吸附达到平衡时，$r_a = r_d$，即

$$\left(\frac{k_a}{k_d}\right) p_A = \exp(h+g)\theta$$

令

$$K_A = \frac{k_a}{k_d}$$

$$f = h + g$$

则

$$K_A p_A = \exp(f\theta)$$

取对数后得

$$\theta = \frac{1}{f} \ln(K_A p_A) \tag{2-11}$$

式(2-11)为焦姆金吸附等温方程。

5. 表面化学反应

表面化学反应动力学主要研究被催化剂吸附的反应物分子之间反应生成产物的反应速率问题。

对某一化学反应 A⟵⟶R，其表面化学反应可表示如下

$$A\sigma \quad \longleftrightarrow \quad R\sigma$$

正反应速率为

$$r_s = k_S \theta_A$$

逆反应速率为
$$r'_s = k'_S \theta_R$$

表面反应速率为
$$r = r_s - r'_s = k_S \theta_A - k'_S \theta_R$$

当反应达平衡时
$$k_S \theta_A = k'_S \theta_R$$

令
$$K_S = \frac{k_S}{k'_S}$$

则
$$K_S = \frac{k_S}{k'_S} = \frac{\theta_R}{\theta_A}$$

式中　K_S——表面反应平衡常数；

k_S、k'_S——表面反应速率常数。

三、本征动力学方程

气固相催化反应本征动力学是研究没有扩散过程存在时，固体催化剂与其相接触的气体之间的化学反应动力学。气固相催化反应的本征动力学步骤由化学吸附、化学反应和脱附三步组成，因此综合这三步而获得的反应速率关系式就是本征动力学方程。由于吸附过程有各种不同模型，所以本征动力学方程也将有不同的形式。

1. 双曲线型本征动力学方程

双曲线型本征动力学方程推导过程如下：①先假设反应机理，确定反应所经历的步骤；②在吸附-反应-脱附三个步骤中必然存在一个控制步骤，该控制步骤的速率就是本征反应速率；③除控制步骤外，其他步骤均处于平衡状态。④吸附和脱附过程符合理想过程，即吸附和脱附过程可用朗格缪尔吸附模型加以描述。

对于不同的控制步骤，根据上述假设推导可得相应的本征动力学方程，现举例予以说明。

对某一化学反应 A⇌R，假设该反应的机理步骤如下：

① A 的吸附：A+σ⇌Aσ

② 表面化学反应：Aσ⇌Rσ

③ R 的脱附：Rσ⇌R+σ

此时各步骤的速率方程为：

吸附速率方程　　　　$r_A = k_{aA} p_A \theta_V - k_{dA} \theta_A$

表面化学反应　　　　$r_s = k_S \theta_A - k'_S \theta_R$

脱附速率方程　　　　$r_R = k_{dR} \theta_R - k_{aR} p_R \theta_V$

其中
$$\theta_A + \theta_R + \theta_V = 1 \tag{2-12}$$

（1）表面化学反应控制　若表面反应为控制步骤，其他步骤则处于平衡状态。根据上述假设，本征反应速率应为

$$r = r_s = k_S \theta_A - k'_S \theta_R \tag{2-13}$$

此时吸附达到平衡　　　$K_A p_A \theta_V = \theta_A$

脱附也达平衡　　　　　$K_R p_R \theta_V = \theta_R$

联立式(2-12)及以上两式,得:

$$\theta_V = \frac{1}{1+K_A p_A + K_R p_R} \tag{2-14}$$

$$\theta_A = \frac{K_A p_A}{1+K_A p_A + K_R p_R} \tag{2-15}$$

$$\theta_R = \frac{K_R p_R}{1+K_A p_A + K_R p_R} \tag{2-16}$$

将式(2-15)和式(2-16)代入式(2-13),得本征动力学方程为

$$r = k_s \frac{K_A p_A - (K_R/K_S) p_R}{1+K_A p_A + K_R p_R} \tag{2-17a}$$

令

$$k = k_s K_A; \quad K = \frac{K_S K_A}{K_R}$$

得

$$r = \frac{k(p_A - p_R/K)}{1+K_R p_R + K_A p_A} \tag{2-17b}$$

式中 k——该反应的正反应速率常数;

K——该反应的化学平衡常数。

式(2-17a)、式(2-17b)为表面化学反应控制的本征动力学方程。

(2) 吸附控制

若吸附为控制步骤,则本征反应速率为

$$r = r_A = k_{aA} p_A \theta_V - k_{dA} \theta_A \tag{2-18}$$

其余各步达到平衡

$$k_S \theta_A = k'_S \theta_R$$

$$k_{dR} \theta_A = k_{aR} p_R \theta_V$$

得

$$\theta_V = \frac{1}{(1/K_S+1)K_R p_R + 1} \tag{2-19}$$

$$\theta_A = \frac{(K_R/K_S) p_R}{(1/K_S+1)K_R p_R + 1} \tag{2-20}$$

将式(2-19)和式(2-20)代入式(2-18),得本征动力学方程为

$$r = r_A = k_A \frac{p_A - \dfrac{K_R}{K_S K_A} p_R}{(1/K_S+1)K_R p_R + 1} \tag{2-21a}$$

引入 k 及 K,可得

$$r = \frac{k(p_A - p_R/K)}{1+K_R p_R(1+K_S)} \tag{2-21b}$$

(3) 脱附控制

若脱附为控制步骤,则本征反应速率为

$$r = r_R = k_{dR} \theta_R - k_{aR} p_R \theta_V \tag{2-22}$$

其余各步达到平衡

$$k_S \theta_A = k'_S \theta_R$$

$$k_{aA} p_A \theta_V = k_{dA} \theta_A$$

得
$$\theta_V = \frac{1}{1+K_A p_A + K_S K_A p_A} \quad (2\text{-}23)$$

$$\theta_A = \frac{K_A p_A}{1+K_A p_A + K_S K_A p_A} \quad (2\text{-}24)$$

$$\theta_R = \frac{K_S K_A p_A}{1+K_A p_A + K_S K_A p_A} \quad (2\text{-}25)$$

代入式(2-22)，得本征动力学方程为

$$r = r_R = k_{dR} \frac{K_S K_A p_A - \dfrac{p_R}{K_R}}{1+K_A p_A (1+K_S)} \quad (2\text{-}26a)$$

令
$$k = k_{dR} K_S K_A; \quad K = K_S K_A K_R$$

得

$$r = \frac{k\left(p_A - \dfrac{p_R}{K}\right)}{1+K_A p_A (1+K_S)} \quad (2\text{-}26b)$$

根据以上方法，对各种不同的反应机理和控制步骤可以写出其相应的反应速率方程。表 2-2 为不同的反应机理和其相应的本征动力学方程。

表 2-2 若干气固相催化反应机理和其相应的本征动力学方程

化学式	机理及控制步骤	相应的反应速率式
$A \rightleftharpoons R$	$A + \sigma \rightleftharpoons A\sigma$	$r = \dfrac{k(p_A - p_R/K)}{1+K_R p_R (1+K_S)}$
	$A\sigma \rightleftharpoons R\sigma$	$r = \dfrac{k(p_A - p_R/K)}{1+K_A p_A + K_R p_R}$
	$R\sigma \rightleftharpoons R + \sigma$	$r = \dfrac{k(p_A - p_R/K)}{1+K_A p_A (1+K_S)}$
$A \rightleftharpoons R$	$2A + \sigma \rightleftharpoons A_2\sigma$	$r = \dfrac{k(p_A^2 - p_R^2/K^2)}{1+K_R p_R + K'_R p_R^2}$
	$A_2\sigma + \sigma \rightleftharpoons 2A\sigma$	$r = \dfrac{k(p_A^2 - p_R^2/K^2)}{(1+K_R p_R + K_A p_A^2)^2}$
	$A\sigma \rightleftharpoons R\sigma$	$r = \dfrac{k(p_A - p_R/K)}{1+K_A p_A^2 + K'_A p_A + K_R p_R}$
	$R\sigma \rightleftharpoons R + \sigma$	$r = \dfrac{k(p_A - p_R/K)}{1+K_A p_A^2 + K'_A p_A}$
$A + B \rightleftharpoons R + S$	$A + \sigma \rightleftharpoons A\sigma$	$r = \dfrac{k[p_A - p_R p_S/(K p_B)]}{1+K_{RS} p_S p_R/p_B + K_B p_B + K_R p_R + K_S p_S}$
	$B + \sigma \rightleftharpoons B\sigma$	$r = \dfrac{k[p_B - p_R p_S/(K p_A)]}{1+K_{RS} p_S p_R/p_A + K_A p_A + K_R p_R + K_S p_S}$
	$A\sigma + B\sigma \rightleftharpoons R\sigma + S\sigma$	$r = \dfrac{k(p_A p_B - p_R p_S/K)}{(1+K_A p_A + K_B p_B + K_R p_R + K_S p_S)^2}$
	$R\sigma \rightleftharpoons R + \sigma$	$r = \dfrac{k(p_A p_B/p_S - p_R/K)}{1+K_{AB} p_A p_B/p_S + K_A p_A + K_B p_B + K_S p_S}$
	$S\sigma \rightleftharpoons S + \sigma$	$r = \dfrac{k(p_A p_B/p_R - p_S/K)}{1+K_{AB} p_A p_B/p_R + K_A p_A + K_B p_B + K_R p_R}$

续表

化学式	机理及控制步骤	相应的反应速率式
$A+B \rightleftharpoons R+S$	$A+2\sigma \rightleftharpoons 2A_{1/2}\sigma$	$r=\dfrac{k[p_A-p_R p_S/(Kp_B)]}{(1+\sqrt{K_{RS}p_S p_B/p_B}+K_B p_B+K_R p_R+K_S p_S)^2}$
	$B+\sigma \rightleftharpoons B\sigma$	$r=\dfrac{k[p_B-p_R p_S/(Kp_A)]}{1+\sqrt{K_A p_A}+K_{RS}p_S p_R/p_A+K_R p_R+K_S p_S}$
	$2A_{1/2}\sigma+B\sigma \rightleftharpoons R\sigma+S\sigma+\sigma$	$r=\dfrac{k(p_A p_B-p_R p_S/K)}{(1+\sqrt{K_A p_A}+K_B p_B+K_R p_R+K_S p_S)^3}$
	$R\sigma \rightleftharpoons R+\sigma$	$r=\dfrac{k(p_A p_B/p_S-p_R/K)}{1+\sqrt{K_A p_A}+K_{AB}p_A p_B/p_S+K_B p_B+K_S p_S}$
	$S\sigma \rightleftharpoons S+\sigma$	$r=\dfrac{k(p_A p_B/p_R-p_S/K)}{1+\sqrt{K_A p_A}+K_{AB}p_A p_B/p_R+K_B p_B+K_R p_R}$

注：k 为反应速率常数；K 为化学平衡常数。

2. 幂函数型本征动力学方程

幂函数型本征动力学方程是认为吸附与脱附过程不遵循朗格缪尔吸附模型，而是遵循焦姆金吸附模型或弗里德里希吸附模型。下面以焦姆金吸附模型为例简介幂函数型本征动力学方程。

焦姆金吸附模型认为：由于催化剂表面具有不均匀性，因此吸附活化能 E_a 与脱附活化能 E_d 都与表面覆盖程度有关。如焦姆金导出的铁催化剂上氨合成反应动力学方程为

$$r_{NH_3}=k_1 p_{N_2}\dfrac{p_{H_2}^{1.5}}{p_{NH_3}}-k_2\dfrac{p_{NH_3}}{p_{H_2}^{1.5}} \tag{2-27}$$

事实上，在实际应用中常常以幂函数型来关联非均相动力学参数，由于其准确性并不比双曲线方程差，因而得到了广泛应用。而且幂函数型仅有反应速率常数，不包含吸附平衡常数，在进行反应动力学分析和反应器计算中更能显示其优越性。

任务一　认识固定床反应器

知识目标：了解固定床反应器的结构、特点及在化工生产中的应用。
能力目标：能对照实物说出固定床反应器各部件的名称及作用。

○ 任务实施

一、固定床反应器的特点及工业应用

流体通过不动的固体物料形成的床层面进行反应的设备称为固定床反应器，其中以气体反应物通过催化剂颗粒构成的床层进行反应的固定床催化反应器应用最为广泛，简称固定床反应器。固定床反应器的主要优点有：

（1）当气体流速达到一定值后，床层内气体的流动状况可视为理想置换流动，因而具有较快的化学反应速度，完成同样生产任务所需要的催化剂用量和反应器体积也较小；

（2）由于流体通过床层的停留时间可以严格控制，温度分布可以适当调节，更有利于提高反应的转化率和选择性；

（3）床层内固体催化剂强度高，不易磨损，可以长期连续使用。

（4）适宜于在高温高压条件下操作，有利于提高以气体反应物作为原料的反应速度和设备生产能力等。

固定床反应器的缺点有如下一些。

（1）由于床层内固体催化剂静止不动，催化剂载体往往又导热不良，造成了固定床传热性能较差，温度控制也较困难。尤其对于放热反应而言，在固定床气体流动方向上往往存在一个最高温度点，通常称为"热点"。若固定床反应器设计或操作不当，可导致床层内的"热点"超过工艺允许的最高温度，甚至失去控制，出现"飞温"现象，对反应的选择性、催化剂的活性和使用寿命、设备强度等不利，严重时甚至会发生事故。

（2）固定床反应器不能使用细粒催化剂，否则流体阻力增大，影响到正常操作。

（3）催化剂的再生和更换不方便。

固定床反应器虽有缺点，但其优点是显著的。通过对其结构和操作等方面的改进，可以满足各种生产过程的需求，固定床反应器已成为气固相催化反应器的最主要型式之一，它几乎适用于所有以气体反应物为原料在固体催化剂作用下的催化反应过程，在化工生产中得到广泛应用。例如石油炼制工业中的裂化、重整、异构化、加氢精制等；无机化学工业中的合成氨、硫酸、天然气转化等；有机化学工业中的乙烯氧化制环氧乙烷、乙烯水合制乙醇、乙苯脱氢制苯乙烯、苯加氢制环己烷等。

二、固定床反应器的类型和结构

随着石油化工生产的发展，目前已有多种型式的固定床反应器以适应不同的传热要求和传热方式。其中最常见的有绝热式固定床反应器、换热式固定床反应器及径向反应器几种形式。

（一）绝热式固定床反应器

在反应过程中不与外界进行热量交换的反应器称为绝热式固定床反应器，又分为单段绝热式和多段绝热式。

1. 单段绝热式反应器

单段绝热式固定床反应器是在中空的圆筒体下部装有支承板，催化剂均匀堆积在支承板上，内部无任何换热装置，如图2-2所示。反应气体预热到适当温度后，从反应器上部通入，经过气体预分布装置均匀通过催化剂床层进行反应，反应后的气体由下部引出。其特点是反应器结构简单，造价便宜，反应器体积利用率较高。适用于反应热效应较小、反应温度允许波动范围较宽、单程转化率较低的反应过程。

对于热效应较大的反应只要反应温度不很敏感或是反应速度非常快时，有时也使用这种类型的反应器。例如甲醇在银或铜的催化剂上用空气氧化制甲醛时，反应热很大，但反应速度很快，催化剂层较薄，如图2-3所示。此一薄层为绝热床层，下面为一列管式换热器。

2. 多段绝热式反应器

多段绝热式反应器是在段间设有热交换使整个生产过程在适宜的反应温度下进行。反应气体通过第一段绝热床反应后，将反应气体冷却或加热，再进入下一段进行反应。根据段间换热方式可分为中间换热式和冷激式两种。

中间换热式是在段间装有换热器，将上一段的反应气体冷却至适宜温度后再进入下一段反应，反应气体冷却所放出的热量可用于对未反应的原料气体预热或通入外来换热介质移走，冷、热流体是通过段间的换热器管壁进行热量交换。换热装置可以放在反应器外，如图

2-4(a)、(b)，也可放在反应器内，如图 2-4(c)。

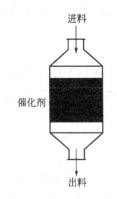

图 2-2 绝热式反应器

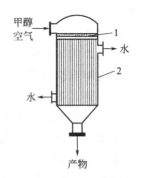

图 2-3 甲醇氧化用的薄层反应器
1—催化剂（层高约 20cm）；2—冷却器

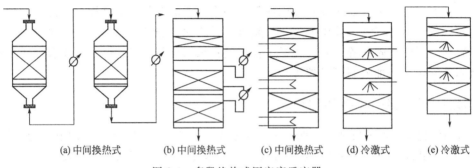

(a)中间换热式　(b)中间换热式　(c)中间换热式　(d)冷激式　(e)冷激式

图 2-4 多段绝热式固定床反应器

冷激式多段绝热反应器与中间换热式不同，是采用冷激气体直接与反应器内的气体混合，达到降低反应温度的目的。冷激气体如果是尚未反应的原料气，称为原料气冷激式反应器，如图 2-4(e)；冷激气体如果是非关键组分的反应物，称为非原料气冷激式反应器，如图 2-4(d)。冷激式反应器结构简单，便于装卸催化剂，内无冷管，避免由于冷管损坏而影响操作，特别适用于大型催化反应器。工业生产中合成氨、一氧化碳和氢合成甲醇常采用冷激式反应器。

（二）换热式固定床反应器

1. 列管式固定床反应器

最常见的换热式固定床反应器是列管式固定床反应器，通常是在管内充填催化剂，管间通载热体，气体原料自上而下通过催化剂床层进行反应，反应热通过管壁与管外的载热体进行热交换。

列管式固定床反应器换热效果较好，传热面积大，催化剂床层的温度较易控制，反应器内物料流动近似于理想置换模型流动，故反应速率快，选择性高。这种反应器适用于强放热或吸热反应过程，尤其是以中间产物为目的产物的强放热复合反应，如图 2-5、图 2-6 所示。

常用的载热体主要有：水、加压水（373～573K）、导生油（473～623K）、熔盐（573～773K）、烟道气（873～973K）等。载热体温度与反应温度相差不宜太大，以免造成近壁处的催化剂过冷或过热。载热体在管外通常采用强制循环的形式，以增强传热效果。按不同载热体和载热体不同循环方式分类，列管式固定床反应器有多种结构型式。

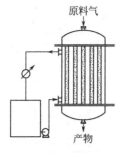
图2-5 乙烯氧化反应器

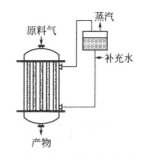
图2-6 乙炔法合成氯乙烯反应器

图2-5属外部循环式。载热体通过泵进行内外部循环流动,再由外部换热器对载热体进行冷却,以移走吸收的热量。

图2-6所示为沸腾式结构的反应器,它采用沸腾水为载热体,反应热通过沸腾水的部分汽化与反应产物一起从出口处引出,分离后的水蒸气经冷凝并补加部分软水后继续进入反应器循环使用。沸腾式循环可以使整个反应器内载热体温度基本恒定。

如图2-7属于内部循环式,结构比较复杂。它以熔盐为载热体,通过桨式搅拌器使熔盐在管外作强制循环流动,而熔盐吸收的反应热再传递给空气移走。

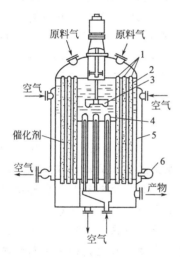

图2-7 萘氧化反应器
1—催化剂管;2—熔盐;3—旋桨;4—空气冷管;
5—空气冷却夹套;6—空气总管

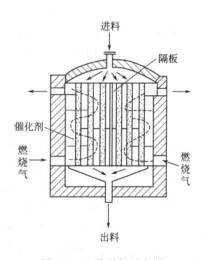

图2-8 乙苯脱氢反应器

图2-8属气体换热式。它采用高温烟道气加热,可省去金属圆筒外壳,直接把管子安装在耐火砖砌的环壁中。

2. 自热式固定床反应器

在固定床反应器中,换热介质为原料气,并通过管壁与反应物料进行换热以维持反应温度的反应器,称为自热式反应器,如图2-9所示。自热式固定床反应器通常只适用于热效应不大的放热反应以及高压反应过程,如合成氨和甲醇的生产。这种反应器利用反应热对原料进行预热,实现了热量自给,从而使设备更紧凑与高效、热量利用率高、易实现自动控制。若反应放出的热量较大,只靠反应管的传热面积不能维持床层温度时,工业上常在催化剂层内插入各种各样的冷却管(如热管),从而增大了传热面积,并可使催化剂层温度分布接近于较理想的状况。

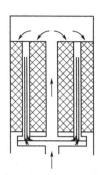
图 2-9 自热式固定床反应器结构（双套管）

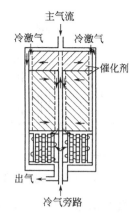
图 2-10 径向固定床催化反应器

（三）径向反应器

径向反应器是为提高催化剂利用率、减少床层压降而设计的。催化剂呈圆环柱状堆积在床层中，反应气体从床层中心管进入后沿径向通过催化剂床层，由于气体流程缩短，流道截面积增大，虽使用较细颗粒催化剂而压降却不大，因此节省了动力。径向反应器适用于反应速度与催化剂表面积成正比的反应，细粒催化剂的使用可以提高反应速率和反应器生产能力，如图 2-10 所示。由于径向反应器的这些突出优点，已成为目前固定床反应器研究开发的重点，如近期开发成功的乙苯负压脱氢制苯乙烯的径向负压反应器，既保持了径向反应器所具有的低阻力特点，又能满足乙苯脱氢负压反应的工艺要求。径向反应器最主要的难题是需要解决气体分布均匀性问题，避免出现因各处反应物料停留时间不同而造成返混、降低反应转化率和选择性。

● 拓展知识

滴流床反应器

常见的固定床反应器都是指气-固相反应器，除此之外，工业上还有气-液-固三相的固定床反应器，称为滴流床反应器。工业上应用滴流床规模最大的是炼油工业中的许多加氢过程，如重油或渣油的加氢脱硫和加氢裂解以制取航空煤油，润滑油的加氢精制以脱除含硫和含氮的有机物等。这些油品都因沸点很高，不能在气相状态下进行加氢，故采用滴流床的方式。图 2-11 所示的为滴流床焦油加氢裂解装置示意图，加氢用的催化剂堆在反应器中，形成一固定床，而原料油和氢气则同时流过催化剂层，氢气需要溶入到液相中，再与液相组分一起扩散到催化剂的固体表面上进行反应。通常液体是从上往下流，而气体则与之并流或逆流。

在化学工业中也有应用滴流床的，但规模比炼油工业中要小得多，譬如用乙炔与甲醛水溶液（8%～12%）同向下流通过浸渍在硅胶载体上的乙炔铜催化剂以合成丁炔二醇就是一个例子。除此以外，还有烷基蒽醌还原成氢醌，含丁二烯的 C_4 烃选择加氢以去除其中的乙炔等。在化学工业中也曾有用气液同向上流的操作方式的，因为这时催化剂颗粒能得到充分的润湿，而这一点正是影响滴流床效率的重要因素，此外，这样还可以把可能生成的焦油之类从上部冲洗出去，而不淤塞在催化剂层中。但另一方面，为了减少催化剂颗粒中的扩散阻力，颗粒直径一般都不大（如<4mm），如气液同向上流，其流速就必然受到很大的限

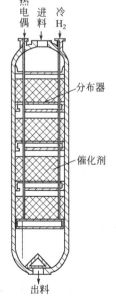
图 2-11 滴流床焦油加氢裂解装置

制,否则颗粒将被带走,同时气体以气泡形式通过床层,也使催化剂层易受扰动,故目前一般都采用同向下流的操作方式。

滴流床反应器设计中的主要问题是努力使液体分布均匀,气液接触良好,同时要设法防止反应层中的温度由于加氢时的放热而超过允许的限度。通常对高床层的反应器也采用多段中间冷激的方式。因为这类反应一般液量较小,所以保证催化剂表面得到充分的均匀润湿是十分必要的。

● 考核评价

任务一 认识固定床反应器学习评价表

学习目标	评价项目	评价标准	评价			
			优	良	中	差
认识固定床反应器的结构	反应器主体	说明反应器的形式、结构、特点				
	传热方式	说明传热方式、结构				
能绘制设备结构简图	反应器	反应器主体结构、传热方式、物料走向				
综合评价						

任务二 固定床反应器的设计

知识目标:了解流体催化剂颗粒直径与形状系数,在固定床中的流动特性、传质与传热过程,掌握床层空隙率及床层压降计算,学会固定床反应器的工艺计算方法。
能力目标:能根据生产任务的要求,进行固定床反应器的体积及床层压降计算

● 相关知识

流体在固定床内发生催化反应时,经常同时发生传质、传热过程,而这又与流体在固定床层内的流动状况有密切关系。因此在进行固定床反应器的设计前应了解固定床内的流体流动特性以及传质、传热规律。由于流体是通过催化剂层内流动,因此,首先要了解催化剂床层的性质。

一、催化剂床层特性

(一) 催化剂颗粒直径与形状系数

催化剂的形状有多种,如球形、圆柱形、环状、片状、无定形等,其中以球形与圆柱形更为常见。球形颗粒可直接用直径来表示其大小;而对于非球形颗粒,常用与球形颗粒作对比所得到的相当直径来表示其大小,用形状系数来表示其与球形的差异程度。非球形颗粒的相当直径有三种表示方法。

1. 体积相当直径

体积相当直径 d_V 是采用体积相同的球形颗粒直径来表示非球形颗粒直径,即

$$d_V = \left(\frac{6V_P}{\pi}\right)^{1/3} \tag{2-28}$$

式中　d_V——体积相当直径，m；
　　　V_P——非球形颗粒的体积，m³。

2. 面积相当直径

面积相当直径 d_a 是采用外表面积相同的球形颗粒直径来表示非球形颗粒直径，即

$$d_a = \left(\frac{A_P}{\pi}\right)^{1/2} \tag{2-29}$$

式中　d_a——面积相当直径，m；
　　　A_P——非球形颗粒的外表面积，m²。

3. 比表面相当直径

比表面相当直径 d_S 是采用比表面积相同的球形颗粒直径来表示非球形颗粒直径。

非球形颗粒比表面积为

$$S_V = \frac{A_P}{V_P} = \frac{\pi d_S^2}{\frac{\pi}{6}d_S^3} = \frac{6}{d_S}$$

则

$$d_S = \frac{6}{S_V} = \frac{6V_P}{A_P} \tag{2-30}$$

式中　S_V——非球形颗粒的比表面积，m²/m³。
　　　d_S——比表面相当直径，m。

对于固定床反应器，在研究流体力学时，常用体积相当直径；而在研究传热传质时，常用面积相当直径。

4. 平均直径

当床层是由大小不一的催化剂颗粒构成时，整个床层催化剂颗粒的平均直径 d_P 可用调和平均法计算得到，即

$$\frac{1}{d_P} = \sum_{i=1}^{n} \frac{x_i}{d_i} \tag{2-31}$$

式中　d_P——平均直径，m；
　　　x_i——颗粒 i 筛分粒径所占的质量分数；
　　　d_i——质量分数为 x_i 的筛分颗粒的平均粒径，m。

而各筛分颗粒的平均粒径 d_i 取上、下筛目尺寸的几何平均值，即

$$d_i = \sqrt{d_i' d_i''}$$

式中　d_i'，d_i''——同一筛分颗粒上、下筛目尺寸，m。

5. 形状系数 φ_S

催化剂的形状系数 φ_S 是用球形颗粒的外表面积与体积相同的非球形外表面积之比表示，即

$$\varphi_S = \frac{A_a}{A_P} \tag{2-32}$$

式中　A_a——同体积的球形颗粒外表面积，m²。

形状系数 φ_S 反映了非球形颗粒与球形颗粒的差异程度。对球形颗粒来说，$\varphi_S = 1$；对非球形颗粒，$\varphi_S < 1$。

三种相当直径之间的关系可以通过形状系数来关联，即

$$d_S = \varphi_S d_V = \varphi_S^{\frac{3}{2}} d_a \tag{2-33}$$

【例 2-1】 某圆柱形催化剂，直径 $d=5\mathrm{mm}$，高 $h=10\mathrm{mm}$，求该催化剂的相当直径 d_V，d_a，d_S 及形状系数 φ_S。

解：圆柱体催化剂的体积为 $V_P = \dfrac{\pi}{4}d^2h$，面积为 $A_P = 2\pi r(h+r)$，则体积相当直径为：

$$d_V = \left(6\frac{V_P}{\pi}\right)^{\frac{1}{3}} = \left[6\frac{\frac{\pi}{4}d^2h}{\pi}\right]^{\frac{1}{3}} = \left[6 \times \frac{1}{4} \times 5^2 \times 10\right]^{\frac{1}{3}} = 7.2\mathrm{mm}$$

面积相当直径为：$d_a = \left(\dfrac{A_P}{\pi}\right)^{1/2} = \left[\dfrac{2\pi r(h+r)}{\pi}\right]^{1/2} = \left[2 \times \dfrac{5}{2} \times \left(10 + \dfrac{5}{2}\right)\right]^{1/2}\mathrm{mm} = 7.91\mathrm{mm}$

比表面相当直径为：$d_S = 6\dfrac{V_P}{A_P} = \left[\dfrac{6 \times \frac{\pi}{4}d^2h}{2\pi r(h+r)}\right] = \dfrac{6 \times \frac{1}{4} \times 5^2 \times 10}{2 \times \frac{5}{2} \times \left(10 + \frac{5}{2}\right)}\mathrm{mm} = 6\mathrm{mm}$

形状系数为 $\varphi_S = \dfrac{d_S}{d_V} = \dfrac{6}{7.21} = 0.832$

(二) 床层空隙率

床层空隙率是指颗粒间的自由体积与整个床层体积之比，可用下式计算

$$\varepsilon = 1 - \frac{\rho_B}{\rho_P} \tag{2-34}$$

式中 ε——空隙率，无量纲；

ρ_B——催化剂床层堆积密度，$\mathrm{kg/m^3}$；

ρ_P——催化剂颗粒密度，$\mathrm{kg/m^3}$。

床层空隙率是催化剂床层的一个重要参数，它与颗粒大小、形状、充填方式、表面粗糙度、粒径分布等有关，对固定床层内的流体流动、传热及传质影响较大，也是影响床层压力降的主要因素。

空隙率在床层径向上分布是不均匀的。空隙率在贴壁处达到最大，在离器壁 1~2 倍颗粒直径处也具有较高的值，而床层中部空隙率较小。器壁对空隙率分布的影响以及由此造成的对流体流动、传热、传质的影响称为壁效应。壁效应是床层固有的现象，也是一个不利的因素，需要采取措施来降低其对反应结果的影响。如降低颗粒直径与床层管径比值，能提高床层径向空隙率的均匀性，气流沿径向的分布也就越均匀，通常要求管径大于 8 倍颗粒直径以上。

二、流体在固定床中的流动特性

(一) 流动特性

流体在固定床层中的流动较复杂，流体在床层颗粒间的空隙中流动，流动通道是弯曲、变径、相互交错的，流体撞击颗粒后分流、混合、改变流向，增加了流体的扰动程度。

为了更好地研究流体在床层内的流动特性，通常需要从径向混合和轴向混合两个方面来考虑。径向混合可以简单地理解为由于流体在流动过程中不断撞击颗粒，使得流体发生分流、变向造成的；而轴向混合可简单地理解为由于流体在轴向通道不断缩小与扩大，造成流体的流速变化而引起的混合。因此把床层内流体的流动分成两部分：一部分是流体以平均流速沿轴向作理想置换流动；另一部分为流体的径向和轴向的混合扩散，包括层流时的分子扩

散和湍流时的涡流扩散。而床层内流体的混合程度可通过轴向置换流叠加相应的混合扩散来表示。

(二) 床层压力降

流体通过固定床层所产生的压力降，主要由流体与颗粒表面间的摩擦阻力和流体在孔道内的收缩、扩大和再分布等引起的局部阻力组成。计算流体流过固定床压力降的方法很多，基本上都是利用流体在空管中流动的压力降计算公式经修正而成，最常用的是欧根（Ergun）公式。

$$\Delta p = f_m \frac{\rho_f u_0^2}{d_S} \frac{L(1-\varepsilon)}{\varepsilon^3} \tag{2-35}$$

式中 Δp——压力降，Pa；
L——管长，m；
ε——空隙率；
ρ_f——流体密度，kg/m³；
u_0——流体平均流速，以床层空截面积计算，m/s；
f_m——修正摩擦系数，无量纲。

通过实验测定得到修正摩擦系数 f_m 与修正雷诺数 Re_M 的关系为

$$f_m = \frac{150}{Re_M} + 1.75 \tag{2-36}$$

式中 Re_M——修正的雷诺数，无量纲。
而

$$Re_M = \frac{d_S \rho_f u_0}{\mu_f} \left(\frac{1}{1-\varepsilon}\right) \tag{2-37}$$

式中 μ_f——流体的黏度，Pa·s。

从式(2-36)可以看出，f_m 中包括两项。由于第一项的 Re_M 中包含有黏度项，代表摩擦阻力损失，而第二项则代表局部阻力损失。当 $Re_M < 10$ 时为层流，$\frac{150}{Re_M} \gg 1.75$，计算压降时可省去第二项；当 $Re_M > 1000$ 时为充分湍流，$\frac{150}{Re_M} \ll 1.75$，计算压降时可省去第一项。

如果床层中催化剂颗粒大小不一，计算压力降时应用颗粒的平均相当直径 $\overline{d_S}$。$\overline{d_S}$ 可按下式计算：

$$\overline{d_S} = \frac{6}{\sum x_i S_{Vi}} = \frac{1}{\sum \frac{x_i}{d_{Si}}} \tag{2-38}$$

式中 $\overline{d_S}$——平均比表面积相当直径，m；
S_{Vi}——颗粒 i 筛分的比表面积，m²/m³；
x_i——颗粒 i 筛分所占的体积分数（如果各筛分颗粒密度相同，则体积分数亦为质量分数）。

从压力降计算公式可以看出：增大流体空床平均流速 u_0、减小颗粒直径 d_S、减小床层空隙率 ε 都会使压力降增大，其中空隙率是影响压降的重要因素。

【例 2-2】 已知固定床是选用 230 根 $\phi 46 \times 3$mm 的反应管，催化剂充填高度 $L = 3.6$m，颗粒直径为 $d_S = 5$mm，流体黏度 $\mu = 0.0483$kg/(m·h)，流体的密度 $\rho_f = 1.031$kg/m³，床

层空隙率 $\varepsilon=0.35$，质量流量 $q_m=488.7\text{kg/h}$。试计算固定床床层的压降。

解：管内流体的气速为

$$u_0 = \frac{488.7/3600}{\frac{\pi}{4} \times (0.04)^2 \times 230 \times 1.031} \text{m/s} = 0.456 \text{m/s}$$

雷诺数为

$$Re_M = \frac{d_S \rho_f u_0}{\mu_f} \left(\frac{1}{1-\varepsilon}\right) = \frac{0.005 \times 0.456 \times 1.031}{0.0483/3600} \times \left(\frac{1}{1-0.35}\right) = 269.5$$

摩擦阻力系数

$$f_m = \frac{150}{Re_M} + 1.75 = \frac{150}{269.5} + 1.75 = 2.31$$

床层压降

$$\Delta p = f_m \frac{\rho_f u_0^2}{d_S} \frac{L(1-\varepsilon)}{\varepsilon^3} = 2.31 \times \frac{1.031 \times (0.456)^2 \times 3.6 \times (1-0.35)}{0.005 \times (0.35)^3} \text{Pa} = 5405.6 \text{Pa}$$

三、固定床反应器中的传质与传热

（一）固定床反应器中的传质

固定床反应器中的传质过程包括外扩散、内扩散和床层内的混合扩散。因为气固相催化反应在催化剂表面，所以反应组分必须到达催化剂表面才能发生化学反应。而在固定床反应器中，由于催化剂粒径不能太小，故常采用多孔催化剂以提供反应所需的表面积。因此反应主要在内表面进行，内扩散过程则直接影响反应过程的宏观速率。

1. 外扩散过程

外扩散是指反应物从流体主体向催化剂的外表面扩散的过程。流体与催化剂外表面间的传质是以外扩散的形式进行的，传质速度可用下式表示：

$$N_A = k_{CA} S_e \varphi (c_{GA} - c_{SA}) \tag{2-39}$$

式中　N_A——组分 A 传质速率，$\text{kmol}/(\text{m}^3 \cdot \text{s})$；

k_{CA}——以浓度差为推动力的外扩散传质系数，m/s；

c_{GA}、c_{SA}——组分 A 在流体主体与催化剂外表面的浓度，kmol/m^3；

S_e——催化剂床层（外）比表面积，m^2/m^3；

φ——外表面校正系数，球形为 1.1，片状为 0.81，圆柱、无定形为 0.9。

对于气相反应，也可以用分压的形式来表示传质速度，即

$$N_A = k_{GA} S_e \varphi (p_{GA} - p_{SA}) \tag{2-40}$$

式中　k_{GA}——以分压差为推动力的外扩散传质系数，$\text{kmol}/(\text{s} \cdot \text{m}^2 \cdot \text{Pa})$；

p_{GA}、p_{SA}——组分 A 在气流主体与催化剂外表面处的分压，Pa。

若反应气体为理想气体，则有

$$k_{GA} = \frac{k_{CA}}{RT}$$

外扩散传质系数的大小反映了气流主体中涡流扩散阻力和颗粒外表面层流膜中分子扩散阻力的大小，它与扩散组分性质、流体性质、颗粒表面形状和流动状况等因素有关。增大流速可以显著地提高外扩散传质系数。外扩散传质系数在床层内随位置而变，通常是对整个床层取同一平均值。在工业生产中，固定床反应器内的气体流速较高，气流主体与催化剂外表面之间的压差很小，因此外扩散的影响常可忽略。

2. 内扩散过程

内扩散是指反应物从催化剂的外表面向催化剂的内表面的扩散。对于工业固定床反应器，催化剂孔道内的传质是以内扩散的形式进行的，由于催化剂颗粒内部微孔的不规则性和扩散要受到孔壁影响等因素，使催化剂微孔内的扩散过程十分复杂。内扩散通常可以用分子扩散、克努森扩散以及过渡区扩散加以描述。

① 分子扩散：催化剂孔径较大时，扩散阻力主要是由气体分子间碰撞引起的。

② 克努森扩散：当催化剂孔径小于分子自由程（1000Å）时，扩散阻力主要是由气体分子与孔壁碰撞引起的。

③ 过渡区扩散：孔径与分子自由程相当，扩散阻力是由气体分子间碰撞和气体分子与孔壁碰撞共同引起的。

（1）气体在催化剂单一孔道内的扩散

① 分子扩散 在较高的压力和较大的孔径中，分子扩散将占主导地位，其扩散速率可用菲克定律来表示

$$N_A = -D_{AB}\frac{dc_A}{dZ} \tag{2-41}$$

式中 N_A——扩散速率，$kmol/(m^2 \cdot s)$；

D_{AB}——分子扩散系数，由实验测定或使用经验公式计算，m^2/s；

c_A——组分 A 的浓度和分率，$kmol/m^3$；

dZ——扩散距离，m。

② 克努森扩散 当体系的压力和催化剂孔径较小时，扩散以克努森扩散为主，扩散速率可表示为

$$N_A = -D_{KA}\frac{dc_A}{dZ} \tag{2-42}$$

式中 D_{KA}——克努森扩散系数，由实验测定或使用经验公式计算，m^2/s。

③ 过渡区扩散 当催化剂孔径与分子自由程相当时，孔道内的扩散气体分子间碰撞和气体分子与孔壁碰撞共存。此时扩散速率可表示为

$$N_A = -D\frac{dc_A}{dZ} \tag{2-43}$$

式中 D——过渡区扩散系数，m^2/s。

过渡区扩散系数可用下式进行计算

$$D = \frac{1}{\dfrac{(1-ay_A)}{D_{AB}} + \dfrac{1}{D_{KA}}} \tag{2-44}$$

其中

$$a = 1 + \frac{N_B}{N_A}$$

式中 N_A、N_B——组分 A 和 B 在催化剂孔道内的扩散速度，$kmol/(m^2 \cdot s)$；

y_A——气相中组分 A 的分率。

若在催化剂微孔内进行的是反应物 A 与产物 B 等摩尔逆向扩散反应，即 A→B 的反应。则 $N_A = -N_B$，$a = 0$，此时

$$D = \frac{1}{\dfrac{1}{D_{AB}} + \dfrac{1}{D_{KA}}}$$

（2）气体在多孔颗粒中的扩散

工业生产使用的催化剂孔道并不是规则的圆柱形，孔道内可能出现交联、弯曲、变径等，复杂的孔道结构难以用在规则孔道内的扩散来表示，此时我们可以用一有效扩散系数来代替总扩散系数来表征孔道内的传质。此时扩散速率可表示为

$$N_A = -D_e \frac{dc_A}{dz} \tag{2-45}$$

式中　N_A——组分 A 传质速率，$kmol/(m^2 \cdot s)$；

　　　$\dfrac{dc_A}{dz}$——组分 A 沿扩散方向的浓度梯度，$kmol/m^4$；

　　　D_e——有效扩散系数，由实验测定，m^2/s。

对复杂孔道内扩散，有效扩散系数 D_e 为

$$D_e = \frac{\varepsilon_p}{\tau} D$$

式中　ε_p——催化剂孔隙率；

　　　τ——微孔形状因子。

对于工程计算来说，D_e 和 τ 需要通常实验来确定，τ 值一般在 3~7 之间。

（3）催化剂的有效系数

催化剂微孔内的扩散过程对反应速率有很大的影响。反应物进入微孔后，边扩散边反应。如果扩散速率小于表面反应速率，沿扩散方向反应物浓度逐渐下降，反应速度也随之下降。当浓度降为零时，反应速度也为零，此时剩余部分内表面不起作用，催化剂内表面的利用率下降。引入催化剂的有效系数对此加以说明。

$$\eta = \frac{催化剂颗粒实际反应速度}{催化剂内表面与外表面温度、浓度相同时的反应速度} = \frac{r_P}{r_S}$$

催化剂有效系数 η 可通过实验的方法测定。首先测得催化剂颗粒实际反应速度 r_P，然后将颗粒压碎，使它的内表面完全暴露出来变成外表面，此时内扩散阻力不再存在，整个反应过程的速度达到最大即为 r_S，两者比值即为 η。

当 $\eta \approx 1$ 时，表面内扩散不存在，反应过程属动力学控制；

当 $\eta < 1$ 时，内扩散的影响明显，反应过程属内扩散控制。

内扩散不仅影响反应速度，而且影响复合反应的选择性。如在平行反应中，将抑制一些反应速度快、级数高的反应。在连串反应中，若中间产物为目的产物，则扩散到催化剂微孔中去的中间产物增加了进一步反应的机会而生成最终产物（副产物），相对也降低了该反应的选择性。

固定床反应器内最常用的是直径为 3~5mm 的大颗粒催化剂，一般很难消除内扩散的影响，催化剂的有效系数值大都在 0.01~1 之间。因此在工业生产中必须充分考虑内扩散对总反应速度的影响，选择适宜的催化剂颗粒尺寸。当必须采用细粒催化剂时，可以选用径向反应器或流化床反应器。也可以从改变催化剂的结构考虑，如制造双孔分布型催化剂，把具有小孔但消除了内扩散影响的细粒挤压成大孔形粗粒，既提供了较大的比表面，又减少了扩散阻力；也可把活性组分浸渍或喷涂在颗粒表面制成薄层催化剂等。

3. 床层内的混合扩散

在固定床反应器中，传质过程除了外扩散和内扩散外，还要考虑床层内流体的混合扩散即轴向扩散和径向扩散。

通常由于大部分固定床反应器床层高度与颗粒直径的比值远大于 50，因此轴向扩散的

影响可以忽略不计。但对于床层很薄的反应器，轴向扩散的影响是不可以忽略的。

流体在固定床反应器中的流动是通过床层中催化剂的颗粒空隙进行的。由于床层空隙率的分布不均匀，使得流体在流动时撞击催化剂固体颗粒而产生了分散，或为躲开固体颗粒而改变流向，造成了在床层径向上存在浓度差和温度差，形成径向扩散过程。同样，当床层直径与催化剂颗粒直径的比值很大时，径向扩散可以忽略。但一般情况下，要想通过改变床层直径与催化剂颗粒直径的比值使径向浓度分布均匀是十分困难的。

要改善固定床反应器的传质状况，提高反应收率，除了改变床层内流体的混合扩散即改变催化剂的粒度分布、床层空隙率的分布，提高流体流动的线速度消除外扩散的影响外，主要是考虑如何消除或减小内扩散对反应的影响。如采用小颗粒的催化剂、改变催化剂颗粒的孔径结构、把活性组分喷涂在催化剂的外层上等。

（二）固定床反应器中的传热

1. 固定床反应器传热过程的分析

在固定床反应器中，反应发生在催化剂内表面。因此固定床的传热包括颗粒内传热、颗粒与流体间的传热以及床层与器壁间的传热几个方面。由于催化剂颗粒较大，导热性能不好，因此床层传热性能较差，在床层形成复杂的温度分布，即在反应器中不仅轴向温度分布不均，而且径向也存在着显著的温度梯度，进而影响反应速度与产物组成。

由于床层内反应放出的热量除少部分由反应后的流体沿轴向带走外，其中绝大部分是通过器壁带走，床层的热量主要是以径向的形式从床层中部传递到器壁、再由器壁传给管外换热介质移走。床层内的传热方式为导热、对流和辐射。传热过程既包括气体或固体颗粒中的传热，同时也包括气固相界面的传热，这样就使得床层的传热过程变得很复杂。

现在以换热式固定床反应器中进行放热反应为例，讨论床层径向温度分布的主要特征：在床层中心处，温度最高；在近壁处温度很低；管壁处温度最低。由于床层壁面处存在"壁效应"，较大的空隙率增加了边界层气膜的传热阻力，所以近壁处的温度与管壁温度相差也大。

为了确定反应器的换热面积和了解床层内的温度分布，必须进行床层内部和床层与器壁之间的传热计算。

在工程计算中，为了很方便地计算得到床层的温度分布，常将床层进行简化处理。一般情况下，可以把催化剂颗粒看成是等温体，忽略颗粒内部、颗粒在流体间和床层径向传热阻力，床层的传热阻力全部集中在管壁处。经这样处理后，固定床反应器床层的传热过程的计算就可简化成床层与器壁之间的传热计算。

若床层是一个平均温度为 T_m 的等温体，则传热速率方程为

$$dQ = \alpha_t (T_m - T_w) dA$$

式中　Q——传热速率，W；

　　α_t——床层对器壁总给热系数，W/(m²·K)；

　　A——换热面积，m²；

　　T_m——床层平均温度器壁温度，K；

　　T_w——器壁温度，K。

2. 床层对壁总给热系数

床层对壁总给热系数 α_t 可以通过实验关联式计算得到

床层被加热时：
$$\frac{\alpha_t d_t}{\lambda_f} = 0.813 \left(\frac{d_P G}{\mu_f}\right)^{0.9} \exp\left(-6\frac{d_P}{d_t}\right) \tag{2-46}$$

床层被冷却时：
$$\frac{\alpha_t d_t}{\lambda_f} = 3.5 \left(\frac{d_P G}{\mu_f}\right)^{0.7} \exp\left(-4.6\frac{d_P}{d_t}\right) \tag{2-47}$$

式中　μ_f——流体黏度，Pa·s；

λ_f——流体热导率，W/(m·K)；

Re——雷诺数，$Re = \dfrac{d_P G}{\mu_f}$，无量纲；

G——气体质量流速，kg/(m²·s)；

d_t——管内径，m。

◎ 任务实施

一、固定床反应器的计算内容和方法

固定床反应器的主要计算任务包括催化剂用量、床层高度和直径、床层压力降和传热面积等。

固定床反应器的计算方法主要有经验法和数学模型法。

经验法的设计依据主要来自于实验室、中间试验装置或工厂实际生产装置的数据。对中间试验和实验室研究阶段提供的主要工艺参数如温度、压力、转化率、选择性、催化剂空时收率、催化剂负荷和催化剂用量等进行分析，找出其变化规律，从而可预测出工业化生产装置工艺参数和催化剂用量等。

数学模型法源于20世纪60年代，并在近年来得到迅速发展。通过机理模拟和大量实验数据关联得到传热、传质、流体流动和反应动力学的数学模型的可靠性，以及基础物性数据的准确性是保证设计计算正确的关键。目前，国内外研究机构已开发出很多成熟的固定床反应器设计软件，可运用计算机进行高效放大设计计算，从而得到诸如床层温度、浓度、转化率、选择性等沿径向或轴向的分布情况，这对优化固定床反应器操作、改进固定床反应器结构、强化生产过程等具有现实的指导意义。

经验法比较简单，常取实验或实际生产中催化剂或床层的重要操作参数作为设计依据直接计算得到。下面主要介绍经验法。

二、催化剂用量的计算

1. 空间速度

空间速度是指单位时间内通过单位体积催化剂的标准状态下原料体积流量。它是衡量固定床反应器生产能力的一个重要指标。

$$S_V = \frac{V_{0N}}{V_R} \tag{2-48}$$

式中　S_V——空速，1/h；

V_{0N}——标准状态下原料气体体积流量，m³/h；

V_R——催化剂堆积体积，m³。

2. 催化剂空时收率

催化剂空时收率是在单位时间内单位质量（或体积）催化剂所获得的目的产物量。它是反映催化剂选择性和生产能力的一个重要指标。

$$S_W = \frac{W_G}{W_S} \tag{2-49}$$

式中 S_W——催化剂的空时收率，kg/(kg·h) 或 kg/(m³·h)；

W_G——目的产物量，kg/h；

W_S——催化剂用量，kg 或 m³。

3. 催化剂负荷

催化剂负荷是单位质量（体积）催化剂在单位时间内所处理的原料量。这是反映催化剂生产能力的重要指标。

$$S_G = \frac{W_W}{W_S} \tag{2-50}$$

式中 S_G——催化剂负荷，kg/(kg·h) 或 kg/(m³·h)；

W_W——原料质量流量，kg/h。

4. 空间时间

空间时间又称为停留时间，是指在规定的反应条件下，气体反应物通过催化剂床层中自由空间所需要的时间。空间时间越短，表示同体积的催化剂在相同时间内处理的原料越多，是表示催化剂处理能力的参数之一。

$$\tau = \frac{V_R \varepsilon}{V_0} \tag{2-51}$$

式中 τ——空间时间，h；

ε——床层空隙率，无量纲；

V_0——反应条件下反应物体积流量，m³/h。

5. 床层线速度与空床速度

床层的线速度是指在规定的反应条件下，气体通过催化剂床层自由截面积的流速。

$$u = \frac{V_0}{A_R \varepsilon} \tag{2-52}$$

而空床速度是在规定条件下，气体通过空床层截面积的流速。

$$u_0 = \frac{V_0}{A_R} \tag{2-53}$$

式中 u——床层的线速度，m/s；

u_0——空床速度，m/s；

A_R——催化剂床层面积，m²。

注意：设计的反应器要与提供数据的装置具有相同的操作条件，如催化剂、反应物、压力、温度等。但通常不可能完全满足，只能估算。

三、固定床反应器结构尺寸的计算

催化剂的用量确定后，催化剂床层的有效体积也就确定。很明显，床层高度越高，即床层截面积将变小，操作气速、流体阻力将增大；反之，床层高度降低必然引起截面积增大，对传热不利或易产生短路等现象发生。因此，床层的高度与直径通过操作流速、压力降、传热、床层均匀性等影响因素作综合评价来确定。

通常，床层的高度或直径的计算是根据固定床反应器某一重要操作参数范围或经验选取，然后校验其他操作参数是否合理，如床层压力降不超过总压力的15%。床层高度与直径的计算步骤如下。

1. 根据经验选取气体空床速度 u_0
2. 床层的截面积

$$A_R = \frac{V_0}{u_0}$$

3. 校床层阻力降 Δp

根据公式(2-35)校验床层压力降。若压力降低于总压力的15%，则选取的空床速度 u_0 有效，上述计算成立。

4. 确定床层的结构尺寸

(1) 催化剂床层高度

$$H = \frac{V_R}{A_R} = u_0 \frac{V_R}{V_0} \tag{2-54}$$

式中　V_R——催化剂床层体积，m^3；
　　A_R——催化剂床层截面积，m^2。

(2) 绝热反应器的内径 D

$$D = \left(\frac{4A_R}{\pi}\right)^{1/2} \tag{2-55}$$

(3) 壳管式反应器的内径 D

若列管内径取 d_t，外径为 d_0，则列管数 n 为

$$n = \frac{A_R}{\frac{\pi}{4}d_t^2} = \frac{V_R}{\frac{\pi}{4}d_t^2 H}$$

若壳程装催化剂，其截面积 A_R 为

$$A_R = \frac{\pi}{4}D^2 - n\frac{\pi}{4}d_0^2$$

采用正三角形排列　　　　$A_R = Nt^2 \sin 60°$

则壳管式反应器的内径 D 为

$$D = \left(\frac{4A_R}{\pi}\right)^{1/2} + 2e \tag{2-56}$$

式中　A_R——正三角形排列总面积，m^2；
　　t——管心距，m；
　　e——最外端管心与反应器器壁距离，m；
　　N——圆整后的实际管数。

【例2-3】 某固定床反应器中，原料流量为200kmol/h，采用空速为0.15s^{-1}，气体的线速为0.15m/s，床层空隙率为0.42，操作压力1.013MPa，操作温度180℃。求：(1) 催化剂体积；(2) 床层直径。

解：(1) $V_R = \dfrac{V_{0N}}{S_V} = \dfrac{200 \times 22.4}{0.15 \times 3600} m^3 = 8.30 m^3$

(2) $V_0 = \dfrac{nRT}{p} = \dfrac{200 \times 10^3 \times 8.314 \times (180+273)}{1.013 \times 10^6 \times 3600} m^3/s = 0.207 m^3/s$

$$D = \sqrt{\frac{V_0}{\frac{\pi}{4}u_0}} = \sqrt{\frac{V_0}{\frac{\pi}{4} \cdot u \cdot \varepsilon}} = \sqrt{\frac{0.207}{0.785 \times 0.15 \times 0.42}} m = 2.05 m$$

考核评价

任务二　固定床反应器的设计学习评价表

学习目标	评价项目	评价标准	评价			
			优	良	中	差
固定床反应器的传质、传热过程	基础知识	内扩散、外扩散				
	能力训练	传质、传热强化途径				
固定床反应器的设计	基础知识	催化剂用量计算				
	能力训练	固定床反应器的设计计算				
综合评价						

任务三　固定床反应器的操作

知识目标：熟悉固定床反应器的操作步骤及影响固定床操作的因素。
能力目标：能进行开停车操作，并根据影响固定床操作的因素，对参数进行正常调节及简单的事故处理。

○ 相关知识

固定床反应器的操作指导

下面以加氢裂化反应器为例，介绍固定床反应器的日常运行和操作要点。加氢裂化属强放热反应，生产过程需采用多段式固定床反应器，并通过注入冷激原料氢的方法将反应放出的热量移走。因而反应器的结构比较复杂，工艺参数控制要求高。固定床反应器的操作方法如下。

一、温度调节

对加氢催化裂化来说，催化剂床层温度是反应过程最重要的工艺参数。提高反应温度可使裂化反应速率加快，原料的裂化程度加深，生成油中低沸点组分含量增加，气体产率增高。但反应温度的提高，使催化剂表面积炭结焦速率加快，影响了催化剂的使用寿命和正常生产。因此，温度的调节控制非常重要。

1. 控制反应器入口温度

对加热炉式换热器提供热源的反应，要严格控制反应器入口物料的温度，即控制加热炉出口温度或换热器终温，这是整个反应装置的重要工艺指标。如果有两股以上物料同时进反应器时，则需要调节两股物料的比例，使反应器入口处的温度恒定。因此，加氢裂化反应器可以通过加大循环氢量或减少新鲜进氢量的方式来调节反应器的入口温度。

2. 控制反应床层间的冷激氢量

加氢裂化属剧烈放热反应。如热量不及时移走，会使下一段床层内的催化剂温度升高。而催化剂床层温度的升高，又促使反应以更快的速度进行，从而放出更多的热量，导致反应物料的温度继续升高。如此循环，会使床层内的温度在短时间急剧升高，甚至反应失去控制（即"飞温"现象），引起严重的操作事故。在正常的生产操作中，可以通过调节冷激氢量来降低床层温度。

3. 原料组成的变化对反应温度的影响

在正常催化加氢反应的条件下，原料组成发生变化也会影响加氢反应速度和反应热效应的变化，进而引起床层温度的变化。如原料中硫和氮含量增加，床层温度会升高；原料中杂质增多，床层温度一般也会升高；原料变重，温度升高；而原料含水量增加，则床层温度会出现上下波动。

4. 反应初期与末期的温度变化

在生产初期，由于催化剂的活性较高，反应温度可以稍低。随着生产时间的延长，催化剂活性有所下降，为保证反应速率和生产能力的相对稳定，可以在允许操作范围内适当提高反应温度。

5. 反应温度的限制

加氢裂化反应器规定反应器床层任何一点温度超过正常温度15℃时即停止进料；超过正常温度28℃时，则要采用紧急措施，启动高压放空系统。因为反应体系压力下降，可以降低反应物浓度，反应速度也随之变慢，可以防止床层内温度进一步剧升而引起反应失控。

二、压力的调节

加氢催化裂化是在通氢情况下的高压反应，反应压力主要通过氢气的分压来调节。提高氢分压，可以促进加氢反应的进行，烯烃和芳烃的加氢反应加快，脱硫、脱氢率提高，有利于胶质、沥青质的脱除。反应压力的选择与处理和原料的性质有关。原料中多环芳烃和杂质的含量越高，则所需的反应压力也高。压力出现波动，对整个反应的影响也较大。

1. 氢气压缩机的压力调节

加氢催化裂化所用的氢气压缩机分新鲜氢压缩机和循环压缩机两种。新鲜氢压缩机主要用来补充系统由于反应消耗掉的氢气压力，循环压缩机主要保证过量的氢循环并维持系统压力。整个系统压力的维持主要是通过两种压缩机的平衡来实现的。压力的调节主要依靠高压分离器的压力调节器来控制。一般情况下，不要改变循环压缩机的出口压力，也不要随便改变高压分离器压力调节器的给定值。如果压力升高，通常通过压缩机每一级的返回量来调节，必要时可通过增加排放量来调节。压力降低，一般需增加新鲜氢的补充量。

2. 反应温度的影响

反应温度升高，会导致加氢裂化反应的程度加大，耗氢量增加，压力下降。因而反应过程中须严格控制反应温度，尽量避免出现温度波动。

3. 原料变化的影响

原料改变，耗氢量也变，则装置压力降低，循环氢压缩机入口流量下降，此时应补充新鲜氢气。如果原料带水，系统压力会上升，系统压差增大。

三、氢油比的控制

氢油比的大小或反应物循环量大小直接关系到氢分压和油品的停留时间，还影响油品的汽化率。循环气量的增加可以保证系统有足够的氢分压，有利于加氢反应的进行。此外，过剩的氢气可保护催化剂的表面，可以防止油料在催化剂表面缩合结焦（即使生成的焦油也能被氢还原而脱除）。同时氢油比增加，可及时地将反应热从系统带走，有利于反应床层热量的平衡，从而使反应器内温度容易控制。但过大的氢油比会使系统压力降增大，油品和催化剂接触的时间缩短，导致反应程度下降，循环压缩机负荷增大，动力消耗增加。因此，选择适当的氢油比并在反应过程中保持恒定是非常重要的。

四、空速操作原则

在操作过程中，需要进行提温提空速时，应"先提空速后提温"，而降空速降温时则"先降温后降空速"。如果违背这个原则，会造成加氢裂化反应的加剧，氢纯度下降，引起催化剂表面的积炭。在不正常的情况下，应尽量避免空速大幅度下降，从而引起反应温度极度升高。

五、催化剂器内再生操作

器内再生是催化加氢裂化催化剂常用的再生手段。方法是先停止反应物料进料，催化剂保留在反应器内，将再生介质在一定条件下通过反应器进行催化剂的再生操作。这种再生方式，避免了催化剂的装卸，缩短了再生时间，是一种广泛使用的再生方法。

1. 再生前的预处理

首先降温，遵循"先降温后降量"的原则，严格按照工艺要求的降温速率进行。当温度降到规定要求后，可停止进料，用惰性气体（一般是工业氮气）对系统进行吹扫，将反应系统的烃类气体和氢气吹扫干净。经分析，反应器出口气体烃类和氢气的含量控制小于1%即可。

2. 再生操作

催化剂表面的结炭，一般用氧气燃烧来消除。为了控制烧炭的速率，以免在燃烧过程中产生的热量烧毁催化剂，常配以一定量的氮气，以控制进料气体的氧浓度。

催化剂再生过程中，应注意控制一定的升温速率，即床层最高温度与反应器入口温度之差。升温速率也不能过快，如发现温升超过70℃，立即稀释再生气体控制温升。一般催化剂床层最高温度不能超过500℃，否则对催化剂会造成损坏。

3. 再生的结束

随着烧焦的进行，催化剂积炭在减少，此时可增加空气中的氧含量。当床层没有明显的温升时，说明烧焦过程基本结束。逐步增加空气量，如控制床层温度不大于500℃，空气氧含量可提到10%（体积分数），在最大空气量下，保持4h，无明显温升，可认为积炭已完全烧掉，再生过程结束。

在降温过程中，小心观察床层内各点温度，如有任何燃烧迹象，应立即减少空气量或停止送入空气，并增加蒸汽量，控制燃烧。一般降温速率不能过快，以25~30℃/h为宜。

◎ 任务实施

固定床反应器的操作

本仿真单元操作训练选用的固定床反应器取材于乙烯装置中催化加氢脱除乙炔（碳二加氢）工段。在乙烯装置中，液态烃热裂解得到的裂解气中乙炔约含$1000~5000mL/m^3$，为了获得聚合级的乙烯、丙烯，须将乙炔脱除至要求指标。

一、熟悉生产原理及工艺流程

1. 生产原理

在加氢催化剂存在下，碳二馏分中的乙炔加氢为乙烯，就加氢可能性来说，可发生如下反应：

主反应： $$C_2H_2 + H_2 \longrightarrow C_2H_4 + 174.3 \text{kJ/mol} \tag{1}$$

副反应： $$C_2H_2 + 2H_2 \longrightarrow C_2H_6 + 311.0 \text{kJ/mol} \tag{2}$$

$$C_2H_4 + H_2 \longrightarrow C_2H_6 + 136.7 \text{kJ/mol} \tag{3}$$

$$mC_2H_4 + nC_2H_2 \longrightarrow 低聚物(绿油) \tag{4}$$

高温时，还可能发生裂解反应：

$$C_2H_2 \longrightarrow 2C + H_2 + 227.8 \text{kJ/mol} \tag{5}$$

从生产的要求考虑，最好只希望发生（1）式反应，这样既能脱除原料中的乙炔，又增产了乙烯。（2）式的反应是乙炔一直加氢到乙烷，但对乙烯的增产没有贡献，不如反应（1）的方式好。不希望发生（3）~（5）的反应。因此乙炔加氢要求催化剂的选择性要好。影响催化剂反应性能的主要因素有反应温度、原料中炔烃、双烯烃的含量、氢炔比、空速、一氧化碳、二氧化碳、硫等杂质的浓度。

(1) 反应温度　反应温度对催化剂加氢性能影响较大，碳二加氢反应均是较强的放热反应，高温不仅有利于副反应的发生，而且对安全生产造成威胁。一般地，提高反应温度，催化剂活性提高，但选择性降低。采用钯型催化剂时，反应温度为30~120℃。本装置反应温度由壳侧中冷剂（热载体）控制在44℃左右。

(2) 炔烃浓度　炔烃浓度对催化剂反应性能有着重要影响。加氢原料所含炔烃、双烯烃浓度高，反应放热量大，若不能及时移走热量，使得催化剂床层温度较高，加剧副反应的进行，导致目的产品乙烯的加氢损失，并造成催化剂表面结焦的不良后果。

(3) 氢烃比　乙炔加氢反应的理论氢炔比为1.0，如氢炔比小于1.0，说明乙炔未能脱除。当氢炔比超过1.0时，就意味着除了满足乙炔加氢生成乙烯需要的氢气外，有过剩的氢气出现，反应的选择性就下降了。一般采用的炔烃比为1.2~2.5。本装置中控制碳二馏分的流量是56186.8t/h，氢气的流量是200t/h。

2. 工艺流程

反应原料有两股：一股为-15℃左右的碳二馏分，进料由流量控制器FIC1425控制；另一股为10℃左右的H_2和CH_4的混合气（富氢），进料量由控制器FIC1427来控制，两股原料按一定比例在管线中混合，经原料气/反应气换热器（EH423）预热，再在原料预热器（EH424）中用加热蒸汽（S3）预热至38℃，进入固定床反应器（ER424A/B），预热温度由温度控制器TIC1466通过调节预热器EH-424加热蒸汽（S3）的流量来控制。

ER424A/B中的反应原料在2.523MPa、44℃的条件下反应，反应所放出的热量由反应器壳侧循环的加压C_4中冷剂蒸发带走，反应气送EH423冷却后，去系统外的下一工序进一步净化。C_4蒸气在水冷器EH429中由冷却水冷凝，而C_4中冷剂的压力由压力控制器PIC1426通过调节C_4蒸气冷凝回流量来控制在0.4MPa，从而保证了C_4中冷剂的温度为38℃。

为了生产运行安全，该单元有一联锁，联锁源为：(1) 现场手动紧急停车（紧急停车按钮）；(2) 反应器温度高报（TI1467A/B＞66℃）。联锁动作是：(1) 关闭氢气进料，FIC1427设手动；(2) 关闭加热器EH424蒸气进料，TIC1466设手动；(3) 闪蒸器冷凝回流控制PIC1426设手动，开度100%；(4) 自动打开电磁阀XV1426。

该联锁有一复位按钮。联锁发生后，在联锁复位前，应首先确定反应器温度已降回正常，同时处于手动状态的各控制点的设定应设成最低值。（其工艺流程如图2-12、图2-13所示。）

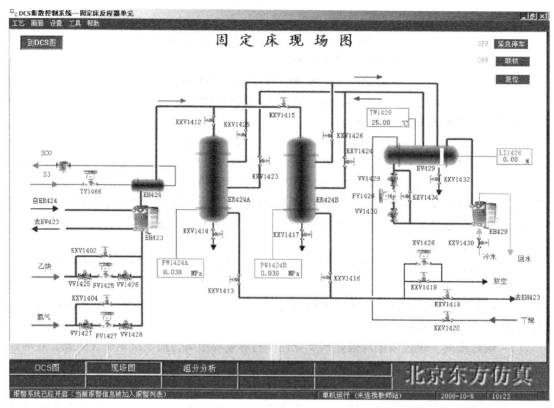

图 2-12 固定床单元仿现场图

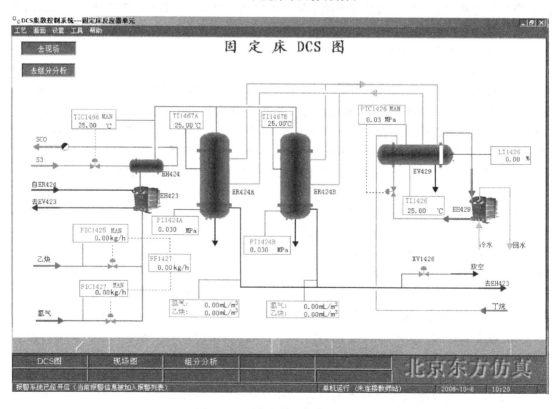

图 2-13 固定床单元仿真 DCS 图

二、固定床反应器的操作

本单元所用原料均为易燃易爆性气体，操作中必须严格按照生产规程进行。

(一) 冷态开车

确认所有调节器设置为手动，调节阀、现场阀处于关闭状态。装置的开工状态为反应器和闪蒸罐都处于已进行过氮气冲压置换后，保压在 0.03MPa 状态，可以直接进行实气冲压置换。

1. EV429 闪蒸器充丁烷

(1) 确认 EV429 压力为 0.03MPa；
(2) 打开 EV429 回流阀 PV1426 的前后阀 VV1429、VV1430；
(3) 调节 PV1426 阀开度为 50%；
(4) EH-429 通冷却水，打开 KXV1430，开度为 50%；
(5) 打开 EV429 的丁烷进料阀门 KXV1420，开度为 5%；
(6) 当 EV429 液位到达 50% 时，关进料阀 KXV1420。

2. ER424A 反应器充丁烷

(1) 确认事项

① 反应器 0.03MPa 保压；
② EV429 液位到达 50%。

(2) 充丁烷

打开丁烷冷剂进 ER424A 壳层的阀门 KXV1422、KXV1423、KXV1425、KXV1427，开度为 50%，有液体流过，充液结束。

3. ER424A 启动

(1) 启动前准备工作

① ER424A 壳层有液体流过；
② 打开 S3 蒸汽进料控制 TIC1466，开度为 30%；
③ 调节 PIC1426，设定压力控制在 0.4MPa，投自动；
④ 乙炔原料进料控制 FIC1425 设手动，开度为 0%。

(2) ER424A 充压，实气置换

① 打开 FV1425 前后阀 VV1425、VV1426 和 KXV1411、KXV1412，开度约为 50%；
② 打开 EH423 的进出口阀 KXV1408、KXV1418，开度为 50%；
③ 微开 ER424A 出料阀 KXV1413，开度为 5%，碳二馏分进料控制 FIC425（手动），慢慢增加进料，提高反应器压力，充压至 2.523MPa；
④ 慢开 E-424A 出料阀 KXV1413，充压至压力平衡，进料阀应为 50%，出料阀开度稍低于 50%（49.8%）；
⑤ 乙炔原料进料控制 FIC1425 设自动，设定值 56186.8t/h。

(3) ER424A 配氢，调整丁烷冷剂压力

① 稳定反应器入口温度在 38.0℃，使 ER424A 升温；
② 当反应器温度接近 38.0℃（超过 35.0℃），准备配氢，打开 FV1427 的前后阀 VV1427、VV1428，开度为 50%；
③ 氢气进料控制 FIC1427 设自动，流量设定在 80t/h；

④ 观察反应器温度变化,当氢气量稳定后,FIC1427 设手动;
⑤ 稳定 2min 后,缓慢增加氢气量,注意观察反应器温度变化;
⑥ 氢气流量控制阀开度每次增加不超过 5%;
⑦ 氢气量最终加至 200t/h 左右,此时 $H_2/C_2=2.0$,FIC1427 投串级;
⑧ 控制反应器温度 44.0℃ 左右。

(二)正常停车操作

1. 关闭氢气进料,关 VV1427、VV1428,FIC1427 设自动,设定值为 0%;
2. 关闭加热器 EH424 蒸汽进料,TIC1466 设手动,开度为 0.0%;
3. 闪蒸器冷凝回流控制 PIC1426 设手动,开度为 100%;
4. 逐渐减少乙炔进料,开大 EH429 冷却水进料;
5. 逐渐降低反应器温度、压力,至常温、常压;
6. 逐渐降低闪蒸器温度、压力,至常温、常压。

(三)事故处理

事故名称	主要现象	处理方法
氢气进料阀卡住	氢气量无法自动调节	1. 降低 EH429 冷却水量 2. 用旁通阀 KXV1404 手动调节氢气量
预热器 EH424 阀卡住	换热器出口温度超高	1. 增加 EH429 冷却水量 2. 减少配氢量
闪蒸罐压力调节阀卡住	闪蒸罐温度、压力超高	1. 增加 EH429 冷却水量 2. 用旁通阀 KXV1434 手动调节
反应器漏气	反应器压力迅速降低	停工
EH429 冷却水进口阀卡住	闪蒸罐压力、温度超高	停工
反应器超温	反应器温度超高,会引发乙烯聚合的副反应	增加 EH429 冷却水量

● 考核评价

由仿真系统评分。

● 项目二 流化床反应器的设计和操作

>>>>> 生产案例 <<<<<

丙烯腈是重要的基本有机原料之一,以它为基础原料生产的腈纶、尼龙 66 是合成纤维的主要品种;以丙烯腈和丁二烯生产的丁腈橡胶耐油,不怕汽油浸泡;以丙烯腈为原料生产的 ABS 塑料(丙烯腈-丁二烯-苯乙烯共聚物)性能好,在生产和日常生活中有广泛应用。丙烯腈的生产主要是丙烯氨氧化法,即在催化剂作用下丙烯、氨及氧反应生成丙烯腈,该反应属于气固相催化反应,工业上可以在流化床反应器中进行。流化床反应器是原料气以一定的流动速度使催化剂颗粒呈悬浮湍动,并在催化剂作用下进行化学反应的装置,是气固相催化反应常用的一种反应器,在化学工业中应用广泛。

通过此项目学习,在了解流态化知识及反应器结构的基础上,能选择、设计合适的流化床反应器，能进行反应器的开、停车操作及简单的事故处理。

任务一 认识流化床反应器

知识目标：了解流化床反应器的结构、特点及在化工生产中的应用。
能力目标：能对照实物说出流化床反应器各部件的名称及作用。

● 任务实施

一、流化床反应器的特点及工业应用

流化床反应器中，在气流的作用下，床层上的固体催化剂颗粒剧烈搅动上下沉浮，这种固体粒子像流体一样进行流动的现象，称为固体流化态。化学工业广泛使用固体流态化技术进行固体的物理加工、颗粒输送、催化和非催化化学加工。现在我国流化床催化反应器已应用于丁二烯、丙烯腈、苯酐、乙烯氧氯化制二氯乙烷，气相法聚乙烯等有机合成及石油加工中的催化裂化等。固体流态化技术除应用于催化反应过程外，还可应用于矿石焙烧，如硫酸生产中硫铁矿的焙烧，纯碱生产中石灰石焙烧等。循环流化床燃烧技术是近 20 年来发展起来的新一代燃烧技术，被认为是煤炭燃烧技术的革新，已在世界范围内得到了广泛应用。流化床干燥器在化工生产中被广泛使用。此外，还常应用于冶金工业中的矿石浮选等其他工业部门。流化床反应器具有以下特点。

1. 流化床反应器的优点

（1）由于可采用细粉颗粒，因而具有较大的比表面积，使得气固相间接触面积很大，从而提高了传质和传热速率，并且由于粒子细，降低了内扩散阻力，提高了催化剂的利用率。

（2）床层内气流与颗粒剧烈搅动混合，使床层温度分布均匀，避免了局部过热或局部反应不完全的现象，传质和传热效率都很高，这对某些强放热而对温度又很敏感的反应过程是有利的，因此被应用于氧化、裂解、焙烧以及干燥等过程。

（3）固体颗粒的热容远比同体积气体的热容大（约大 1000 倍左右），可以利用循环颗粒作为传热介质，并且所需内换热器传热面积小，结构简单，可大大简化反应器的结构，节省投资。另外，由于颗粒的高热容量及返混，能防止局部过热或过冷，因此在爆炸范围内的气体组成下操作或燃烧低热值的物料成为可能，且操作较稳定。

（4）固体颗粒在流化床中可以有类似于流体的流动性，因此从床层中取出颗粒或向床层中加入新的颗粒都很方便，尤其对于催化剂容易失活的反应，可使反应过程和催化剂再生过程连续化，并且易于实现自动控制，可使设备的单位时间处理量增加。

（5）由于流-固体系中空隙率的变化可以引起颗粒曳力系数的大幅度变化，这样可在很宽的范围内均能形成较浓密的床层。所以流态化技术的操作弹性大，单位设备生产能力大，符合现代化大生产的需要。

2. 流化床反应器的缺点

（1）流化床内气流和固体颗粒沿设备轴向混合（返混）很严重，使已反应的物质返回，导致反应物浓度下降，转化率下降。返混还使气体在床层内的停留时间分布不均匀，因而增加了副反应，导致反应过程的转化率下降和选择性变差。

（2）由于床层轴向没有浓度差和温度差，气体部分成为大气泡通过床层，使气固接触不

良，催化剂的利用率降低，在要求到达高转化率时，这种状况更为不利。

（3）固体颗粒间剧烈碰撞，造成催化剂磨损破碎，增加了催化剂的损失和防尘的困难，需要增加回收装置。同时，由于固体颗粒的磨蚀作用，管子和容器的磨损也很严重，增大了设备损耗。

3. 流化床反应器适用场合

流化床反应器有传质、传热速率高，床层温度均匀，操作稳定，经济效果好等突出优点，其缺点又可通过增设设备附件等措施加以克服或改善。因此流化床反应器比较适用于下列情况：热效应很大的放热或吸热过程；要求有均一的催化剂温度和需要精确控制温度的反应；催化剂寿命比较短，操作较短时间就需要更换（或活化）的反应；有爆炸危险的反应；某些能够比较安全地在高浓度下操作的氧化反应，可以提高生产能力，减少分离和精制的负担。流化床反应器一般不适用下列情况：要求高转化率的反应；要求催化剂层有温度分布的反应。

二、流化床反应器的结构与类型

（一）流化床反应器的基本结构

流化床反应器的结构型式很多，但无论何种型式，一般都是由壳体、气体分布板、内部构件、换热装置、气固分离装置组成，如图 2-14 所示。该图为一典型圆筒形壳体的流化床反应器示意图。

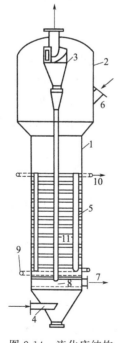

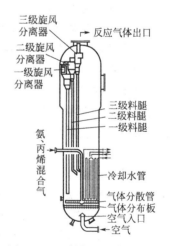

图 2-14　流化床结构

1—壳体；2—扩大段；3—旋风分离器；4—进气口；5—换热管；6—物料入口；7—物料出口；8—气体分布器；9—冷却水进口；10—冷却水出口；11—内部构件

图 2-15　丙烯氨化氧化反应器

（二）流化床反应器的类型

流化床的结构型式很多，可有以下几种分类方法。

1. 按照固体颗粒是否在系统内循环分类

按照固体颗粒是否在系统内循环分类,流化床反应器可分为非循环操作的流化床(单器)和循环操作的流化床(双器)。

单器流化床在工业上应用最为广泛,多用于催化剂使用寿命较长的气固催化反应过程,如丙烯氨氧化反应器(如图2-15所示),萘氧化制苯酐反应器(如图2-16所示)和乙烯氧氯化反应器等。双器流化床多用于催化剂寿命较短容易再生的气固催化反应过程,如石油加工过程中的催化裂化反应装置,借助控制反应器和再生器的密度差形成压差,实现催化剂在两器间的循环,完成催化反应和催化剂再生的连续操作,如图2-17所示。

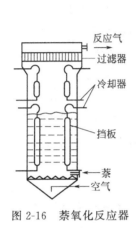

图2-16 萘氧化反应器　　　　图2-17 催化裂化反应装置

2. 按照床层中是否设置内部构件分类

按照床层中是否设置内部构件分类可分为自由床和限制床。不设置内部构件以限制气体和固体的流动的称为自由床,适于反应速度快,延长接触时间不致产生严重副反应或对于产品要求不严的催化反应过程。床层中采用挡网、挡板等作为内部构件的称为限制床,可增进气固接触,减少气体返混,从而改善气体的停留时间分布,提高床层的稳定性,从而使高床层和高流速成为可能。

3. 按照反应器内层数的多少分类

按照反应器内层数的多少分类可分为单层流化床和多层流化床。气固催化反应主要采用单层流化床,床中催化剂单层放置,床层温度、粒度分布和气体浓度都趋于均一,气固相间不能进行逆向操作,反应的转化率较低,气固接触时间短。图2-18所示为用于石灰石焙烧的多层流化床,气流由下往上通过各段床层,流态化的固体颗粒则沿着溢流管从上往下依次"流过"各层分布板,可以满足某些过程需要在不同的阶段控制不同反应温度的要求。但各层的气相与固相在流量及组成方面都是互相牵制的,所以操作弹性较小,在要求比较高的反应中一般难于应用。

4. 按照反应器形状分类

按反应器形状分类可分为圆筒形流化床和圆锥形流化床。图2-14和图2-15所示的即为圆筒形流化床反应器,此类反应器结构简单,制造容易,设备容积利用率高,在设计和生产方面都积累了较丰富的经验,目前在我国已获得了普遍应用。

圆锥形流化床如图2-19所示,锥度一般约为3°~5°,结构比较复杂。其优点如下。

(1) 适用于催化剂粒度分布较宽的体系,由于圆锥床底部速度大,可保证较大颗粒的流化,防止了分布板上的阻塞现象,而上部速度低,可减少小颗粒的夹带,也减轻了气固分离设备的负荷。对于低速操作的工艺过程可获得较好的流化质量。

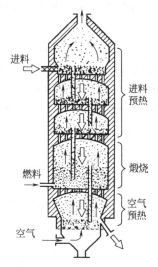

图 2-18 石灰石锻烧炉

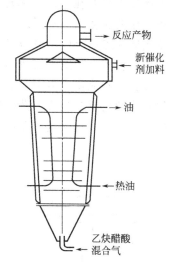

图 2-19 乙炔与醋酸合成醋酸乙烯反应器

(2) 圆锥形床层底部气体和固体颗粒的剧烈湍动，可使气体分布均匀，因而可大大简化气体分布板的设计。

(3) 圆锥形床层底部气体和固体颗粒的剧烈湍动可强化传热，对于反应速率快和热效应大的反应，可使反应不致过分集中在底部，减少底部过热、堵塞和烧结现象。

(4) 锥形床适用于气体体积增大的反应过程，使流化更趋于平稳。

（三）气体分布装置

气体分布装置包括气体预分布器和气体分布板两部分。

1. 气体分布板

气体分布板位于流化床底部，是保证流化床具有良好而稳定流态化的重要构件。气体分布板的作用是支承床层上的催化剂或其他固体颗粒；具有均匀分布气流的作用，造成良好的起始流化条件；可抑制气固系统恶性的聚式流化态，有利于保证床层稳定。分布板对整个流化床的直接作用范围仅 0.2～0.3m，然而它对整个床层的流态化状态却具有决定性的影响。在生产过程中常会由于分布板设计不合理，气体分布不均匀，造成沟流和死区等异常现象。

工业生产中使用的气体分布板的型式很多，主要有密孔板，直流式、侧流式、填充式分布板和分支式分布器等，而每一种型式又有多种不同的结构。

(1) 密孔板 密孔板又称烧结板，被认为是气体分布均匀、初生气泡细小、流态化质量最好的一种分布板。但因其易被堵塞，并且堵塞后不易排出，加上造价较高，所以在工业中较少使用。

(2) 直流式分布板 直流式分布板如图 2-20 所示，包括直孔筛板、凹型筛孔板和直孔泡帽分布板，结构简单，易于设计制造。这种型式的分布板由于气流正对床层，易产生沟流和气体分布不均匀的现象，流化质量较差。小孔易于堵塞，停车时又容易漏料，所以除特殊情况外，一般不使用直流式分布板。

(3) 侧流式分布板 侧流式分布板如图 2-21 所示。这种分布板有多种型式，有条形侧缝分布板、锥形侧缝分布板、锥形侧孔分布板、泡帽侧缝分布板和泡帽侧孔分布板等。其中锥形侧缝分布板是目前公认较好的一种，现已为流化床反应器广泛采用。它是在分布板孔中

图 2-20 直流式分布板

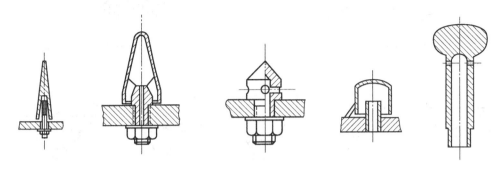

图 2-21 侧流式分布板

装有锥形风帽,气流从锥帽底部的侧缝或锥帽四周的侧孔流出,因其不会在顶部形成小的死区,气体紧贴分布板面吹出,不致使板面温度过高,避免发生烧结和分布板磨蚀现象,避免了直孔型的缺点。锥帽是浇铸并经车床简单加工做成的,故施工、安装、检修都比较方便。

(4) 填充式分布板　填充式分布板是在多孔板(或栅板)和金属丝网上间隔地铺上卵石、石英砂、卵石,再用金属丝网压紧,如图2-22所示。其结构简单,制造容易,并能达到均匀布气的要求,流态化质量较好。但在操作过程中,固体颗粒一旦进入填充层就很难被吹出,容易造成烧结。另外经过长期使用后,填充层常有松动,造成移位,降低了布气的均匀程度。

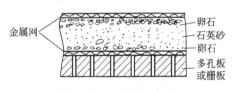

图 2-22 填充式分布板

(5) 短管式分布板　短管式分布板是在整个分布板上均匀设置了若干根短管,每根短管下部有一个气体流入的小孔,如图 2-23 所示。孔径为 9~10mm,约为管径的 1/3~1/4,开孔率约 0.2%。短管长度约为 200mm。短管及其下部的小孔可以防止气体涡流,有利于均匀布气,使流化床操作稳定。

(6) 分支式分布器　分支式分布器又称为多管式气流分布器,是近年来发展起来的一种新型分布器,由一个主管和若干带喷射管的支管组成,如图2-24所示。由于气体向下射出,可消除床层死区,也不存在固体泄漏问题,并且可以根据工艺要求设计成均匀布气或非均匀布气的结构。另外分布器本身不同时支撑床层质量,可做成薄型结构。

2. 预分布器

预分布器由外壳和导向板组成,是连接鼓风设备和气体分布板的部件。预分布器的作用是使气体的压力均匀,使气体均匀进入分布板,以防气流直冲分布板,影响均匀布气。常用气体预分布器的结构形式如图 2-25 所示。在这些预分布器中,以弯管式应用最多,其结构简单不会堵塞,能较好地起到预分布气体的作用。

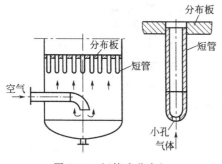
图 2-23 短管式分布板

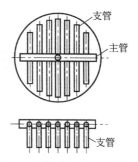
图 2-24 多管式气流分布器

(a) 弯管式

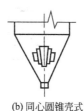
(b) 同心圆锥壳式

(c) 帽式

(d) 充填式

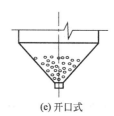
(e) 开口式

图 2-25 气体预分布器的结构形式

(四) 内部构件

气固相催化反应在流化床中进行，对保持恒温反应、强化传热以及催化剂的连续再生等都具有独特的优点。但由于固体颗粒不断运动，使气体返混，再加上生成的气泡不断长大以及颗粒密集等原因，造成气固接触不良和气体的短路，并且随着设备直径的增大，情况更加恶化，降低了反应的转化率，而成为流化床的严重缺点。

为了提高流化床反应器的转化率，提高反应器的生产能力，必须增强气泡和连续相间的气体交换，减少气体返混，使气泡破碎以便增加气固相间接触。实践证明，在床内设置内部构件是目前改善流化床操作的重要方法之一。

内部构件有垂直内部构件，如在床层中均匀配置直立的换热管；有水平内部构件如栅格、波纹挡板、多孔板或换热管，而最常用的是挡板和挡网。

在气速较低（<0.3m/s）的流化床层，采用挡板或挡网的效果差别不大。由于挡板的导向作用使气固两相剧烈搅动，催化剂的磨损较大，故在气速低而催化剂强度不高时，一般多采用挡网，反之则采用挡板。

1. 斜片挡板的结构与特性

工业上采用的百叶窗式斜片挡板分为单旋导向挡板和多旋导向挡板两种。

(1) 单旋导向挡板　单旋导向挡板使气流只有一个旋转中心，如图 2-26 所示。随着斜片倾斜方向不同，气流分别产生向心和离心两种旋转方向。向心斜片使粒子分布在床中心稀而近壁处浓。离心斜片使粒子的分布形成在半径的二分之一处浓度小，床中心和近壁处浓度较大。因此，单旋挡板使粒子在床层中分布不均匀，这种现象对于较大床径更为显著。为解决这一问题，在大直径流化床中都采用多旋挡板。

(2) 多旋导向挡板　多旋导向挡板如图 2-27 所示，由于气流通过多旋挡板后产生几个旋转中心，使气固两相充分接触与混合，并使粒子的径向浓度分布趋于均匀，因而提高了反应转化率。但是，由于多旋导向挡板较大地限制了催化剂的轴向混合，因而增大了床层的轴向温度差。多旋导向挡板结构复杂，加工不便。

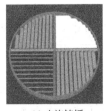 

图 2-26　单旋挡板

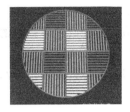

图 2-27　多旋挡板

2. 挡板、挡网的配置方式

挡板、挡网在床层中的配置方式在工业上有以下几种：向心挡板或离心挡板分别使用；向心挡板和离心挡板交错使用；挡网单独使用；挡板、挡网重叠使用。对于多旋挡板，每一组合件同为同旋，但还有左旋、右旋的区别，上下两板的配置方位也有不同。工业生产中采用单旋挡板向心排列的流化床反应器较多。

（五）换热装置

流化床大多用于反应热负荷大的反应，床层中的大量热量仅靠器壁来传递是不能满足换热要求的，大多数情况下必须采用内换热器，也可以使用夹套式换热器，作用是及时移走或供给热量。常见的流化床内部换热器如图 2-28 所示。

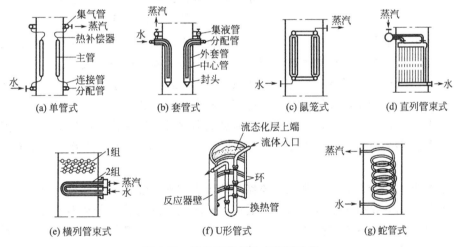

图 2-28　流化床常用的内部换热器

列管式换热器是将换热管垂直放置在床层内密相或床面上稀相的区域中。常用的有单管式和套管式两种，根据传热面积的大小，排成一圈或几圈。载热体由总环管导入，经连接管分配至若干根直立的换热主管中，换热后再汇集到总管导出。若主管较长，则连接管部分，应考虑高温下热补偿，做成弯管，以防管道破裂。管束式换热器分直列和横列两种，横排的管束式换热器对流化质量有不良影响，常用于流化质量要求不高而换热量很大的场合，如沸腾燃烧锅炉等。鼠笼式换热器由多根直立支管与汇集横管焊接而成，这种换热器可以安排较大的传热面积，但焊缝较多。蛇管式换热器具有结构简单、不需要热补偿的优点，但与水平管束式换热器相类似，即换热效果差，对床层流态化质量有一定的影响。U 形管式换热器是经常采用的类型，具有结构简单、不易变形和损坏、催化剂寿命长、温度控制十分平稳的优点。

(六) 气固分离装置

流化床中被气流夹带上去的固体颗粒,从经济或环境保护方面考虑,应当予以捕集回收。流化床回收固体颗粒的最通用设备是旋风分离器和内过滤器。

1. 旋风分离器

(1) 旋风分离器结构及工作原理　旋风分离器是一种靠离心作用把固体颗粒和气体分开的装置,如图 2-29 所示,主要由进气管、圆柱体、圆锥体、排气管、排尘管和集尘管所组成。含有催化剂颗粒的气体,由进气管沿切线方向进入旋风分离器内,围绕中央排气管向下做螺旋运动而产生离心力。催化剂颗粒在离心力的作用下,被抛向器壁,与器壁相撞后,借重力沉降到锥底,而气体旋转至锥底则向上旋转经排气管排出。为了加强分离效果,还可再串联一个或两个旋风分离器。

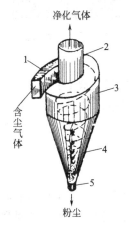

图 2-29　旋风分离器结构
1—进气管；2—排气管；3—圆柱体；4—圆锥体；5—排尘管

旋风分离器可安装在反应器里面,称为内旋风分离器,也可以安装在反应器外面,称为外旋风分离器。内旋风分离器优点是设备比较紧凑,收集下来的催化剂细粒可直接返回床层,保持原有的床层高度。因此,没有内旋风分离器的床层中,催化剂细粒量逐渐减少,需要定期补充新催化剂。由于内旋风分离器安装在设备内部,所以不必另行保温,这对由于某些反应气体冷凝而和催化剂"和泥"问题的解决尤为有利。例如硝基苯催化还原氨化,在气固分离部分会有结晶产生,如采用内过滤器或未保温外旋风分离器,就很难维持正常生产,而采用内旋风分离器就容易解决了。

旋风分离器结构简单紧凑、操作维护方便,对 $5\mu m$ 以上的粉体分离效率高,故在石油化工、冶金、采矿、轻工等领域得到广泛应用。我国目前在化工生产上常用的旋风分离器已经标准化,各部位尺寸比例一定。除标准旋风分离器之外,还有许多改进型旋风分离器,已定型并编入标准系列的有 CLT、CLT/A、CLP、CLP/A、CLP/B、扩散式、杜康型旋风分离器等。

(2) 料腿和料腿密封装置　旋风分离器分离出来的固体催化剂靠自身重力通过料腿或下降管回到床层。料腿是分离下来的粉尘的通道,料腿直径约为旋风分离器直径的 1/8~1/4,料腿高度和插入床层的深度可按流化床内压力平衡计算,但较多是凭经验确定。对料腿的要求应是既能顺利下料又能保持密封防止气体短路。

为了使旋风分离器分离下来的固体颗粒能顺利地返回床层,防止反应器中的气体通过料腿由旋风分离器底部进入而短路,在内旋风分离器下部安装料腿的密封装置。

料腿密封装置有几种型式,如图 2-30,翼阀是其中较为有效的一种。对于固体细粒流量较大的料腿,一般常直接插入密相床层的内部,为了防止反应气直接冲入,可加一防冲板或堵头。对于插入稀相(如串取使用的旋风分离器的三级和三级料腿)或床层外的料腿,下端装一翼阀,便能根据积料情况自动启阀出料。也有的工厂根据不同的生产过程,在密封头部送入外加的气流,有时甚至在料腿上、中、下处都装有吹气管和测压口,以掌握料面位置和保证细粒畅通。料腿密封装置是生产中的关键,要经常检修,保持灵活好用。

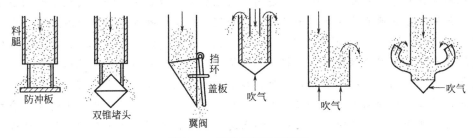

图 2-30　各种料腿密封装置

2. 内过滤器

内过滤器也是流化床常采用的气固分离装置，对于有些过程要求带出的固体颗粒很少且颗粒又很细时，多采用内过滤器来分离气体中的颗粒。内过滤器一般做成管式，材料有素瓷管、烧结陶瓷管、开孔铁管和金属丝网管等。在开孔铁管或金属丝网管的外面包扎数层玻璃纤维布，许多过滤管组成了过滤器。过滤管分为数组悬挂于反应器扩大段的顶部，如图2-31所示。气体从玻璃纤维布的细孔隙中通过，被夹带的绝大部分固体颗粒可被过滤下来，从而达到气固分离的目的。

内过滤管的分离效果高，离开反应器的气体纯净，但阻力较大，必须安设反吹装置，以便定时吹落积聚在过滤管上的粉尘，以减小气体流动阻力。

过滤器的结构尺寸，主要是确定过滤面积和过滤管的开孔率，一般均按生产经验数据确定。对于小型流化

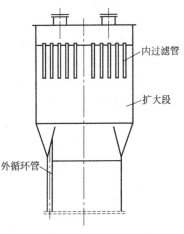

图 2-31　内过滤器

床反应器，过滤面积取床层截面积的 8~10 倍，对大型流化床反应器取4~5 倍，得出过滤面积后，便可按管总外表面积求过滤管的开孔率。金属管开孔率一般取金属管总面积的30%~40%左右。

过滤器使用一段时间后，随着滤饼的增厚其压力降也增加，因此必须定期反吹，过滤管分为几组，当一组反吹时其余几组仍在操作以维持反应器正常运转。随着细颗粒催化剂的使用，内过滤器已难于满足要求，有逐步被高效的旋风分离器所取代的趋势。

◉ 拓展知识

悬浮床三相反应器

气液固三相反应器中，当固体在反应器内以悬浮状态存在时，都称之为悬浮床三相反应器。它一般使用细颗粒固体，根据使固体颗粒悬浮的方式，将其分为：①机械搅拌悬浮式；②不带搅拌的悬浮床三相反应器，用气体鼓泡搅拌，也称为鼓泡淤浆反应器；③不带搅拌的气液两相并流向上而颗粒不被带出床外的三相流化床反应器；④不带搅拌的气液两相并流向上而颗粒随液体带出床外的三相输送床反应器，或称为三相携带床反应器；⑤具有导流筒的内环流反应器。

机械搅拌悬浮三相反应器依靠机械搅拌使固体悬浮在三相反应器中，适用于三相反应器的开发研究阶段及小规模生产。鼓泡淤浆三相反应器从气-液鼓泡反应器变化而来，将细颗粒物料加入到气-液鼓泡反应器中去，固体颗粒依靠气体的支撑而呈悬浮状态，液相是连续

相，与机械搅拌悬浮三相反应器一样，适用于反应物和产物都是气相，固相是细颗粒催化剂的反应。如果液相连续地流入和流出三相床反应器，而固体颗粒仍然保留在反应器内，即三相流化床。三相流化床是液-固流态化的基础上鼓泡通入气体，固体颗粒主要依靠液相支持而呈悬浮状态。如果固体颗粒随同液相一起呈输送状态而连续地进入和流出三相床，固体夹带在液相中，即三相输送床或三相携带床。显然三相流化床反应器需要有从液相分离固体颗粒的装置，而三相携带床需要有淤浆泵输送浆料。如果将三相催化反应器中的惰性液相热载体改为能对气相产物进行选择性吸收的高沸点选择性吸收溶剂，则溶剂需要脱除所吸收的气体而再生循环使用，就要将淤浆鼓泡三相反应器改为三相流化床反应器或三相携带床反应器。

具有导流筒的内环流反应器常用于生化反应工程。若用于湿法冶金中的浸取过程，称为气体提升搅拌反应器或巴秋卡槽。

悬浮床气液固三相反应器由于存液量大，热容量大，并且悬浮床与传热元件间的给热系数远大于固定床，所以容易回收反应热，并且容易控制床层在等温下操作。对于强放热复合反应并且其副反应是生成二氧化碳和水的深度氧化反应，悬浮床三相反应器可抑制其超温从而提高选择性；三相悬浮床反应器可以使用高浓度的原料气，并控制在等温下操作，这在气-固相催化反应器中由于温升太大而不可能进行。三相悬浮反应器使用细颗粒催化剂，可以消除内扩散过程的影响，但由于增加了液相，不可避免地增加了气体中反应组分通过液相的扩散阻力。三相悬浮反应器采用易于更换、补充失活的催化剂，但又要求催化剂耐磨损。如果必须使用三相流化床或三相携带床，则存在三相流化床操作时液固分离的技术问题及三相携带床存在淤浆输送的技术问题。

◉ 考核评价

任务一　认识流化床反应器学习评价表

学习目标	评价项目	评价标准	评价			
			优	良	中	差
认识流化床反应器的结构	反应器	说明反应器的形式、结构、特点、用途				
能绘制设备结构简图	反应器	指出反应器主体结构、各部件名称、作用、型式				
综合评价						

任务二　流化床反应器的设计

知识目标：掌握固体流态化的基本概念，了解流化床中的传质与传热过程，掌握流化床反应器的工艺计算方法。

能力目标：能根据生产任务的要求，进行流化床反应器的工艺计算。

◉ 相关知识

一、流态化基本概念

1. 固体流态化现象

在流化床反应器中，大量固体颗粒悬浮于运动的流体中从而使颗粒具有类似于流体的某些宏观特征，这种流固接触状态称为固体流态化。

流态化过程的基本现象如图 2-32 所示。当流体自下而上流过颗粒床层时，如流速较低时，固体颗粒静止不动，颗粒之间仍保持接触，床层的空隙率及高度都不变，流体只在颗粒间的缝隙中通过，此时属于固定床，如图 2-32(a) 所示；如增大流速，当流体通过固体颗粒产生的摩擦力与固体颗粒的浮力之和等于颗粒自身重力时，颗粒位置开始有所变化，床层略有膨胀，但颗粒还不能自由运动，颗粒间仍处于接触状态，此时称为初始或临界流化床，如图 2-32(b) 所示；当流速进一步增加到高于初始流化的流速时，颗粒全部悬浮在向上流动的流体中，即进入流化状态；如果是气固系统，流化床阶段气体以鼓泡方式通过床层，随着流速的继续增加，固体颗粒在床层中的运动也愈激烈，此时气固系统中具有类似于液体的特性，这时的床层称为流化床；在流化床阶段，床层高度发生变化，床层随流速的增加而不断膨胀，床层空隙率随之增大，但有明显的上界面，如图 2-32(c) 所示；当气流速度升高到某一极限值时，流化床上界面消失，颗粒分散悬浮在气流中，被气流带走，这种状态称为气流输送或稀相输送床，如图 2-32(d) 所示。

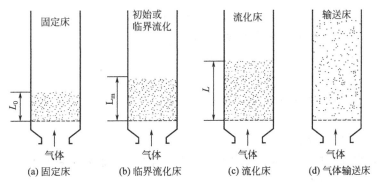

(a) 固定床　　(b) 临界流化床　　(c) 流化床　　(d) 气体输送床

图 2-32　不同流速时床层的变化

在流化床阶段，只要床层有明显的上界面，流化床即称为密相流化床或床层的密相段，对于气固系统，气泡在床层中上升，到达床层表面时破裂，由此造成床层中激烈的运动很像沸腾的液体，所以流化床又称为沸腾床。

当流体通过固体颗粒床层时，随着气速的改变，分别经历了固定床、流化床和气流输送三个阶段。

2. 流化床压力降

对一个等截面床层，当流体以空床流速 u（或称表观流速）自下而上通过床层时，床层的压力降 Δp 与流速 u 之间的关系在理想情况下如图 2-33 所示。

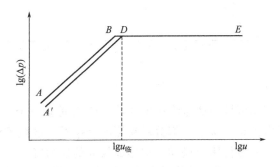

图 2-33　流化床压降-流速关系

固定床阶段，流体流速较低，床层静止不动，气体从颗粒间的缝隙中流过。随着流速的增加，流体通过床层的摩擦阻力也随之增大，即压力降 Δp 随着流速 u 的增加而增加，如图 2-33 中的 AB 段。流速增加到 B 点时，床层压力降与单位面积床层质量相等，床层刚好被托起而变松动，颗粒发生振动重新排列，但还不能自由运动，即固体颗粒仍保持接触而没有流化，如图 2-33 中的 BD 段。流速继续增大超过 D 点时，颗粒开始悬浮在流体中自由运动，床层随流速的增加而不断膨胀，也就是床层空隙率随之增大，但床层的压力降却保持不变，如图 2-33 中 DE 段所示。当流速进一步增大到某一数值时，床层上界面消失，颗粒被流体带走而进入流体输送阶段。

床层初始流化状态下，颗粒受力情况如下：向下的重力、向上的浮力及向上的流体阻力。开始流化时，颗粒悬浮静止，此时在垂直方向上受力平衡，即

$$重力＝浮力＋阻力$$

数学表达式为

$$L_{mf}A(1-\varepsilon_{mf})\rho_P g = L_{mf}A(1-\varepsilon_{mf})\rho_f g + A\Delta p$$

整理后得：

$$\Delta p = L_{mf}(1-\varepsilon_{mf})(\rho_P-\rho_f)g \tag{2-57}$$

式中　　L_{mf}——开始流化时的床层高度，m；

　　　　ε_{mf}——临界床层空隙率，无量纲；

　　　　A——床层截面积，m^2；

　　　　ρ_P——固体催化剂颗粒密度，kg/m^3；

　　　　ρ_f——流体密度，kg/m^3；

　　　　Δp——床层压降，Pa。

从临界点以后继续增大流速，空隙率 ε 也随之增大，导致床层高度 L 增加，但 $L(1-\varepsilon)$ 却不变。所以，Δp 保持不变。

对已经流化的床层，如将气速减小，则 Δp 将沿图 2-33 中 ED 线返回到 D 点，固体颗粒开始互相接触而又成为静止的固定床。但继续降低流速，压降不再沿 DB、BA 线变化，而是沿 DA' 线下降。原因是床层经过流化后重新落下，空隙率增大，压力降减小。

实际流化床的 Δp-u 关系较为复杂，如图 2-34 所示。

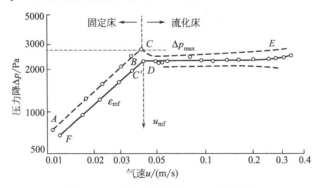

图 2-34　实际流化床的 Δp-u 关系图

由图中看出，在固定床区域 AB 与流化床区域 DE 之间有一个"驼峰"。形成的原因是固定床阶段，颗粒之间由于相互接触，部分颗粒可能有架桥、嵌接等情况，造成开始流化时需要大于理论值的推动力才能使床层松动，即形成较大的压力降。一旦颗粒松动到使颗粒刚能悬浮时，Δp 即下降到水平位置。另外，实际流体中由于颗粒之间的碰撞和摩擦导致有少

量能量消耗，使水平线略微向上倾斜。图中上下两条虚线表示压降的波动范围。

3. 散式流态化和聚式流态化

对于液-固系统，流体与固体粒子的密度相差不大，其临界流化速度一般很小，流速进一步提高时，床层膨胀均匀且波动较小，粒子在床内的分布也比较均匀，故称作散式流态化。

对于气-固系统，当流速超过临界流化速度时，则将出现很大的不稳定性。床内粒子成团地湍动，有气泡通过床层，气速愈高，气泡造成的扰动亦愈剧烈，使床层波动频繁，而床层的膨胀并不比临界流化时的体积大很多，这种形态的流态化称为聚式流态化。

通过实际流化床的 Δp-u 关系图 2-34，可以了解两种流态化的差异。由图可以看出，液-固系统在达到正常流态化区域时，因固体颗粒在液流中均匀分散，则压降 Δp-u 关系曲线接近于理想状态，即 Δp 值不随 u 的增加而变化；当气-固系统的气速大于临界流化速度进入流态化区域时，成团湍动的固体颗粒在气流中很不稳定，使床面以每秒数次的频率上下波动，压力降也随之在一定的范围内变化（图中上下两条虚线之间），只是其平均值随着气速的增加趋于不变。

4. 流化床中常见的异常现象

散式流态化是均匀的，床层空隙率各处基本上相同，随着流速增加床层均匀变疏。但是，在化工生产中所用的气固相反应则多为聚式流化床，其中气体和固体的接触是相当复杂的，经常产生一些不规则状态，常见的不正常现象有以下两种。

（1）沟流　气流通过床层，其流速虽然超过临界流化速度，但床内只形成一条狭窄通道，而大部分床层仍处在固定状态，没有流态化，这种现象称为沟流，其特征是气体通过床层时形成短路。沟流有两种情况，如果沟流穿过整个床层称为贯穿沟流；如沟流仅发生在局部称为局部沟流。如图 2-35 所示。

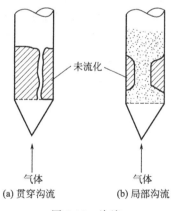

图 2-35　沟流

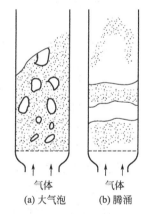

图 2-36　大气泡和腾涌

沟流造成床层密度不均，有可能产生死床，造成催化剂烧结，降低催化剂使用寿命，降低转化率，缩小生产能力。

产生沟流的原因主要有：①颗粒很细，潮湿，物料易黏结；床层很薄；②气速过低或气流分布不均匀；③分布板结构不合理，开孔太少，床内构件阻碍气体的流动等。要消除沟流应预先干燥物料并适当加大气速，在床内加内部构件及改善分布板结构等。

（2）大气泡和腾涌　在流化床中，生成的气泡在上升途中不断增大是正常现象，但是如果床层中大气泡很多，由于气泡不断搅动和破裂，而使气固接触极不均匀，床层波动也较大，就是不正常的大气泡现象；如果气速继续增大，则气泡可能增大到接近容器直径，使床内物料呈活塞状向上运动，于是床层被分成一段或几段，当达到某一高度后突然崩裂，颗粒散落而下，这种现象称为腾涌，如图 2-36 所示。

大气泡和腾涌使床层极不稳定，床层的均匀性被破坏，气固接触不良，从而严重地影响了产品的收率和质量，增加了固体颗粒的机械磨损和带出，降低催化剂的使用寿命，床内构件也易磨损。

造成大气泡和腾涌现象的主要原因有：①床高与床直径之比较大；②颗粒粒度大；③床内气速较高。

消除腾涌的办法是床内加设内部构件，以防止大气泡的产生；或在可能情况下减小气速和床层高径比。

观察流化床的压力降变化可以判断流化质量以及是否发生不正常的流化现象如腾涌、沟流等。正常操作时，压力降的波动幅度一般较小，波动幅度随流速的增加而有所增加。在一定的流速下，如果发现压降突然增加，而后又突然下降，表明床层产生了腾涌现象。这是因为此时形成气栓，压降直线上升，气栓达到表面时料面崩裂，压降突然下降，如此循环下去。这种大幅度的压降波动破坏了床层的均匀性，使气固接触显著恶化，严重影响系统的正常运转。有时压降比正常操作时低，说明气体形成短路，床层产生了沟流现象。

5. 流化速度

由于流化床的操作速度在理论上应处于临界流化速度和带出速度之间，因此，首先确定临界流化速度和带出速度，然后再参考生产或试验数据选取操作速度。

(1) 临界流化速度 u_{mf}　临界流化速度是指刚刚能够使固体颗粒流化起来的空床流速，也称最低流化速度或起始流化速度，是固定床阶段与流化床阶段转折点处的空床流速。临界流化速度对流化床的研究、计算与操作都是一个重要的参数，确定其大小是很有必要的，实际生产中主要通过实验方法测定，如果实测不方便或有困难时，也可采用计算方法确定。

临界点时，床层的压降 Δp 既符合固定床的规律，同时又符合流化床的规律，即此点固定床的压降等于流化床的压降。均匀粒度颗粒的固定床压降可用欧根（Ergun）方程表示：

$$\frac{\Delta p}{L_{mf}} = 150 \frac{(1-\varepsilon_{mf})^2}{\varepsilon_{mf}^3} \frac{\mu_f u_{mf}}{(\phi_s d_P)^2} + 1.75 \frac{(1-\varepsilon_{mf})}{\varepsilon_{mf}^3} \frac{\rho_f u_{mf}^2}{\phi_s d_P} \tag{2-58}$$

式中　u_{mf}——临界流化速度（以空塔计），m/s；

ϕ_s——形状系数，无量纲；

d_P——颗粒的平均直径，m；

μ_f——气体黏度，Pa·s；

ε_{mf}——临界空隙率，无量纲；

ρ_f——气体密度，kg/m³。

将式(2-58)与式(2-57)联立，可得：

$$\frac{1.75}{\phi_s \varepsilon_{mf}^3}\left(\frac{d_P u_{mf} \rho_f}{\mu_f}\right)^2 + \frac{150(1-\varepsilon_{mf})}{\phi_s^2 \varepsilon_{mf}^3} \frac{d_P u_{mf} \rho_f}{\mu_f} = \frac{d_P^3 \rho_f (\rho_P - \rho_f) g}{\mu_f^2} \tag{2-59}$$

对于小颗粒，上式左侧第一项可以忽略，故：

$$u_{mf} = \frac{(\phi_s d_P)^2}{150} \frac{(\rho_P - \rho_f)}{\mu_f} g \frac{\varepsilon_{mf}^3}{1-\varepsilon_{mf}} \quad (Re<20) \tag{2-60}$$

对于大颗粒，式(2-59)左侧第二项可忽略，故：

$$u_{mf}^2 = \frac{\phi_s d_P}{1.75} \frac{(\rho_P - \rho_f)}{\rho_f} g \varepsilon_{mf}^3 \quad (Re>1000) \tag{2-61}$$

如果 ε_{mf}、ϕ_s 未知，可近似取：$\dfrac{1}{\phi_s \varepsilon_{mf}^3} \approx 14$，$\dfrac{1-\varepsilon_{mf}}{\phi_s^2 \varepsilon_{mf}^3} \approx 11$

代入式(2-59)即得到：

$$\frac{d_P u_{mf} \rho_f}{\mu_f} = \left[(33.7)^2 + 0.0408 \frac{d_P^3 \rho_f (\rho_P - \rho_f) g}{\mu_f^2}\right]^{1/2} - 33.7 \tag{2-62}$$

对于小颗粒：

$$u_{mf} = \frac{d_P^2 (\rho_P - \rho_f) g}{1650 \mu_f} \quad (Re < 20) \tag{2-63}$$

对于大颗粒：

$$u_{mf}^2 = \frac{d_P (\rho_P - \rho_f) g}{24.5 \rho_f} \quad (Re > 1000) \tag{2-64}$$

用上述各式计算时，应将所得 u_{mf} 值代入 $Re = d_P u_{mf} \rho_f / \mu_f$ 中，检验其是否符合规定的范围。如不相符，应重新选择公式计算。

计算临界流化速度的经验或半经验关联式很多，下面再介绍一种便于应用而又较准确的计算公式：

$$u_{mf} = 9.23 \times 10^{-3} \times \frac{d_P^{1.82} (\rho_P - \rho_f)^{0.94}}{\mu_f^{0.88} \rho_f^{0.06}} \tag{2-65}$$

其中 d_P 根据式(2-31)计算。式(2-65)只适用于较细的颗粒，$Re < 10$。如果 $Re > 10$，则需要再乘以图2-37中的校正系数 F_G 即可得到所要求的临界流化速度。

由式(2-65)可看出，影响临界流化速度的因素有颗粒直径、颗粒密度、流体黏度等等。实际生产中，流化床内的固体颗粒总是存在一定的粒度分布，形状也各不相同，因此在计算临界流化速度时，要采用当量直径和平均形状系数。此外大而均匀的颗粒在流化时流动性差，容易发生腾涌现象，加剧颗粒、设备和管道的磨损，操作的气速范围也很狭窄，在大颗粒床层中添加适量的细粉有利于改善流化质量，但受细粉回收率的限制而不宜添加过多。

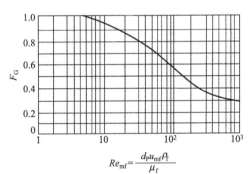

图 2-37 $Re > 10$ 时的校正系数

【例 2-4】 萘氧化制苯酐生产过程以微球硅铝-钒为催化剂，颗粒密度为 1120kg/m^3，粒度分布见下表，在操作条件下空气的密度为 1.1kg/m^3，黏度为 $0.302 \times 10^{-4} \text{Pa·s}$。试求临界流化速度。

目 数	>120	100~120	80~100	60~80	40~60	<40
颗粒直径 d_i/mm	0.121	0.147~0.121	0.175~0.147	0.246~0.175	0.360~0.246	0.360
质量分数 x_i/%	12	10	13	35	25	5

解：
$$d_{Pi} = \sqrt{d_i \cdot d_{i+1}}$$

目 数	>120	100~120	80~100	60~80	40~60	<40
颗粒直径 d_i/mm	0.121	0.133	0.163	0.208	0.298	0.360
(x_i/d_{Pi})/%	0.99	0.752	0.797	1.68	0.839	0.139

$$d_P = \frac{1}{\sum_{i=1}^{n}\frac{x_i}{d_{Pi}}} = \frac{1}{0.99+0.752+0.797+1.68+0.839+0.139}\text{mm} = 0.192\text{mm}$$

$$u_{mf} = 9.23\times10^{-3}\frac{d_P^{1.82}(\rho_s-\rho_f)^{0.94}}{\mu_f^{0.88}\rho_f^{0.06}} = 9.23\times10^{-3}\frac{(0.192\times10^{-3})^{1.82}(1120-1.1)^{0.94}}{(0.302\times10^{-4})^{0.88}1.1^{0.06}}\text{m/s}$$
$$= 0.011\text{m/s}$$

临界雷诺数 Re_{mf}

$$Re_{mf} = \frac{d_P u_{mf}\rho_f}{\mu_f} = \frac{0.192\times10^{-3}\times0.011\times1.1}{0.0302\times10^{-3}} = 7.7\times10^{-2} < 10$$

故 0.011m/s 即为所求的临界流化速度。

(2) 带出速度 u_t 颗粒带出速度 u_t 是流化床中流体速度的上限,也就是气速增大到此值时,流体对粒子的曳力与粒子的重力相等,粒子将被气流带走。带出速度(或称终端速度)等于粒子的自由沉降速度。颗粒在流体中沉降时,受力平衡时

$$\text{重力} = \text{浮力} + \text{摩擦阻力}$$

即

$$\frac{\pi}{6}d_P^3\rho_P = \xi_D\frac{\pi}{4}d_P^2\frac{u_t^2\rho_f}{2g} + \frac{\pi}{6}d_P^3\rho_f$$

整理后得:

$$u_t = \left[\frac{4}{3}\frac{d_P(\rho_P-\rho_f)g}{\rho_f\xi_D}\right]^{1/2} \tag{2-66}$$

式中 ξ_D——阻力系数,是 $Re_t = \dfrac{d_P u_t \rho_f}{\mu_f}$ 的函数。对球形粒子:

层流区 $\xi_D = 24/Re_t$ 当 $Re_t < 0.4$
过渡区 $\xi_D = 10/Re_t^{1/2}$ 当 $0.4 < Re_t < 500$
湍流区 $\zeta_D = 0.43$ 当 $500 < Re_t < 2\times10^5$

分别代入式(2-66)得:

层流区 $$u_t = \frac{d_P^2(\rho_P-\rho_f)g}{18\mu_f} \quad Re_t < 0.4 \tag{2-67}$$

过渡区 $$u_t = \left[\frac{4}{225}\frac{(\rho_P-\rho_f)^2 g^2}{\rho_f\mu_f}\right]^{1/3} d_P \quad 0.4 < Re_t < 500 \tag{2-68}$$

湍流区 $$u_t = \left[\frac{3.1 d_P(\rho_P-\rho_f)g}{\rho_f}\right]^{1/2} \quad 500 < Re_t < 2\times10^5 \tag{2-69}$$

计算带出速度时,需要用试差法。计算的 u_t 也需再代入 Re_t 中以检验其范围是否相符。

【例 2-5】 计算粒径为 $80\mu m$ 的球形粒子在 20℃空气中的带出速度。粒子的密度为 2650kg/m^3;20℃空气的密度为 1.205kg/m^3,黏度为 $1.85\times10^{-5}\text{Pa·s}$。

解: $$d_P = 80\mu m = 8\times10^{-3}\text{m}$$

先假设在层流区求带出速度

$$u_t = \frac{d_P^2(\rho_P-\rho_f)g}{18\mu_f}$$

因空气密度比颗粒密度小得多,故上式简化为

$$u_t = \frac{d_P^2\rho_P g}{18\mu_f} = \frac{(8\times10^{-5})^2\times2650\times9.807}{18\times1.85\times10^{-5}}\text{m/s} = 0.5\text{m/s}$$

$$Re_t = \frac{d_P u_t \rho_f}{\mu_f} = \frac{8 \times 10^{-5} \times 0.5 \times 1.205}{1.85 \times 10^{-5}} = 2.605 > 0.4$$

故假设在层流区不成立,再假设在过渡区:

$$u_t = \left[\frac{4}{225} \times \frac{\rho_P^2 g^2}{\rho_f \mu_f}\right]^{1/3} d_P = \left[\frac{4}{225} \times \frac{2650^2 \times 9.807^2}{1.205 \times 1.85 \times 10^{-5}}\right]^{1/3} \times 8 \times 10^{-5} \text{m/s} = 0.65 \text{m/s}$$

$$Re_t = \frac{d_P u_t \rho_f}{\mu_f} = \frac{8 \times 10^{-5} \times 0.65 \times 1.205}{1.85 \times 10^{-5}} = 3.39 > 0.4$$

故假设过渡区成立,带出速度为 0.65m/s。

(3) 操作速度 选择操作速度的原则:①催化剂强度差,易于粉碎,反应热不大,反应速度较慢或床层又高窄等情况下,宜选择较低的操作速度;②反应速度较快,反应热效应较大,颗粒强度好或床层要求等温,床层内设构件改善了流化质量,尽可能选择较高的操作速度。

一般认为,流化床的操作速度在临界流化速度和带出速度之间,但实际上颗粒大部分存在于乳化相中,所以有些工业装置尽管操作速度高于带出速度,由于受向下的固体循环速度的影响,使得乳化相中的流速仍然很低,颗粒夹带并不严重。

为了表示操作速度的大小,引入了流化数的概念,流化数是操作速度与临界流化速度之比。

$$k = \frac{u_0}{u_{mf}} \tag{2-70}$$

式中 u_0——操作空塔速度,m/s。

k——流化数,无量纲。

在实际生产中,操作气速是根据具体情况确定的,流化数一般在 1.5~10 的范围内,也有高达几十甚至几百的。如制苯酐的流化数 $k \geqslant 10$~40,石油催化裂化 $k = 300$~1000。

设计流化床时,可以根据计算结果、经验数据并考虑各种因素的影响,经过反复计算和比较经济效益,方能确定较合适的流化床反应器的实际操作速度。实际生产中的部分流化床操作速度数据见表 2-3。

表 2-3 部分流化床反应器操作速度数据

产品	反应温度/K	颗粒直径/目	操作空塔速度/(m/s)
丁烯氧化脱氢制丁二烯	653~773	40~80	0.8~1.2
丙烯氨氧化制丙烯腈	748	40~80	0.6~0.8
萘氧化制苯酐	643	40	0.7~0.8(0.3~0.4)
乙烯制醋酸乙烯	473	24~48	0.25~0.3
石油催化裂化	723~783	20~80	0.6~1.8
砂子炉原油裂解	—	—	1.6

二、流化床反应器中的传质

流化床的传质是在流体与颗粒的接触中完成的,从而达到高效的传质和传热的目的,这正是流化床反应器的最突出的优点。因而流化床中的传质及传热也是最重要的问题。传质是以两相间的具体运动为基础的,影响因素众多,情况也十分复杂,目前只能从机理性假设出发,推导出传质系数,但往往只适用于有限的问题,对于实际情况仍靠实验数据及关联式加以解决。

1. 颗粒与流体间的传质

气体进入床层后，部分通过乳化相流动，其余则以气泡形式通过床层。乳化相中的气体与颗粒接触良好，而气泡中的气体与颗粒接触较差，原因是气泡中几乎不含颗粒，气体与颗粒接触的主要区域集中在气泡与气泡晕的相界面和尾涡处。无论流化床用作反应器还是传质设备，颗粒与气体间的传质速率都将直接影响整个反应速率或总传质速率。所以，颗粒与流体间的传质系数 k_G 是一个重要的参数。可以通过传质速率来判断整个过程的控制步骤。关于传质系数，文献报道的经验公式很多，只在一定的范围内适用，此处不作介绍。

2. 气泡与乳化相间的传质

由于流化床反应器中的反应实际上是在乳化相中进行的，所以气泡与乳化相间的气体交换作用（也称相间传质）非常重要。相间传质速率与表面反应速率的快慢，对于选择合理的床型和操作参数

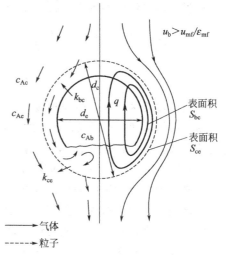

图 2-38 相间交换示意图

都直接有关，图 2-38 是相间交换的示意图，从气泡经气泡晕到乳化相的传递是一个串联过程。以气泡的单位体积为基准，气泡在经历 dl（时间 $d\tau$）的距离内的交换速率（以组分 A 表示），用单位时间单位气泡体积所传递的组分 A 的物质的量来表示，即：

$$-\frac{1}{V_b}\frac{dN_{Ab}}{d\tau}=-u_b\frac{dc_{Ab}}{dl}=(k_{be})_b(c_{Ab}-c_{Ae})=(k_{bc})_b(c_{Ab}-c_{Ac})=(k_{ce})_b(c_{Ac}-c_{Ae}) \tag{2-71}$$

式中 N_{Ab}——组分 A 的摩尔数，kmol；

V_b——气泡体积，m^3；

u_b——气泡速度，m/s；

c_{Ab}，c_{Ac}，c_{Ae}——气泡相、气泡晕、乳化相中反应组分 A 的浓度，$kmol/m^3$；

$(k_{bc})_b$、$(k_{ce})_b$、$(k_{be})_b$——气泡与气泡晕之间的交换系数、气泡晕与乳化相之间的交换系数以及气泡与乳化相之间的总系数，s^{-1}。

气体交换系数的含义是在单位时间内以单位气泡体积为基准所交换的气体体积。三者间的关系如下：

$$\frac{1}{(k_{be})_b}\approx\frac{1}{(k_{bc})_b}+\frac{1}{(k_{ce})_b} \tag{2-72}$$

对于一个气泡而言，单位时间内与外界交换的气体体积 Q 可认为等于穿过气泡的穿流量 q 及相间扩散量之和，即：

$$Q=q+\pi d_e^2 k_{bc} \tag{2-73}$$

式中 Q——气泡在单位时间内与外界交换的气体体积，m^3/s；

q——穿过气泡的穿流量，$q=\frac{3}{4}u_{mf}\pi d_e^2$，$m^3/s$；

k_{bc}——传质系数，m/s。

k_{bc} 可由下式估算：

$$k_{bc}=0.975D^{1/2}(g/d_e)^{1/4} \tag{2-74}$$

式中 d_e——气泡当量直径，m；

　　　D——气体的扩散系数，m^2/s。

将式 q 的计算式和式(2-74)代入式(2-73)中求得：

$$(k_{bc})_b = \frac{Q}{(\pi d_e^3/6)} = 4.5\left(\frac{u_{mf}}{d_e}\right) + \left(5.85\frac{D^{1/2}g^{1/4}}{d_e^{5/4}}\right) \tag{2-75}$$

此外，$(k_{ce})_b$ 可由下式估算：

$$(k_{ce})_b = \frac{k_{ce}S_{bc}(d_c/d_e)^2}{V_b} \approx 6.78\left(\frac{D_e\varepsilon_{mf}u_b}{d_e^3}\right)^{1/2} \tag{2-76}$$

式中 S_{bc}——气泡与气泡晕的相界面，m^2；

　　　d_c——气泡晕直径，m；

　　　D_e——气体在乳化相中的扩散系数，m^2/s。在缺乏实测数据的情况下，可取 $D_e = \varepsilon_{mf}D \sim D$ 之间的值。

需要指出的是，相关文献介绍的不同相间的交换系数及关联式，是根据不同的物理模型和不同的数据处理方法而得出的，引用时必须注意其适用条件。

三、流化床反应器中的传热

流化床反应器温度分布均匀，传热速率高，这对产生大量反应热的化学反应特别有利，可以使换热器的传热面积减小，结构更为紧凑。研究流化床反应器的传热，确定维持流化床温度所必需的传热面积是流化床设计和操作中的一个重要问题。

1. 流化床传热过程分析

由于流化床中流体与颗粒的快速循环，流化床具有传热效率高、床层温度均匀的优点。气体进入流化床后很快达到流化床温度，这是因为气固相接触面积大，颗粒循环速度高，颗粒混合得很均匀以及床层中颗粒比热容远比气体比热容高等原因。研究流化床传热主要是为了确定维持流化床温度所必需的传热面积。在一般情况下，自由流化床是等温的，粒子与流体之间的温差（除特殊情况外）可以忽略不计。流化床中的传热过程包括如下几部分。

(1) 颗粒与颗粒之间的传热　因为颗粒剧烈搅动，湍流混合，导热能力很高，所以传热阻力忽略。一般在设计中不考虑。

(2) 流体与固体颗粒之间的传热　颗粒与流体间的传热主要以对流方式进行，热阻在颗粒外的气膜。实验证明，距分布板25mm区域内，气固两相存在温差，高于25mm，由于两相高速传热，床层温度分布均匀，可视无温差。

(3) 床层与器壁或换热器表面间的传热　其传热速度较前两种慢得多，为整个传热过程的控制步骤。

因此要提高整个流化床的传热速度，关键在于提高床层与器壁和换热器间的传热。

2. 床层与器壁和换热器间的传热

流化床反应器内进行的反应，一般热效应较大，大多数情况下必须采用内换热器。所以重要的是床层与内换热器壁表面间的传热。

(1) 床层对器壁的给热过程　如图 2-39 所示，流化床反应器内换热器的外管壁周围存在着一层气膜，其厚度为 δ_g，在气膜外围是固体颗粒边界层，其厚度为 δ_s，边界层之外是流化中心区。在边界层内，固体颗粒基本上是与器壁平行向下循环运动的，边界层和流化中心区之间有侧向颗粒更换。

在流化床中进行放热反应的情况下，内换热器作为冷却器用，其温度分布如图中 t_1-t_2-

t_3-t_4 线所示。流化床层中温度 t_1 最高,但是较均匀;在固体颗粒边界层中,温度有所下降(t_2-t_3);在气膜中,温度下降很大(t_3-t_4)。可见,对给热起决定作用的是气膜阻力。

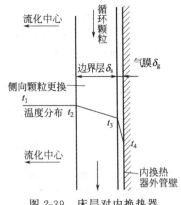

图 2-39 床层对内换热器管壁给热过程示意图

(2)床层对器壁给热系数分析 流化床对换热表面的传热是一个非常复杂的过程,给热系数与流体和颗粒的性质、流动条件、床层与换热面的几何形状等因素有关。

① 操作速度的影响 如图 2-40 所示,在低气速时,颗粒处于固定床状态,给热系数低,随着气速的增加给热系数略有增加,当气速达到临界流化速度以上,给热系数随气速的增加而急剧增大,到一个极大值后,由于床层空隙率增大,给热系数反而下降。

② 颗粒直径的影响 在气速相近的情况下,床层与器壁的给热系数随着颗粒直径的减小而增大。这是因为颗粒小,床层搅拌剧烈,换热面上增加了固体颗粒接触点的密度,从而降低了附着于壁面上的气膜厚度所致。

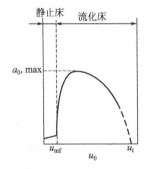

图 2-40 气速对给热系数的影响

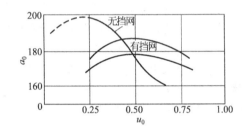

图 2-41 挡网对给热系数的影响

③ 挡板挡网的影响 设挡板、挡网后,会使粒子运动受阻而降低给热系数,其最大值比不加挡网时低。床层中加挡板或挡网后,不易形成大气泡,改善了流化质量,相应的气速则较高,也使给热系数沿床高更加均匀,而有利于传质过程。因给热系数随气速的变化较小,故可在较宽气速下操作,参见图 2-41。分布板的结构如何也直接关系到气泡的大小和数量,因此对传热的影响也是显著的。

④ 换热器位置对给热系数的影响 竖管在床层中离开中心线的位置对给热系数影响很大。在中心线处,由于气泡较密,且容易附在壁面上,因而给热系数较低;离开中心线后直到距半径 0.3~0.4 倍处,给热系数明显上升并达到最大值,此后又下降。由于上下排列着的水平管对粒子与中间管子的接触起了一定的阻碍作用,因此水平管的给热系数比垂直管的约低 5%~15%。所以流化床一般用竖管而少用水平管或斜管,除传热方面的原因外,主要还在于它们要影响粒子的流动和气-固的接触。此外管束排得过密,会使粒子运动受阻而降低给热系数。

⑤ 气、固物性对给热系数的影响 气体的物性如黏度、密度、比热容、热导率和固体的物性如密度、比热容等对给热系数都有影响。其中影响最大的是气体的热导率,因为围绕颗粒周围和覆盖器壁的都是气膜,通过气膜的传热是以热传导方式进行的,所以气体的热导率较高时,对传热是有利的。

(3) 床层对器壁给热系数的计算　流化床对换热面给热系数关联式的局限性很大，遇到实际情况仍需依靠实验数据和关联式来解决。下面仅介绍当换热管是直立管时，床层床层与换热器间的给热系数计算，其他情况可参阅相关资料。

$$\frac{\alpha_0 d_P}{\lambda_f} = 0.01844 c_R (1-\varepsilon_f) \left(\frac{c_f \rho_f}{\lambda_f}\right)^{0.43} \left(\frac{d_P u_0 \rho_f}{\mu_f}\right)^{0.23} \left(\frac{c_s}{c_f}\right)^{0.8} \left(\frac{\rho_P}{\rho_f}\right)^{0.66} \tag{2-77}$$

适用条件　$Re = \dfrac{d_P u_0 \rho_f}{\mu_f} = 0.01 \sim 100$

式中　c_R——竖管距离床层中心的校正系数，可查图 2-42；
　　　λ_f——流体的热导率，W/(m·K)；
　　　c_f——流体的比热容，J/(kg·K)；
　　　c_s——固体颗粒的比热容，J/(kg·K)；
　　　u_0——流化床的空床气速，m/s；
　　　ε_f——流化床的空隙率，无量纲；
　　　α_0——床层与器壁间的给热系数，W/(m²·K)。

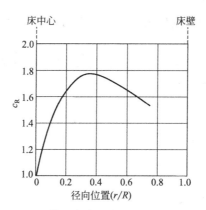

图 2-42　竖管距离床层中心位置的校正系数

◎ 任务实施

工艺计算或选用流化床反应器首先是选型，然后确定床高和床径，选择预分布器，确定气体分布板、内部构件及其尺寸，换热器的结构型式和传热面积，设计计算气固分离装置等。

一、流化床结构尺寸设计

（一）流化床直径的计算

工业上应用的流化床反应器大多为圆筒形，因为它具有结构简单、制造方便、设备利用率高等优点。

$$D = \sqrt{\frac{4q_V}{\pi u_0}} \tag{2-78}$$

式中　D——反应器直径，m；
　　　q_V——操作条件下的气体体积流量，m³/s；
　　　u_0——操作空床气速，m/s。

为了尽量减少气体中带出的颗粒，一般流化床反应器的上部设有扩大段。在工程上，扩大段常常取决于过滤管或旋风分离器的安装要求，例如，流化床用过滤管回收粉尘时，在分离段之上加一扩大段，一方面能减轻过滤管负荷，另一方面可以增加过滤管数，以降低气体流经过滤管时的速度，减小阻力，如果流化床用旋风分离器回收粉尘时，只要负荷不大，而且旋风分离器装得下，也可以不设扩大段。流化床反应器是否设置扩大段，取决于粉尘回收量的多少及颗粒回收装置的尺寸大小等具体情况。

在扩大段，如果气速低于颗粒的沉降速度，颗粒就会自由沉降下来回到床层中。因此在设计扩大段直径时，要给出需要沉降的最小粒径，并计算其带出速度，然后按下式计算

$$D_d = \sqrt{\frac{4q_V}{\pi u_t}} \tag{2-79}$$

式中　D_d——扩大段直径，m；

　　　u_t——按设计要求带出最小颗粒速度，m/s。

求出直径后，按设备公称直径标准选择。

（二）流化床高度的确定

床层膨胀比和空隙率是计算流化床反应器高度的重要参数。

1. 流化床的膨胀比和空隙率

（1）膨胀比　当操作速度大于临界流化速度时，床层开始膨胀，床层膨胀比为流化床的床层体积与静止床层体积之比，即

$$R = \frac{V_f}{V_0} = \frac{H_f}{H_0} \tag{2-80}$$

式中　V_f——流化床的床层体积，m³；

　　　V_0——静止床层体积，m³；

　　　H_f——流化床层高度，m；

　　　H_0——静止流化床层高，m；

　　　R——膨胀比，无量纲。

气速越大，颗粒越小，床层膨胀比就越大。床层膨胀比还与床层中有无内部构件有关，自由床比限制床的膨胀比大，膨胀比一般在 1.15～2 之间。

（2）空隙率

临界空隙率

$$\varepsilon_{mf} = \frac{V_0 - V_S}{V_0} = 1 - \frac{V_S}{V_0} = 1 - \frac{\rho_B}{\rho_P} \tag{2-81}$$

床层空隙率

$$\varepsilon_f = \frac{V_f - V_S}{V_f} = 1 - \frac{V_S}{V_f} \tag{2-82}$$

式中　V_S——固体颗粒所占净体积，m³；

　　　ρ_B——催化剂堆积密度，kg/m³；

　　　ε_f——床层空隙率，无量纲。

在床层内加设挡板的情况下，流化床空隙率的经验公式为

$$\varepsilon_f = 1.70 \left[\frac{L_y}{A_r}\right]^{1/9.3} = 1.7 \left[\frac{u^3 \mu_f \rho_f}{d_P^3 g^2 (\rho_P - \rho_f)^2}\right]^{1/9.3} \tag{2-83}$$

式中　L_y——李森科准数，表示流-固物系性质的影响；

$$L_y = \frac{u^3 \rho_f^2}{\mu_f g (\rho_P - \rho_f)}$$

A_r——阿基米德准数，表示浮力的影响；

$$A_r = \frac{d_P^3 g(\rho_P - \rho_f)\rho_f}{\mu_f^2}$$

(3) 膨胀比与空隙率的关系　由式(2-80)~式(2-82)可得

$$R = \frac{1-\varepsilon_{mf}}{1-\varepsilon_f} \tag{2-84}$$

R 的计算方法：先根据式(2-81)、式(2-83)求出 ε_{mf} 和 ε_f，然后根据式(2-84)计算床层膨胀比 R。

2. 流化床层高度

流化床反应器总高度包括流化床层高度、分离段高度、扩大段高度及锥底高度。

(1) 流化床层高度　流化床层高度为流化床浓相段高度，由静床层高和膨胀比确定。

$$H_f = H_0 R \tag{2-85}$$

式中　H_f——流化床层高度，m；

H_0——静床层高度，m。

对于一定的流化床直径和操作气速，必须有一定的静床层高度。对于生产过程，可根据要求的接触时间确定催化剂重量，继而求出静床层高度

$$H_0 = \frac{V_0}{A} = \frac{V_0}{\frac{\pi}{4}D^2} = \frac{4V_0}{\pi D^2} = \frac{4W_S}{\rho_B \pi D^2} \tag{2-86}$$

式中　V_0——达一定转化率所需要催化剂体积，m³；

W_S——达一定转化率所需要催化剂质量，kg；

ρ_B——催化剂堆积密度，kg/m³；

(2) 分离段高度　分离段高度 H_1 为流化床稀相段高度，又称 TDH。分离段高度是指在床层上面空间有这样一段高度，这段高度中，气流内夹带的颗粒浓度随高度而变，而在超过这一高度后，颗粒浓度才趋于一定值而不再减小。即从床层面算起至气流中颗粒夹带量接近正常值处的高度。它是流化床反应器计算中的一个重要参数，所以许多人对此进行了研究。正确设计流化床分离段高度，可以回收粒径较大的催化剂，减少催化剂的损失，对催化反应是有利的，同时对确定回收催化剂细粒子的旋风分离器的安装位置也是很重要的。

在确定分离段高度时，如果还要考虑让没有完全反应的气体在分离段与悬浮的催化剂接触，以便继续进行反应时，或者为了降低稀相段温度，必须留有足够空间加设内换热器，那么分离段的高度则要相应增加。

尽管对 TDH 的研究很多，但由于实验设备的结构、规模及实验条件的差异，使有些研究结果相差甚远，有些与生产实际也相差甚远，至今尚无公认的较好的关联式。一般是根据中间实验或生产经验数据选取。

图2-43为流化床分离段高度的经验图，由直径 D 和空床速度 u_0 查图得到 $\frac{H_1}{D}$ 比值，再计算出分离段高度 H_1。

(3) 扩大段高度　具有扩大段的流化床反应器，通常将内旋风分离器或过滤管设置在扩大段中，因此这一段的高度需视粉尘回收装置的尺寸以及安装和检

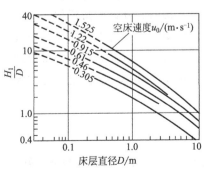

图 2-43　流化床分离段高度经验图

修的方便来决定。一般来说，扩大段高度 H_2 可根据经验选取，大致等于扩大段直径。

$$H_2 = D_d \tag{2-87}$$

（4）锥底部分高度　流化床锥底部分高度 H_3 与预分布器形式有关，一般锥底角取 60° 或 90°，锥底高度为

$$H_3 = \frac{D}{2\mathrm{tg}\dfrac{\theta}{2}} \tag{2-88}$$

式中　θ——锥底角，(°)。

（5）流化床总高度　确定流化床总高度还要考虑过滤管出口或旋风分离器入口至床顶高度 H_4。

则流化床总高度

$$H = H_0 + H_1 + H_2 + H_3 + H_4 \tag{2-89}$$

二、气体分布板的计算

气体分布板的计算重点是确定分布板开孔率及分布板的压降。

分布板开孔率是指板上布孔的截面积与流化床床层截面积之比，以"φ"表示。分布板开孔率的大小，直接影响流化质量、气体的压力降以及过程操作的稳定性。

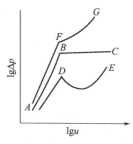

图 2-44　分布板总压降与流速的关系

如果分布板开孔率大到超过一定值后，总压降将随流速的增加而减小，总压降小到一定数值后又会上升，如图 2-44 中 ADE 所示。这是因为在流化初期，分布板压降随流速增加而增加的值抵消不了床层压降随流速增加而减小的值，所以总压降开始要下降。但压降是随流速的平方值而变化，所以当流速达到一定数值后，总压降又会上升。这种能使曲线具有极小点的大开孔率的分布板，称为低压降分布板。

若减小分布板的开孔率，则可使系统总压降一直随流速增加而上升，并不出现极小值，如图 2-44 中 AFG 所示。这种分布板称为高压降分布板。

在上述两种开孔率之间，存在着一个值，此时总压降不随气速而变化，此开孔率称作临界开孔率，以"φ_{mf}"表示，如图 2-44 中 ABC 线所示。

要保持床层良好的稳定流化条件，取决于分布板上流化床层的状态。分布板的阻力只有大于分布板上继续保持均匀布气所消耗的阻力，才能克服不稳定的聚式流态化，使已经建立起来的良好的起始流化条件稳定地保持下去。否则，床层中布气不均，将引起床层流速局部增大，以致相互影响最后使床层形成严重的沟流，破坏了操作的稳定性。所以，一般不宜采用低压降（即开孔率过大）分布板。但压降过大（即开孔率过小），将无益地消耗动力，经济上不合理。因此，最经济最合理的分布板是具有临界开孔率的分布板。

决定开孔率，实际上就是决定分布板压力降 Δp_d 的大小。两者密切相关，其关系式为定义：

$$\Delta p_d = \xi \frac{\rho_f u_0^2}{2\varphi^2} \tag{2-90}$$

式中　ξ——分布板阻力系数，其值在 1.5～2.5 之间，对于锥帽侧缝式分布板，取 2.0。

临界开孔率与临界压力降有关。在其他条件相同的情况下，增大分布板的压降能起到改

善分布气体和增加稳定性的作用。但是压降过大将无谓地消耗动力,这样就引出了分布板临界压降的概念。临界压力降是分布板既能起均匀布气,又能使床层具有良好的稳定性的最小压降。

均匀分布气体和良好稳定性这两点,对分布板临界压降的要求是不一样的。前者是由分布板下面的气体引入状况所决定,后者由流态化床层所决定。分布板均匀分布气体是流化床具有良好稳定性的前提,否则就根本谈不上流化床会有良好的稳定性。但是分布板即使具备了均匀分布气体的条件,流化床也不一定稳定下来。这两者既有联系,又有区别。因此将分布板的临界压降区分为布气临界压降和稳定性临界压降两种。

应该指出,在设计分布板时,选择分布板临界压力降与临界开孔率,应考虑布气临界值和稳定临界值哪个是主要矛盾即哪个数据大,便取为决定分布板压力降的依据,对开孔率而言,取较小值作为决定分布板开孔率的依据。

目前,国内流化床反应器分布板开孔率多取 0.4%～1.4%。一些工业流化床催化反应器的开孔率参见表 2-4。

表 2-4 气体分布板开孔率实例

产　品	开孔率/%	备　注	产　品	开孔率/%	备　注
丁烯氧化脱氢	1.4	锥帽以直孔计	苯酐	1.25	以中心管开孔计
异戊二烯	2.87	凹形板,循环流化	苯胺	1.12	以中心管开孔计
石油催化裂化(再生器)	0.46	凹形板,循环流化	三氯氢硅	1.3	以中心管开孔计
苯酐	0.48	以中心管开孔计			

○ 拓展知识

高速流态化技术

流态化技术最早的应用,是在低速鼓泡流化域中操作,近年来则倾向在越来越高的流速下操作,尤其以高速流态化过程如提升管和下行床的研究和应用备受关注。因为高速可使流体通过设备的绝对速度成倍或几十位增大,从而使流体与固体间相对速度提高,床内保持较高的粉体浓度,加强流体与粉体间的传热和传质。

(一) 高速流态化的特点

1. 优点

(1) 气固为无气泡接触,改善了气固接触效果;

(2) 气固轴向返混减小;

(3) 气速高,停留时间可缩短至毫秒级,特殊适合于以裂解为代表的快速反应过程;

(4) 气固能量大,传热效果好,适合于强吸热或强放热过程,能适合于单台处理能力巨大的工业过程;

(5) 颗粒的外部循环为催化剂再生提供了场所,可解决催化剂快速失活问题;

(6) 不存在低速流化床特有的稀相空间,避免了出现大的温度梯度区域;

(7) 可以实现多段气体进料;

(8) 固体颗粒团聚倾向减小;

(9) 设备放大容易。

2. 缺点

(1) 反应器高度增加;

(2) 投资增大;

(3) 固体颗粒的循环系统增加了设计和操作的复杂性;
(4) 颗粒的磨损增加,颗粒性质的允许范围受到一定限制。

(二) 高速流态化技术的应用

(1) 气固并流上行提升管催化裂化装置,充分利用了循环流化床返混小和反应与再生分开进行这两大特点,既提高了汽油的收率,又解决了催化剂的连续再生问题。

(2) 粉煤的高效清洁燃烧,1975 年德国 Lurgi 公司申请了快速循环流化床锅炉专利,将高速流态化引入煤的燃烧。其优点为:①强化气固接触,煤种适应性较强,燃烧效率可高达 98%;②在原煤粉中加入石灰粉,石灰与煤燃烧中生成的 SO_2 反应生成无水石膏,达到脱除 SO_2 目的,这种炉内脱硫费用低,效果好,被称为煤的清洁燃烧;③空气分段加入,燃烧温度低,有利于 NO_x 的还原,减少 NO_x 的排放量;④部分煤粉在炉外换热器中被冷却,锅炉热负荷易调节。

(3) 使用循环流化床进行烃类选择性氧化反应。烃类选择性氧化反应特点为:①反应为强放热快速过程,反应仅需数秒,应及时移走热量;②遵循氧化还原机理,为使催化剂具有较高活性,最好将反应和再生两个过程分开进行;③目的产物是反应的中间生成物,为提高目的产物的选择性,应尽量减少反应气体的返混,避免目的产物深度氧化为 CO_2 和 CO。循环流化床正好满足上述要求,是该类反应的最佳反应器型式。

(4) 气固并流下行管反应器,由于其速度快,接触时间短,故被称为"气固超短接触反应器"。20 世纪 80 年代初美国就使用于重质油催化裂化过程。由于气固超短接触在技术思想上采用了顺重力场流态化这一新概念,被誉为"21 世纪取代提升管的新型裂解反应器技术"。

由于气固两相流动过程非常复杂,反应器的设计和放大目前仍依赖于经验或半经验。但是高速流态化以其诸多的特点在许多工艺过程中得到应用,取得了较好的结果。它代表近 20 年来过程工业发展的最新进展和动向,并作为许多工程技术新的突破点。已成为世界各国研究开发的重点技术。高速流态化必将成为 21 世纪最具生命力的化工技术学科之一。

◎ 考核评价

任务二　流化床反应器的设计学习评价表

学习目标	评价项目	评价标准	评价			
			优	良	中	差
固体流态化、流化床传质及传热过程	基础知识	流态化基本概念、传质、传热过程				
	能力训练	流化速度、空隙率、膨胀比、压力降计算				
流化床反应器的设计	基础知识	掌握流化床反应器的设计步骤				
	能力训练	流化床反应器的尺寸及压降计算				
综合评价						

任务三　流化床反应器的操作

知识目标: 了解生产原理、工艺流程,熟悉流化床反应器的操作步骤及影响流化床操作的因素。
能力目标: 能进行开停车操作,并根据影响流化床操作的因素,对参数进行正常调节及简单的事故处理。

◎ 相关知识

流化床反应器的操作指导

流化床反应器可分为催化反应和非催化反应。不论是何种反应，其运行与操作都是通过优化工艺条件，提高转化率和产品质量。这里重点介绍流化床催化反应器的操作。

一、流化床反应器开停车操作

由粗颗粒形成的流化床反应器，开车启动操作一般不存在问题。而细颗粒流化床，特别是采用旋风分离器的情况下，开车启动操作需按一定的要求来进行。这是因为细颗粒在常温下容易团聚。当用未经脱油、脱湿的气体流化时，这种团聚现象就容易发生，常使旋风分离器工作不正常，导致严重后果。正常的开车程序如下所述。

（1）先用被间接加热的空气加热反应器，以便赶走反应器内的湿气，使反应器趋于热稳定状态。对于一个反应温度在300~400℃的反应器，这一过程要达到使排出反应器的气体温度达到200℃为准。必须指出，绝对禁止用燃油或燃煤的烟道气直接加热。因为烟道气中含有大量燃烧生成的水，与细颗粒接触后，颗粒先要经过吸湿，然后随着温度的升高再脱水，这一过程会导致流化床内旋风分离器的工作不正常，造成开车失败。

（2）当反应器达到热稳定状态后，用热空气将催化剂由贮罐输送到反应器内，直至反应器内的催化剂量足以封住一级旋风分离器料腿时，才开始向反应器内送入速度超过u_{mf}不太多的热风（热风进口温度应大于400℃），直至催化剂量加到规定量的1/2~2/3时，停止输送催化剂，适当加大流态化热风。对于热风的量，应随着床温的升高予以调节，以不大于正常操作气速为度。

（3）当床温达到可以投料反应的温度时，开始投料。如果是放热反应，随着反应的进行，逐步降低进气温度，直至切断热源，送入常温气体。如果有过剩的热能，可以提高进气温度，以便回收高值热能的余热，只要工艺许可，应尽可能实行。

（4）当反应和换热系统都调整到正常的操作状态后，再逐步将未加入的1/2~1/3催化剂送入床内，并逐渐把反应操作调整到要求的工艺状况。

正常的停车操作对保证生产安全，减少对催化剂和设备的损害，为开车创造有利条件等都是非常重要的。不论是对固相加工或气相加工，正常停车的顺序都是首先切断热源（对于放热反应过程，则是停止送料），随后降温。至于是否需要停气或放气，则视工艺特点而定。一般情况下，固相加工过程有时可以采取停气，把固体物料留在装置里不会造成下次开车启动的困难；但对气相加工来说，特别是对于采用细颗粒而又用旋风分离器的场合，就需要在床温降至一定温度时，立即把固体物料用气流输送的办法转移到贮罐里去，否则会造成下次开车启动的困难。

为了防止突然停电或异常事故的突然发生，考虑紧急地把固体物料转移出去的手段是必需的。同时，为了防止颗粒物料倒灌，所有与反应器连接的管道，如进、出气管，进料管，测压与吹扫气管，都应安装止逆阀门，使之能及时切断物料，防止倒流，并使系统缓慢地泄压，以防事故的扩大。

二、流化床反应器的参数控制

对于一般的工业流化床反应器，需要控制和测量的参数主要有颗粒粒度、颗粒组成、床层压力和温度、流量等。这些参数的控制除了受所进行的化学反应的限制外，还要受到流态化要求的影响。实际操作中通过安装在反应器上的各种测量仪表了解流化床中的各项指标，以便采取正确的控制步骤达到反应器的正常工作。

1. 颗粒粒度和组成的控制

如前所述，颗粒粒度和组成对流态化质量和化学反应转化率有重要影响。下面介绍一种简便而常用的控制粒度和组成的方法。

在丙烯氨氧化制丙烯腈的反应器内，采用的催化剂粒度和组成中，为了保持粒径小于 $44\mu m$ 的"关键组分"粒子在 20%～40% 之间，在反应器上安装一个"造粉器"。当发现床层内粒径小于 $44\mu m$ 的粒子小于 12% 时，就启动造粉器。造粉器实际上就是一个简单的气流喷枪，它是用压缩空气以大于 300m/s 的流速喷入床层，黏结的催化剂粒子即被粉碎，从而增加了粒径小于 $44\mu m$ 粒子的含量。在造粉过程中，要不断从反应器中取出固体颗粒样品，进行粒度和含量的分析，直到细粉含量达到要求为止。

2. 压力的测量与控制

压力和压降的测量，是了解流化床各部位是否正常工作较直观的方法。对于实验室规模的装置，U形管压力计是常用的测压装置，通常压力计的插口需配置过滤器，以防止粉尘进入U形管。工业装置上常采用带吹扫气的金属管做测压管。测压管直径一般为 12～25.4mm，反吹风量至少为 $1.7m^3/h$。反吹气体必须经过脱油、去湿方可应用。为了确保管线不漏气，所有连接的部位最后都是焊死的，阀门不得漏气。

由于流化床呈脉冲式运动，需要安装有阻尼的压力指示仪表，如差压计、压力表等。有经验的操作者常常能通过测压仪表的读数预测或发现操作故障。

3. 温度的测量与控制

流化床催化反应器的温度控制取决于化学反应的最优反应温度的要求。一般要求床内温度分布均匀，符合工艺要求的温度范围。通过温度测量可以发现过高温度区，进一步判断产生的原因是存在死区，还是反应过于剧烈，或者是换热设备发生故障。通常由于存在死区造成的高温，可及时调整气体流量来改变流化状态，从而消除死区。如果是因为反应过于激烈，可以通过调节反应物流量或配比加以改变。换热器是保证稳定反应温度的重要装置，正常情况下通过调节加热剂或冷却剂的流量就能保证工艺对温度的要求。但是设备自身出现故障的话，就必须加以排除。最常用的温度测量办法是采用标准的热敏元件。如适应各种范围温度测量的热电偶。可以在流化床的轴向和径向安装这样的热电偶组，测出温度在轴向和径向的分布数据，再结合压力测量，就可以对流化床反应器的运行状况有一个全面的了解。

4. 流量控制

气体的流量在流化床反应器中是一个非常重要的控制参数，它不仅影响着反应过程，而且关系到流化床的流化效果。所以作为既是反应物又是流化介质的气体，其流量必须要在保证最优流化状态下，有较高的反应转化率。一般原则是气量达到最优流化状态所需的气速后，应在不超过工艺要求的最高或最低反应温度的前提下，尽可能提高气体流量，以获得最高的生产能力。

气体流量的测量一般采用孔板流量计，要求被测的气体是清洁的。当气体中含有水、油和固体粉尘时，通常要先净化，然后再进行测量。系统内部的固体颗粒流动，通常是被控制的，但一般并不计量。它的调节常常在一个推理的基础上，如根据温度、压力、催化剂活性、气体分析等要求来调整。在许多煅烧操作中，常根据煅烧物料的颜色来控制固体的给料。

◉ **任务实施**

流化床反应器的操作

本仿真培训所选的是一种气-固相流化床非催化反应器，取材于 HIMONT 工艺连续本体法聚丙烯装置的气相共聚反应器，用于生产高抗冲共聚体。

一、熟悉生产原理及工艺流程

1. 生产原理

乙烯、丙烯在 70℃，1.4MPa 下，通过具有剩余活性的干均聚物（聚丙烯）的引发，在流化床反应器里进行反应，同时加入氢气以改善共聚物的本征黏度，生成高抗冲击共聚物。

其工艺特点是气相共聚反应是在均聚反应后进行，聚合物颗粒来自均聚，在气相共聚反应器中不再有催化剂组分的分布问题；在气相共聚反应时加入乙烯，而乙烯的反应速度较快，动力学常数大，因此反应所需的停留时间短，相应的反应压力可以低；气相反应并不存在萃取介质，不但保证了共聚物的质量，而且所生成的共聚物表面不易发生聚合，这对减轻共聚物挂壁或结块堵塞都有好处。另外，气相共聚反应器采用气相法密相流化床，所生成的聚合物颗粒大，呈球形，不但流动性好，而且不像细粉那样容易被气流吹走，从而相应地缩小了反应器的体积。气相反应聚合速率的控制是靠调节反应器内的气体组成（H_2/C_2、C_2/C_3 之比）和总的系统压力、反应温度及料面高度（停留时间）来实现。气相共聚生产高冲聚合物时，均聚体粉料从共聚反应器顶部进入流化床反应器。与此同时，按一定比例恒定地加入乙烯、丙烯和氢气，以达到共聚产品所需要的性质，聚合的反应热靠循环气体的冷却而导出。反应器为立式，内设有刮板搅拌器，粉料料面控制高度为 60%。

2. 工艺流程

参看图 2-45 流化床反应器工艺流程图。

具有剩余活性的干均聚物（聚丙烯），在压差作用下自闪蒸罐流到该气相共聚反应器。在气体分析仪的控制下，氢气被加到乙烯进料管道中，以改进聚合物的本征黏度，满足加工需要。

聚合物从顶部进入流化床反应器，落在流化床的床层上。流化气体（反应单体）通过一个特殊设计的栅板进入反应器。由反应器底部出口管路上的控制阀来维持聚合物的料位。聚合物料位决定了停留时间，从而决定了聚合反应的程度，为了避免过度聚合的鳞片状产物堆积在反应器壁上，反应器内配置一转速较慢的刮刀，以使反应器壁保持干净。

栅板下部夹带的聚合物细末，用一台小型旋风分离器除去，并送到下游的袋式过滤器中。所有未反应的单体循环返回到流化压缩机的吸入口。来自乙烯汽提塔顶部的回收气相与气相反应器出口的循环单体汇合，而补充的氢气，乙烯和丙烯加入到压缩机排出口。循环气体用工业色谱仪进行分析，调节氢气和丙烯的补充量。然后调节补充的丙烯进料量以保证反应器的进料气体满足工艺要求的组成。

用脱盐水作为冷却介质，用一台立式列管式换热器将聚合反应热撤出。该热交换器位于循环气体压缩机之前。

共聚物的反应压力约为 1.4MPa（表），70℃，注意该系统压力位于闪蒸罐压力和袋式过滤器压力之间，从而在整个聚合物管路中形成一定压力梯度，以避免容器间物料的返混并

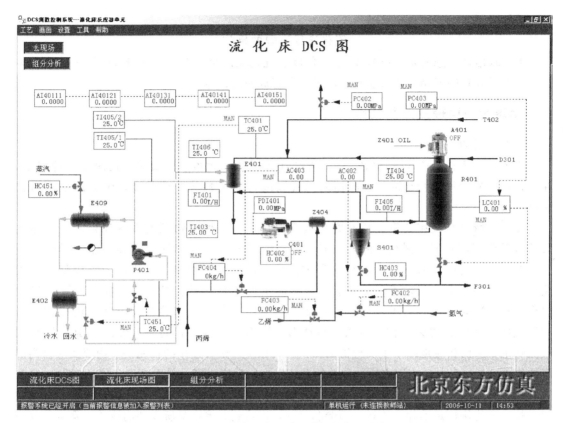

图 2-45 流化床反应器单元带控制点工艺流程

使聚合物向前流动。

二、流化床反应器的操作

本单元所用原料气有易燃易爆性,操作中必须严格按照生产规程进行。出现事故时先冷静分析问题,正确作出判断,根据具体情况制定处理方案。

(一) 冷态开车

1. 开车准备

准备工作包括:系统中用氮气充压,循环加热氮气,随后用乙烯对系统进行置换(按照实际正常的操作,用乙烯置换系统要进行两次,考虑到时间关系,只进行一次)。这一过程完成之后,系统将准备开始单体开车。

(1) 系统氮气充压加热

① 充氮:打开充氮阀,用氮气给反应器系统充压,当系统压力达 0.7MPa(表)时,关闭充氮阀。

② 当氮充压至 0.1MPa(表)时,按照正确的操作规程,启动 C401 共聚循环气体压缩机,将导流叶片(HIC402)定在 40%。

③ 环管充液:启动压缩机后,开进水阀 V4030,给水罐充液,开氮封阀 V4031。

④ 当水罐液位大于 10%时,开泵 P401 入口阀 V4032,启动泵 P401,调节泵出口阀 V4034 至 60%开度。

⑤ 手动开低压蒸汽阀 HC451，启动换热器 E-409，加热循环氮气。
⑥ 打开循环水阀 V4035。
⑦ 当循环氮气温度达到 70℃时，TC451 投自动，调节其设定值，维持氮气温度 TC401 在 70℃左右。

(2) 氮气循环
① 当反应系统压力达 0.7MPa 时，关充氮阀。
② 在不停压缩机的情况下，用 PIC402 和排放阀给反应系统泄压至 0.0MPa（表）。
③ 在充氮泄压操作中，不断调节 TC451 设定值，维持 TC401 温度在 70℃左右。

(3) 乙烯充压
① 当系统压力降至 0.0MPa（表）时，关闭排放阀。
② 由 FC403 开始乙烯进料，乙烯进料量设定在 567.0kg/h 时投自动调节，乙烯使系统压力充至 0.25MPa（表）。

2. 开车
本步骤规程旨在聚合物进入之前，共聚集反应系统具备合适的单体浓度，另外通过该步骤也可以在实际工艺条件下，预先对仪表进行操作和调节。

(1) 反应进料
① 当乙烯充压至 0.25MPa（表）时，启动氢气的进料阀 FC402，氢气进料设定在 0.102kg/h，FC402 投自动控制。
② 当系统压力升至 0.5MPa（表）时，启动丙烯进料阀 FC404，丙烯进料设定在 400kg/h，FC404 投自动控制。
③ 打开自乙烯汽提塔来的进料阀 V4010。
④ 当系统压力升至 0.8MPa（表）时，打开旋风分离器 S-401 底部阀 HC403 至 20% 开度，维持系统压力缓慢上升。

(2) 准备接收 D301 来的均聚物
① 当 AC402 和 AC403 平稳后，调节 HC403 开度至 25%。
② 启动共聚反应器的刮刀，准备接收从闪蒸罐（D-301）来的均聚物。

3. 共聚反应物的开车
① 确认系统温度 TC451 维持在 70℃左右。
② 当系统压力升至 1.2MPa（表）时，开大 HC403 开度在 40% 和 LV401 在 10%～15%，以维持流态化。
③ 打开来自 D301 的聚合物进料阀。

4. 稳定状态的过渡
(1) 反应器的液位
① 随着 R401 料位的增加，系统温度将升高，及时降低 TC451 的设定值，不断取走反应热，维持 TC401 温度在 70℃左右。
② 调节反应系统压力在 1.35MPa（表）时，PC402 自动控制。
③ 当液位达到 60% 时，将 LC401 设置投自动。
④ 随系统压力的增加，料位将缓慢下降，PC402 调节阀自动开大，为了维持系统压力在 1.35MPa，缓慢提高 PC402 的设定值至 1.40MPa（表）。
⑤ 当 LC401 在 60% 投自动控制后，调节 TC451 的设定值，待 TC401 稳定在 70℃左右时，TC401 与 TC451 串级控制。

(2) 反应器压力和气相组成控制

① 压力和组成趋于稳定时，将 LC401 和 PC403 投串级。

② FC404 和 AC403 串级联结。

③ FC402 和 AC402 串级联结。

(二) 正常停车

1. 降反应器料位

① 关闭催化剂来料阀 TMP20。

② 手动缓慢调节反应器料位。

2. 关闭乙烯进料，保压

① 当反应器料位降至 10%，关乙烯进料。

② 当反应器料位降至 0%，关反应器出口阀。

③ 关旋风分离器 S401 上的出口阀。

3. 关丙烯及氢气进料

① 手动切断丙烯进料阀。

② 手动切断氢气进料阀。

③ 排放导压至火炬。

④ 停反应器刮刀 A401。

4. 氮气吹扫

① 将氮气加入该系统。

② 当压力达 0.35MPa 时放火炬。

③ 停压缩机 C401。

(三) 事故处理

序号	常见故障	产生原因	处理方法
1	温度调节器 TC451 急剧上升，而后 TC401 随着升温	泵 P401 停	1) 调节丙烯进料阀 FV404，增加丙烯进料量 2) 调节压力调节器 PC402，维持系统压力 3) 调节乙烯进料阀 FV403，维持 C_2/C_3 比
2	系统压力急剧上升	压缩机 C401 停	1) 关闭催化剂来料阀 TMP20 2) 手动调节 PC402，维持系统压力 3) 手动调节 LC401，维持反应器料位
3	丙烯进料量为 0	丙烯进料阀卡	1) 手动关小乙烯进料量，维持 C_2/C_3 比 2) 关催化剂来料阀 TMP20 3) 手动关小 PV402，维持压力 4) 手动关小 LC401，维持料位
4	乙烯进料量为 0	乙烯进料阀卡	1) 手动关丙烯进料，维持 C_2/C_3 比 2) 手动关小氢气进料，维持 H_2/C_2 比
5	催化剂阀显示关闭状态	催化剂阀关	1) 手动关闭 LV401 2) 手动关小丙烯进料 3) 手动关小乙烯进料 4) 手动调节压力

◎ 考核评价

由仿真系统评分。

项目三 气固相催化反应器的选择

知识目标：了解化学反应特性、工艺要求及催化剂特点。
　　　　　　掌握气固相催化反应器的类型、各自特点及应用。
能力目标：能根据生产任务选择适宜的气固相催化反应器。

● 任务实施

一、气固相反应器型式的选择

气固相催化反应是将反应原料的气态混合物在一定的温度、压力下通过固体催化剂而完成的。这类反应方式在工业上特别是在石油化工生产中，应用非常广泛。它一般都采用连续操作的方式，其反应器设计、选择涉及的问题十分复杂，但主要是反应的热效应大小，传热的难易，催化剂的特性及装卸等。根据不同的反应特点，可以选择不同的反应器类型。在选择时主要考虑以下因素。

1. 反应的热效应

在气固相催化反应中，由于催化剂大多是热的不良导体，气流流速受压力降的限制又不能太大，这就造成床层的传热性能差，给反应温度的控制带来困难。而气固相催化反应过程多是热效应值较大的反应，而且反应结果对温度又非常敏感。因此对于这类反应，在选择反应器时，就要考虑热效应及温度控制问题。例如丙烯氨氧化反应，由于反应的热效应值很大，反应温度也很高，在确定反应器时，结合催化剂的特点，优先考虑选用固定床反应器，当温度控制问题不能解决时，再考虑选择流化床反应器。

2. 温度分布

对于某些气固相催化反应，根据动力学特点，知道过程中有一最佳的温度分布，以期达到高的转化率及收率，在选择反应器时，由于固定床反应器的气体停留时间可以严格控制，床层内温度分布就可以调节，从而达到最佳的反应温度，而对于那些要求精确控制温度的反应，就选用流化床反应器。

3. 催化剂特性

对于气固相催化反应过程，催化剂性能的好坏，直接影响反应器的形式及反应的结果。催化剂颗粒直径大，耐热性好，使用寿命长，可选用固定床。而对于比表面积大的细粒催化剂，粒子的强度高且再生周期短，就应该选用流化床反应器。

表 2-5 为气固相催化反应器选择举例。

表 2-5　气固相催化反应器选择举例

型式	适用的反应	应用特点	应用举例
固定床	气固(催化或非催化)相	返混小，高转化率时催化剂用量少，催化剂不易磨损，但传热控温不易，催化剂装卸麻烦	乙苯脱氢制苯乙烯，乙炔法制氯乙烯，合成氨，乙烯法制醋酸乙烯等
流化床	气固(催化或非催化)相	传热好，温度均匀，易控制，催化剂有效系数大，粒子输送容易，但磨耗大，床内返混大，对高转化率不利，操作条件限制较大	萘氧化制苯酐，石油催化裂化，乙烯氧氯化制二氯乙烷等
移动床	气固(催化、非催化)相	固体返混小，固气比可变性大，但粒子传送较易，床内温差大，调节困难	石油催化裂化，矿物的焙烧或冶炼

二、气固相反应器选择实例

下面以乙苯脱氢生产苯乙烯为例,进行气固相催化反应器的选择。

(一) 反应特点

1. 主反应

乙苯脱氢生成苯乙烯的主反应为:

$$C_6H_5-C_2H_5 \longrightarrow C_6H_5-CH=CH_2 + H_2 \quad \Delta_r H_m^{\ominus} = 117.8 \text{kJ/mol}$$

乙苯脱氢生成苯乙烯是吸热、体积增大的反应。

2. 主要副反应

在生成苯乙烯的同时可能发生的平行副反应主要是裂解反应和加氢裂解反应,因为苯环比较稳定,裂解反应都发生在侧链上。

$$C_6H_5-C_2H_5 \longrightarrow C_6H_6 + CH_2=CH_2 \quad \Delta_r H_m^{\ominus} = 105 \text{kJ/mol}$$

$$C_6H_5-C_2H_5 + H_2 \longrightarrow C_6H_5-CH_3 + CH_4 \quad \Delta_r H_m^{\ominus} = -54.4 \text{kJ/mol}$$

$$C_6H_5-C_2H_5 + H_2 \longrightarrow C_6H_6 + C_2H_6 \quad \Delta_r H_m^{\ominus} = -31.5 \text{kJ/mol}$$

在水蒸气存在下,还可能发生下述反应:

$$C_6H_5-C_2H_5 + 2H_2O \longrightarrow C_6H_5-CH_3 + CO_2 + 3H_2$$

与此同时,发生的连串反应主要是产物苯乙烯的聚合或脱氢生焦以及苯乙烯产物的加氢裂解等。聚合副反应的发生,不但会使苯乙烯的选择性下降,消耗原料量增加,而且还会使催化剂因表面覆盖聚合物而活性下降。

催化剂采用氧化铁系催化剂。

(二) 工艺条件

1. 反应温度

提高反应温度有利于提高脱氢反应的平衡转化率,也能加快反应速度。但是,温度越高,相对地说更有利于活化能更高的裂解等副反应,其速度增加得会更快,虽然转化率提高,但选择性会随之下降。工业生产中一般适宜的温度为 600℃ 左右。

2. 反应压力

降低压力有利于脱氢反应的平衡。因此,脱氢反应最好是在减压下操作,但是高温条件下减压操作不安全,对反应设备制造的要求高,投资增加。

(三) 反应器的选用

由上所述,乙苯脱氢反应的特点是强吸热过程,要求温度较高,催化剂是金属氧化物,故可选固定床反应器,根据换热方式不同,选用外加热式列管反应器或绝热式反应器。

1. 外加热式列管反应器

列管式等温反应器结构如图 2-46 所示。反应器由许多耐高温的镍铬不锈钢管或内衬铜、锰合金的耐热钢管组成,管径为 100~185mm,管长 3m,管内装催化剂。反应器放在用耐火砖砌成的加热炉内,以高温烟道气为载体,将反应所需热量在反应管外通过管壁传给催化剂层,以满足吸热反应的需要。

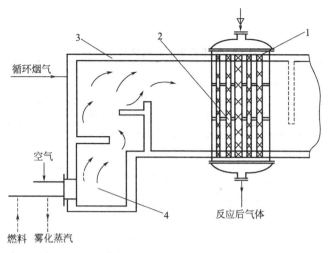

图 2-46　乙苯脱氢列管式等温反应器
1—列管反应器；2—圆缺挡板；3—加热炉；4—喷嘴

外加热式列管反应器优点是反应器纵向温度较均匀，易于控制，不需要高温过热蒸汽。蒸汽耗量低，能量消耗少。其缺点在于需要特殊合金钢（如铜锰合金），结构较复杂，检修不方便。

2. 绝热式反应器

绝热式反应器不与外界进行任何热量交换。对于乙苯脱氢吸热反应，反应过程中所需要的热量依靠过热水蒸气供给，而反应器外部不另行加热。

由于单段绝热式反应器一般只适用于反应热效应小，反应过程对温度的变化不敏感及反应过程单程转化率较低的情况。乙苯脱氢的反应器将几个单段绝热反应器串联使用，在反应器间增设加热炉。或是采用多段式绝热反应器，即将绝热反应器的床层分成很多小段，而在每段之间设有换热装置，反应器的催化剂放置在各段的隔板上，热量的导出或引入靠段间换热器来完成。段间换热装置可以装在反应器内，也可设在反应器外。加热用过热水蒸气按反应需要分配在各段分别导入，多次补充反应所需热量。图 2-47 为乙苯脱氢三段绝热式径向反应器。

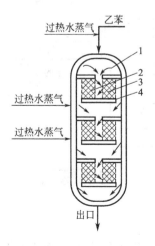

图 2-47　乙苯脱氢三段绝热式径向反应器
1—混合室；2—中心室；3—催化剂室；4—收集室

考核评价

项目三　气固相反应器的选择学习评价表

学习目标	评价项目	评价标准	评价			
			优	良	中	差
气固相化学反应的特点	热力学特性	会根据反应的热效应选择反应器				
	催化剂性能	会根据催化剂的性能因素选择反应器				
	操作条件	会根据操作条件选择反应器				
反应器特点	返混程度	会判断各气固相反应器的返混程度,及对特定反应的影响				
	温度控制	根据反应温度及热效应合理安排反应器的换热流程				
综合评价						

小　结

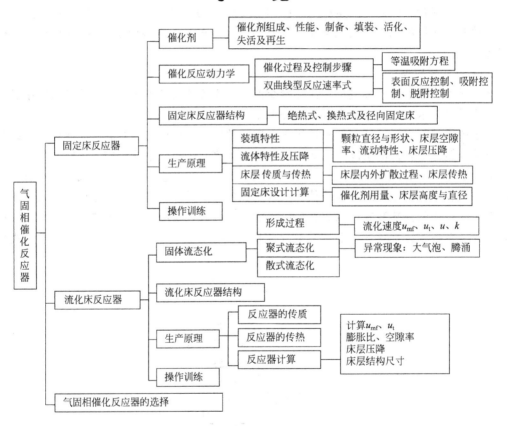

自测练习

一、选择题

1. 使用固体催化剂时一定要防止其中毒,若中毒后其活性可以重新恢复的中毒是（　　）。

A. 永久中毒　　　B. 暂时中毒　　　C. 碳沉积　　　D. 钝化

2. 固定床反应器具有反应速度快、催化剂不易磨损、可在高温高压下操作等特点，床层内的气体流动可看成（　　）。

A. 湍流　　　B. 对流　　　C. 理想置换流动　　　D. 理想混合流动

3. 下列性质不属于催化剂三大特性的是（　　）。

A. 活性　　　B. 选择性　　　C. 稳定性　　　D. 溶解性

4. 装填催化剂时，应均匀一致，其目的是（　　）。

A. 防止床层受力不均匀　　　B. 防止床层被气流吹翻
C. 防止床层受热不均　　　D. 防止运行时产生沟流

5. 催化剂使用寿命短，操作较短时间就要更新或活化的反应，比较适用（　　）反应器。

A. 固定床　　　B. 流化床　　　C. 管式　　　D. 釜式

6. 当化学反应的热效应较小，反应过程对温度要求较宽，反应过程要求单程转化率较低时，可采用（　　）反应器。

A. 自热式固定床反应器　　　B. 单段绝热式固定床反应器
C. 换热式固定床反应器　　　D. 多段绝热式固定床反应器

7. 既适用于放热反应，也适用于吸热反应的典型固定床反应器类型是（　　）。

A. 列管结构对外换热式固定床　　　B. 多段绝热反应器
C. 自身换热式固定床　　　D. 单段绝热反应器

8. 薄层固定床反应器主要用于（　　）。

A. 快速反应　　　B. 强放热反应　　　C. 可逆平衡反应　　　D. 可逆放热反应

9. 流体通过固定床层的压力降是由（　　）引起的。

A. 流体与颗粒表面的摩擦阻力　　　B. 流体在孔道中的收缩
C. 流体在孔道中的扩大和再分布　　　D. 以上都是

10. 固定床反应器内流体的温差比流化床反应器（　　）。

A. 大　　　B. 小　　　C. 相等　　　D. 不确定

11. 对 g-s 相流化床反应器，操作气速应（　　）。

A. 大于临界流化速度　　　B. 小于临界流化速度
C. 大于临界流化速度而小于带出速度　　　D. 大于带出速度

12. 当气体通过流化床时，随着气速的改变，床层压力降（　　）。

A. 变大　　　B. 变小　　　C. 不变　　　D. 无法确定

二、判断题

（　　）1. 在反应过程中催化剂是不会直接参加化学反应的。

（　　）2. 单段绝热床反应器适用于反应热效应较大，允许反应温度变化较大的场合，如乙苯脱氢制苯乙烯。

（　　）3. 固定床催化剂床层的温度必须严格控制在同一温度，以保证反应有较高的收率。

（　　）4. 换热式固定床反应器可分为中间换热式和冷激式两种。

（　　）5. 气固相催化反应过程是一个多步骤过程，当某一步骤很慢时，就称该步骤为速率的控制步骤。

（　　）6. 本征动力学没有考虑到传递过程对反应速率的影响。

（　　）7. 化学吸附通常被认为是由电子的共用或转移而发生相互作用的分子与固体间电子重排。

（　　）8. 流化床中内旋风分离器主要用于气体与固体的分离。

（　　）9. 流化床反应器中，压降和空隙率不随气速增加而改变。

（　　）10. 流化床反应器对于传质传热速度的提高和催化剂性能的发挥均优于固定床反应器。

三、简答题

1. 何谓固定床反应器？其特点如何？
2. 如何根据化学反应热效应的情况选择不同型式的固定床反应器？
3. 固定床催化反应器床层空隙率的大小与哪些因素有关？
4. 何谓催化剂的有效系数？如何利用其判断反应过程属于哪种控制步骤？
5. 请解释空间速度、空时收率和催化剂负荷，并说明三者的区别？
6. 固定床反应器的温度如何分布，如何控制径向温度的分布。
7. 何谓流化床反应器？其特点是什么？
8. 流化床的结构主要由哪几个部分组成？每部分作用如何？
9. 什么是流态化？形成流态化的三个阶段是什么？
10. 什么是沟流？腾涌？它们给生产过程带来哪些危害？如何避免？
11. 流态化的形成过程与流速和压强降的关系如何？
12. 试述下列名词：临界速度；带出速度；流化速度；流化数；膨胀比；开孔率。

四、计算题

1. 某固定床反应器内，催化剂颗粒粒度分布如下：

催化剂颗粒直径 d_{Pi}/mm	3.5	2.46	1.75
催化剂质量分率 x_i/%	4.6	19.5	75.9

试计算催化剂颗粒的平均直径？

2. 某固定床反应器，选用催化剂颗粒平均粒径为 3mm，其颗粒密度为 1300kg/m³，床层颗粒堆积密度为 828kg/m³，如果在不改变颗粒密度及床层直径的条件下，改变颗粒的粒径为 5mm，堆积密度也相应改变为 754kg/m³，试问空隙率的变化如何。

3. 某圆柱形催化剂，直径 $d=5$mm，高 $h=10$mm。求该催化剂的相应直径 d_V、d_a、d_S 及形状系数 φ。

4. 乙烯氧化生成环氧乙烷时，所用银催化剂的球形颗粒直径为 6.35mm，空隙率为 0.6，床层高度为 7.7m，反应气体的质量流速为 18.25kg/(m³·s)，黏度为 2.43×10^{-5}Pa·s，密度为 15.4kg/m³，试求固定床床层的压力降是多少？

5. 有一年产为 5000t 的乙苯脱氢制苯乙烯的装置，是一列管式固定床反应器。化学反应方程式如下：

乙苯 ——→ 苯乙烯＋氢（主反应）

乙苯 ——→ 甲苯＋甲烷（副反应）

年生产时间 8300h，原料气体是乙苯和水蒸气的混合物，其质量比为 1∶1.5，乙苯的总转化率为 40%，苯乙烯的选择性为 96%，空速为 4830h⁻¹，催化剂密度为 1520kg/m³，生产苯乙烯的损失率为 1.5%，试求床层催化剂的质量。

6. 某流化床反应器中所用催化剂颗粒的密度为 $1300kg/m^3$，床层堆积密度为 $828kg/m^3$，试计算当床层膨胀比为 2.48 时，流化床空隙率是多少？

7. 已知催化剂颗粒的平均直径为 $55\mu m$，颗粒密度为 $2150kg/m^3$，在反应温度和压力条件下，进入流化床反应器的气体密度为 $1.2kg/m^3$，黏度为 $4\times 10^{-5}Pa\cdot s$，试求此条件下的临界流化速度。

8. 某流化床反应器直径为 1m，操作中测得底部和顶部的压强差为 4.17kPa，在距离底部 0.3m 处与底部的压强差是 1.47Pa，床中固体颗粒密度为 $1250kg/m^3$，堆积密度为 $645kg/m^3$，通过床层的气体密度为 $1.165kg/m^3$。试计算：(1) 床中固体颗粒的质量和床层静止时的高度；(2) 流化床中的空隙率、膨胀比及床层高度。

9. 有一化工厂采用流化床反应器，临界流化速度为 0.008m/s，流化数为 100，催化剂为球形颗粒，其堆积密度为 $640kg/m^3$，颗粒密度为 $1068kg/m^3$，反应接触时间 8s，空隙率 0.64，锥底角 90°，床层直径为 1.2m，扩大段直径为 2m，分离段高度 4.32m。求该流化床反应器的总高度。

10. 某流化床反应器在操作条件下，以 $2887m^3/h$ 的流量进入反应器，已知颗粒的临界流化速度为 0.01m/s，流化数为 80，试计算流化床反应器的直径是多少？

主要符号

A——床层截面积，m^2；
A_R——催化剂床层截面积，m^2；
A_R——正三角形排列总面积，m^2；
A_R——催化剂床层面积，m^2；
A——换热面积，m^2；
A_a——同体积的球形颗粒外表面积，m^2；
A_P——非球形颗粒的外表面积，m^2；
A_r——阿基米德准数；
c_{GA}、c_{SA}——组分 A 在流体主体与催化剂外表面的浓度，$kmol/m^3$；
c_{Ab}、c_{Ac}、c_{Ae}——气泡相、气泡晕、乳化相中反应组分 A 的浓度，$kmol/m^3$；
c_R——竖管距离床层中心的校正系数；
c_f——流体的比热容，$J/(kg\cdot K)$；
c_S——固体颗粒的比热容，$J/(kg\cdot K)$；
d_V——体积相当直径，m；
d_a——面积相当直径，m；
d_S——比表面相当直径，m；
d_P——平均直径，m；
d_e——气泡当量直径，m；
d_c——气泡晕直径，m；
d_i——质量分数为 x_i 的筛分颗粒的平均粒径，m；
d'_i、d''_i——同一筛分颗粒上、下筛目尺寸，m；
$\overline{d_S}$——平均比表面积相当直径，m；

D——反应器直径，m；
D——气体的扩散系数，m^2/s。
D_e——气体在乳化相中的扩散系数，m^2/s；
D_d——扩大段直径，m；
e——最外端管心与反应器器壁距离，m；
E_a——吸附活化能，kJ/kmol；
E_d——脱附活化能，kJ/kmol；
E_a^0、E_d^0——覆盖率等于零时的吸附活化能、脱附活化能，kJ/kmol；
f_m——修正摩擦系数，无量纲；
G——流体的质量流速，$kg/(m^2\cdot s)$；
H_f——流化床层高度，m；
H_0——静止流化床层高，m；
k——流化数，无量纲；
k_a——吸附速率常数，h^{-1}；
k_{a0}——吸附指前因子，h^{-1}；
k_{CA}——以浓度差为推动力的外扩散传质系数，m/s；
k_d——脱附速率常数，h^{-1}；
k_{d0}——脱附指前因子，h^{-1}；
k_{GA}——以分压差为推动力的外扩散传质系数，$kmol/(s\cdot m^2\cdot Pa)$；
K_A——吸附平衡常数；
$(k_{bc})_b$、$(k_{ce})_b$、$(k_{be})_b$——气泡与气泡晕之间的交换系数、气泡

晕与乳化相之间的交换系数以及气泡与乳化相之间的总系数，s^{-1}；

K_{bc}——传质系数，m/s；

L——管长，m；

L_{mf}——开始流化时的床层高度，m；

L_y——李森科准数，表示流-固物系性质的影响；

m——催化剂质量，kg；

N_A——组分A传质速率，$kmol/(m^2 \cdot s)$；

N——圆整后的实际管数；

N_{Ab}——组分A的摩尔数，kmol；

p_A——A组分在气相中的分压，Pa；

Δp——压力降，Pa；

p_{GA}、p_{SA}——组分A在气流主体与催化剂外表面处的分压，Pa；

q——吸附热，kJ/kmol；

q_V——操作条件下的气体体积流量，m^3/s；

Q——传热速率，W；

Q——气泡在单位时间内与外界交换的气体体积，m^3/s；

q——穿过气泡的穿流量，m^3/s；

$(-r_A)$——以催化剂质量为基准的反应速率，$kmol/(kg 催化剂 \cdot h)$；

$(-r_A)'$——以催化剂体积为基准的反应速率，$kmol/(m^3 催化剂 \cdot h)$；

$(-r_A)''$——以催化剂床层体积为基准的反应速率，$kmol/(m^3 催化剂床层 \cdot h)$；

r_a——化学吸附速率，Pa/h；

r_d——脱附速率，Pa/h；

R——膨胀比，无量纲；

Re——雷诺数，无量纲；

Re_M——修正的雷诺数，无量纲；

S_g——比表面积，单位为 m^2/g；

S_V——非球形颗粒的比表面积，m^2/m^3；

S_{Vi}——颗粒 i 筛分的比表面积，m^2/m^3；

S_e——催化剂床层（外）比表面积，m^2/m^3；

S_W——催化剂的空时收率，$kg/(kg \cdot h)$ 或 $kg/(m^3 \cdot h)$；

S_G——催化剂负荷，$kg/(kg \cdot h)$ 或 $kg/(m^3 \cdot h)$；

S_V——空速，h^{-1}；

S_{bc}——气泡与气泡晕的相界面，m^2；

V_g——孔容积，mL/g；

V_P——非球形颗粒的体积，m^3；

V_b——质量 m（kg）的催化剂床层体积，m^3；

V_{0N}——标准状态下原料气体体积流量，m^3/h；

V_R——催化剂堆积体积，m^3；

V_f——流化床的床层体积，m^3；

V_0——反应条件下反应物体积流量，m^3/h；

V_0——静止床层体积，m^3；

V_s——固体颗粒所占净体积，m^3；

V_b——气泡体积，m^3；

t——管心距，m；

T_m——床层平均温度器壁温度，K；

T_w——器壁温度，K；

u_0——空床速度，m/s；

u_b——气泡速度，m/s；

u——床层的线速度，m/s；

u_{mf}——临界流化速度（以空塔计），m/s；

u_t——按设计要求带出最小颗粒速度，m/s；

W_G——目的产物量，kg/h；

W_S——催化剂用量，kg 或 m^3；

W_W——原料质量流量，kg/h；

x_i——颗粒 i 筛分粒径所占的质量分数；

α_0——床层与器壁间的给热系数，$W/(m^2 \cdot K)$；

α、β——常数，无量纲；

φ_S——催化剂的形状系数；

ρ_B——催化剂堆积密度，kg/m^3；

ρ_s——真密度，g/cm^3；

ρ_p——表观密度，g/cm^3；

ρ_b——催化剂堆积密度，kg/m^3；

ρ_p——催化剂床层堆积密度，kg/m^3；

ρ_B——催化剂床层表观密度，kg/m^3；

ρ_f——流体密度，kg/m^3；

θ_A——组分A的覆盖率，无量纲；

θ_v——空位率，无量纲；

σ——活性中心；

ε_p——孔隙率，无量纲；

ε——床层空隙率，无量纲。

ε_f——流化床的空隙率，无量纲；

ε_{mf}——临界空隙率，无量纲；

μ_f——流体的黏度，$Pa \cdot s$；

φ——外表面校正系数；

α_t——床层对器壁总给热系数，$W/(m^2 \cdot K)$；

λ_f——流体热导率，$W/(m \cdot K)$；

τ——空间时间，h；

模块三 气液相反应器

气液相反应属于非均相反应过程，是指气相中的组分必须进入到液相中才能进行的反应。在气液相反应过程中，至少有一种反应物在气相，另一些反应物在液相，气相中的反应物传递至液相，并在液相中发生化学反应；有时反应物都存在于气相，一起传递到液相催化剂中进行化学反应。用来进行气液相反应的反应器称为气液相反应器。化学工业中最为常用的气液相反应器是鼓泡塔反应器和填料塔反应器，此外还有板式塔反应器、喷雾塔反应器和降膜反应器等。

项目一 气液相反应器的设计和操作

>>>>> 生产案例 <<<<<

醋酸是极重要的基本有机化学品，广泛用于合成纤维、涂料、医药、农药、食品添加剂、染织等工业。工业上醋酸的生产多采用乙醛液相氧化法，乙醛和氧气在催化剂作用下发生氧化反应，反应生成的粗醋酸进入蒸馏回收系统，制取成品醋酸。乙醛液相氧化法生产醋酸属于气液相反应过程，反应设备选用连续鼓泡塔式反应器，是气液相反应器。

通过本项目的学习，在了解气液相反应知识及反应器结构特点的基础上，学会选择、设计合适的气液相反应器，并能进行反应器的开、停车操作及简单的事故处理。

>>>>> 预备知识 <<<<<

一、气液相反应过程

（一）气液相反应的工业应用

气液相反应既可用于生产化工产品，也可用于化学吸收过程。例如氯气和液态烃反应制氯乙烷、乙烯水合制乙醇、乙醛氧化制醋酸、邻二甲苯氧化制邻甲基苯甲酸、硝基化合物的液相氢气还原制芳烃胺类化合物以及乙烯的低压聚合等，都以制取产品为目的，是工业生产中重要的气液相反应。气液相反应操作条件缓和，易于实现传质传热，尤其在近二三十年来，由于高效液体催化剂的不断发展，使气液相反应的应用日趋广泛，本项目着重分析这一类气液相反应过程。化学吸收也是气液相反应过程的一种,化学吸收通常用于清除气体中的有害组分,回收有用组分,如用铜氨溶液脱除合成气中的一氧化碳等。常见的气液相反应工业应用见表 3-1。

表 3-1 气液相反应的工业应用

工 业 反 应	工 业 应 用 举 例
有机物氧化	链状烷烃氧化成酸;对二甲苯氧化生产对苯二甲酸;环己烷氧化生产环己酮;乙醛氧化生产乙酸;乙烯氧化生产乙醛
有机物氯化	苯氯化生产氯化苯,甲苯氯化生产氯化甲苯,乙烯氯化生产二氯乙烷,十二烷烃的氯化
有机物加氢	烯烃加氢,脂肪酸酯加氢
其他有机反应	甲醇羟基化生产乙酸,苯和乙烯液相烷基化生产乙苯,异丁烯被硫酸所吸收,醇被三氧化硫硫酸盐化,烯烃在有机溶剂中聚合
酸性气体的吸收	SO_3 被硫酸所吸收,NO_2 被稀硝酸所吸收,CO_2 和 H_2S 被碱性溶液所吸收

(二) 气液相反应过程的基本特征

气液相反应是非均相反应,要求气相反应物必须要溶解到液相中,反应才能够进行。因此在反应过程中必然伴有反应物质的传递过程。无论在液相中进行的是何种类型的反应,都可以把反应分解成传质和反应两部分。传质过程必然会影响化学反应,而化学反应也影响传质过程,所以气液相反应十分复杂,其基本特征如下。

(1) 气液相反应分解成传质和反应两个过程,这两个过程组成一个统一体,先传质后反应。

(2) 传质和反应双方互相影响和制约。气液相反应所表现出来的速率,往往既非反应的本征速率,也非传质的本征速率,而是这两者矛盾统一的速率——宏观速率。

(3) 气液相反应受流体力学、传热和传质等传递过程和流体的流动与混合等因素的影响。调节有关参量,可以人为地控制气液相反应的宏观速率、反应转化率、反应选择性等。

(三) 气液相反应的传质过程

研究气液相反应,首先要了解的是气液相间的传质问题。描述气液两相之间传质过程的模型有很多,如双膜理论、表面更新理论、溶质渗透理论等,但应用最广的是 1923 年刘易斯 (Lewis) 和惠特曼 (Whitman) 提出的"双膜理论"。因此,下面仍以我们熟悉的双膜理论来讨论气液反应的传质过程。

如图 3-1 所示,双膜理论假设在气液相界面两侧存在着气膜和液膜,膜内的流体为静止或层流状态,其物质传递方式是分子扩散;而在两膜层外的气、液两相主体中流体混合均匀,不存在浓度梯度,没有传质阻力;当气相组分向液相扩散时,必须先到达气液相界面,并在相界面上气液达平衡;全部传质阻力都集中在气膜和液膜内。

例如气液相反应:

$$A(气相) + B(液相) \longrightarrow R(产物)$$

根据双膜理论,其反应过程步骤如下。

(1) 气相中的反应组分 A 从气相主体通过气膜向气液相界面扩散,其分压从气相主

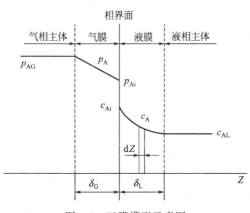

图 3-1 双膜模型示意图

体处的 p_{AG} 的降低至界面处的 p_{Ai}。

（2）在相界面处组分 A 溶解并达到相平衡，服从亨利定律。此时
$$p_{Ai} = H_A c_{Ai}$$

式中　H_A——亨利系数，$m^3 \cdot Pa/kmol$；

　　　p_{Ai}——相界面处组分 A 的气相分压，Pa；

　　　c_{Ai}——相界面处组分 A 的平衡液相浓度，$kmol/m^3$。

（3）溶解的组分 A 从相界面通过液膜向液相主体扩散。在扩散的同时，与液相中的反应组分 B 发生化学反应，生成产物。此过程是反应与扩散同时进行。

（4）反应生成的产物向其浓度下降的方向扩散。产物若为液相，则向液体内部扩散；产物若为气相，则扩散方向为：液相主体-液膜-相界面-气膜-气相主体。

这就是用双膜理论描述的气液相反应的全过程。该过程中的传质速率 N_A 取决于通过气膜和液膜的分子扩散速率。即：

$$N_A = \frac{D_{GA}}{\delta_G}(p_{AG} - p_{Ai}) = k_{GA}(p_{AG} - p_{Ai}) \tag{3-1}$$

或

$$N_A = \frac{D_{LA}}{\delta_{LG}}(c_{Ai} - c_{AL}) = k_{LA}(c_{Ai} - c_{AL}) \tag{3-2}$$

式中　N_A——组分 A 的传质速率，$kmol/(m^2 \cdot s)$；

　　　D_{GA}——组分 A 在气膜中的分子扩散系数，$kmol/(m \cdot s \cdot Pa)$；

　　　D_{LA}——组分 A 在液膜中的分子扩散系数，m^2/s；

　　　δ_G、δ_L——气膜和液膜的有效厚度，m；

　　　p_{AG}、p_{Ai}——气相主体中和气液相界面处组分 A 的气相分压，Pa；

　　　c_{AL}、c_{Ai}——液相主体中和气液相界面处组分 A 的液相浓度，$kmol/m^3$；

　　　k_{GA}——组分 A 在气膜内的传质系数，$kmol/(m^2 \cdot s \cdot Pa)$；

　　　k_{LA}——组分 A 在液膜内的传质系数，m/s。

气相和液相传质速率方程中均涉及相界面上的浓度（p_{Ai}、c_{Ai}），由于相界面是变化的，该参数很难获取。工程上常利用相际传质速率方程来表示传质速率，即

$$N_A = K_{GA}(p_{AG} - p_A^*) \tag{3-3}$$

或

$$N_A = K_{LA}(c_{AL} - c_A^*) \tag{3-4}$$

式中　K_{GA}——组分 A 以分压差表示总推动力的总传质系数，$kmol/(m^2 \cdot s \cdot Pa)$；

　　　K_{LA}——组分 A 以液相浓度差表示总推动力的总传质系数，m/s；

　　　p_A^*——组分 A 在气相主体中与液相主体浓度 c_{AL} 互为平衡的分压，Pa；

　　　c_A^*——组分 A 在液相主体中与气相主体浓度 p_{AG} 互为平衡的浓度，$kmol/m^3$。

气、液膜传质系数与总传质系数之间的关系如下：

$$N_A = \frac{p_{AG} - p_{Ai}}{\frac{1}{k_{GA}}} = \frac{c_{Ai} - c_{AL}}{\frac{1}{k_{LA}}} = \frac{H_A c_{Ai} - H_A c_{AL}}{\frac{H_A}{k_{LA}}} = \frac{p_{Ai} - p_A^*}{\frac{H_A}{k_{LA}}}$$

$$= \frac{p_{AG} - p_{Ai} + p_{Ai} - p_A^*}{\frac{1}{k_{GA}} + \frac{H_A}{k_{LA}}} = \frac{p_{AG} - p_A^*}{\frac{1}{k_{GA}} + \frac{H_A}{k_{LA}}}$$

因此

$$\frac{1}{K_{GA}} = \frac{1}{k_{GA}} + \frac{H_A}{k_{LA}} \tag{3-5}$$

同理可得

$$\frac{1}{K_{LA}} = \frac{1}{H_A k_{GA}} + \frac{1}{k_{LA}} \tag{3-6}$$

可见，相际传质的总阻力是气膜和液膜阻力之和。

二、气液相反应宏观动力学

对于二级不可逆气液相反应：

$$A(气相) + bB(液相) \rightarrow R(产物)$$

根据双膜理论，要实现这样的反应，需经历以下步骤：

(1) 气相反应物 A 由气相主体扩散到相界面，在界面上假定达到气液相平衡；

(2) 气相反应物 A 从气液相界面扩散入液相主体，并在液相内进行化学反应；

(3) 在液相主体内，液相产物沿浓度梯度下降方向扩散，气相产物则由液相主体扩散到相界面，再扩散到气相主体。

注：液相反应物 B 或催化剂不能挥发进入气相，只在液相中与 A 进行化学反应。

由于反应过程经历以上步骤，所以实际表现出来的反应速率是包括传质过程在内的综合反应速率，而不是纯粹的化学反应速率。这种速率关系称为宏观动力学，用以与描述化学反应速率的一般反应动力学相区别。当传质速率远远大于化学反应速率时，实际的反应速率就完全取决于后者，称为动力学控制；反之，如果化学反应速率很快，而某一步的传质速率很慢，例如经过气膜或液膜的传质阻力很大时，过程速率就完全取决于该步的传质速率，则称为扩散控制。当化学反应速率和传质速率具有相同的数量级时，则两者均对反应速率有显著的影响。

(一) 气液相反应类型

根据传质速率和化学反应速率相对大小的不同，把气液相反应分为下列几种不同的反应类型，如图 3-2 所示。

1. 瞬间反应

如图 3-2(a) 所示，与传质速率相比较，气相组分 A 与液相组分 B 之间的反应瞬间完成，即两者不能共存，反应发生于液膜内某一个面上，该面称为反应面。所以 A 和 B 扩散至此反应面的速率决定了过程的总速率。

若因液相中组分 B 的浓度高，气相组分 A 扩散到达界面时即反应完毕，则反应面移至相界面上，如图 3-2(b) 所示。此时，总反应速率取决于气膜内 A 的扩散速率。

2. 快速反应

化学反应能力低于瞬间反应，但仍比传质能力强，传质和反应均影响总反应速率，反应仍仅发生于液膜内。但由一个反应面伸展为反应区，反应区内 A、B 同时存在，反应区外的液面中，A、B 不能同时存在，如图 3-2(c) 所示，称为二级快速反应。当 c_B 极高时，反应区由相界面开始延伸到液膜内某个面为止，若假设 c_B 在液膜内基本不变，二级反应可简化为拟一级反应，如图 3-2(d) 所示。

3. 中速反应

当化学反应速率与 A 在液膜内的传质速率接近时，反应过程在液膜和液相主体内同时进行。总反应速率与传质速率和化学反应速率均有关，如图 3-2(e) 所示。当 c_B 足够高时，

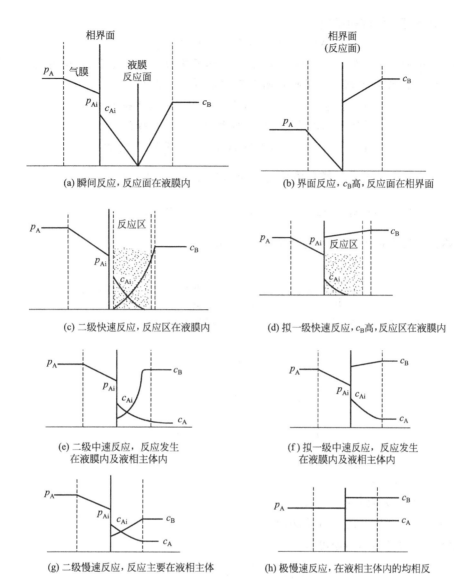

图 3-2 气液相反应类型

二级反应可简化为拟一级反应,如图 3-2(f) 所示。

4. 慢速反应

当反应速率小于传质速率时,反应缓慢,通过相界面溶解到液膜内的组分 A 在液膜中与液相组分 B 发生反应,但大部分 A 反应不完而扩散进入液相主体,并在液相主体中与 B 发生反应,故反应主要在液相主体中进行,但 A 传递入主体时的液膜阻力仍然起一定影响,如图 3-2(g) 所示。

5. 极慢速反应

A 与 B 的反应极其缓慢,传质阻力可以忽略。在液相中组分 A 和 B 浓度均匀,反应速率完全取决于化学反应动力学,如图 3-2(h) 所示。

(二) 宏观动力学方程的建立

气液相反应宏观动力学方程的建立可以通过物料衡算计算。

对于二级不可逆气液相反应：
$$A(气相)+bB(液相)\rightarrow R(产物)$$

在液相内离相界面 z 处，取一厚度为 dz，与传质方向垂直的面积为 S 的微元体积作衡算范围，对组分 A 作物料衡算。根据物料衡算的基本方程式得：

$$\begin{Bmatrix}扩散进入\\微元体积的\\组分A的量\end{Bmatrix}-\begin{Bmatrix}扩散出\\微元体积的\\组分A的量\end{Bmatrix}=\begin{Bmatrix}微元体积中\\反应掉的\\组分A的量\end{Bmatrix}$$

根据菲克定律，扩散进入微元体积的组分 A 的量为：$-D_{LA}S\dfrac{dc_A}{dz}$

扩散出微元体积的组分 A 的量为：$-D_{LA}S\dfrac{d}{dz}\left(c_A+\dfrac{dc_A}{dz}dz\right)$

微元体积中反应掉的组分 A 的量为：$(-r_A)Sdz$

即

$$-D_{LA}S\frac{dc_A}{dz}-\left[-D_{LA}S\frac{d}{dz}\left(c_A+\frac{dc_A}{dz}dz\right)\right]=(-r_A)Sdz$$

若组分 A 在液相中的扩散系数 D_{LA} 为常数，则为

$$D_{LA}S\frac{d^2c_A}{dz^2}=(-r_A)$$

因为

$$(-r_A)=kc_Ac_B$$

所以

$$D_{LA}S\frac{d^2c_A}{dz^2}=(-r_A)=kc_Ac_B \tag{3-7}$$

式中 k——反应速率常数，$m^3/(kmol \cdot h)$；

c_A、c_B——组分 A、B 的浓度，$kmol/m^3$；

z——沿扩散方向的距离，m；

S——单位液相体积所具有的相界面积，m^2。

对组分 B 作物料衡算同理可得：

$$D_{LB}S\frac{d^2c_B}{dz^2}=(-r_B)$$

因为

$$(-r_A)=\frac{(-r_B)}{b}$$

所以

$$D_{LB}S\frac{d^2c_B}{dz^2}=b(-r_A)=bkc_Ac_B \tag{3-8}$$

式中 D_{LB}——组分 B 在液膜中的分子扩散系数，m^2/s。

式（3-7）和式（3-8）是二级不可逆气液相反应的基础方程。该方程是一个二阶微分方程，边界条件有两个，对于不同的气液相反应类型，边界条件不同。在不同的边界条件下求解，即可得反应相内的浓度分布。

三、气液相反应过程的重要参数

通过以上分析可以看出，气液相反应的宏观动力学方程很复杂。为了能够比较清晰地描述气液相反应的特征，现介绍以下几个在气液相反应过程中应用较多的参数。

(一) 膜内转换系数 γ

膜内转换系数 γ 又称为八田准数，可以作为气液相反应中反应快慢程度的判据，通过对方程(3-7)、式(3-8) 的求解，可得

$$\gamma = \frac{\sqrt{kc_{BL}D_{LA}}}{k_{LA}} \tag{3-9}$$

式中 γ——八田准数，无量纲；

c_{BL}——液相主体中组分 B 的浓度，$kmol/m^3$。

$$\gamma^2 = \frac{kc_{BL}D_{LA}}{k_{LA}^2} = \frac{kc_{BL}c_{Ai}\delta_L}{k_{LA}c_{Ai}} = \frac{液膜内可能最大反应量}{通过液膜可能最大传质量} \tag{3-10}$$

γ 的大小反映了膜内进行反应的那部分量占总反应量的比例。可以用膜内转换系数来判断反应进行的快慢程度或反应类型，同时 γ 数也是决定气液反应器选型的主要参数。

通常情况下，当 γ＞2 时，可认为反应属于在液膜内进行的快速反应或瞬间反应，反应在液膜内进行，选比相界面大的反应器，如填料塔、喷雾塔。0.02＜γ＜2，为中速反应，过程阻力既可能主要集中在液膜内，也可能主要在液相主体或者两者均不可忽略，情况比较复杂，需要进一步判别。如果过程阻力主要集中在液膜内，应选用相界面积大的设备，如果过程阻力主要集中在液相主体，应选用持液量大的设备，如果两者阻力均不可忽略，应选用持液量和相界面积均大的设备。γ＜0.02 时，反应为慢反应，动力学控制，反应在整个液相，要求反应器能提供大量液体而不是相界面积，应选持液量大的反应器，鼓泡塔因结构简单，容易操作和控制而常被采用，具有搅拌的釜式反应器也是值得考虑的类型，它还适合于有固体催化剂粒子存在的反应，保证悬浮均匀。

(二) 化学增强系数 β

β 定义为

$$\beta = \frac{表观反应速率}{可能最大的物理传质速率}$$

β 的物理意义是由于化学反应的存在使传质速率增大的倍数。

对于不同的反应类型，β 表达式亦有所不同。

瞬间反应：
$$\beta = \left[1 + \frac{1}{b}\left(\frac{D_{LB}}{D_{LA}}\right)\left(\frac{c_{BL}}{bc_{Ai}}\right)\right]$$

快速反应：
$$\beta = \frac{\gamma}{\tanh(\gamma)}$$

中速反应：
$$\beta = \frac{\gamma}{\tanh(\gamma)} \frac{[c_{Ai} - c_{AL}/\cosh(\gamma)]}{c_{Ai} - c_{AL}}$$

慢速反应：
$$\beta = 1$$

(三) 有效因子

气液相反应用于气体净化时，着眼点是传质速率，用化学增强因子 β 来表示由于化学反应的存在而使传质速率增大的倍数是合适的。当气液相反应是为了制取产品时，所关心的是液相中化学反应进行的速率和反应物的转化率，以及相间传质对液相化学反应速率的影响。为了说明这种影响，与气固相催化反应的处理方法相同，气液相反应也引用了有效因子的概念。

$$\eta = \frac{受传质影响时的反应速率}{传质没影响时的反应速率} \tag{3-11}$$

有效因子 η 的大小反映了液相利用程度。$\eta=1$ 说明化学反应在整个液相中反应，$\eta<1$ 说明液相的利用是不充分的。因此 η 又可称为液相利用率。

总之，气液相反应过程由于化学反应速率和传质速率相对大小的不同具有不同的反应特点。化学反应速率慢的气液相反应，反应主要在液相主体中进行。此时采用传质速率较快、存液量大的反应器效果比较好。化学反应速率大的反应，一般反应在液膜内已基本进行完毕。此时若要提高宏观反应速率，就需要提高反应温度使得速率常数 k 及扩散系数 D_{LA} 增大，同时减小气膜阻力即增大相界面处与气相呈平衡的组分 A 的浓度 c_{Ai}，而增加液相湍动，减小液膜厚度等对反应的影响是不大的。

任务一　认识气液相反应器

知识目标：了解气液相反应器的结构、特点及在化工生产中的应用。
能力目标：能对照实物说出鼓泡塔反应器各部件的名称及作用。

◎ 任务实施

一、气液相反应器的分类

由于气液相反应器内进行的是非均相反应，因此结构比均相反应器的结构复杂，需要具有一定的传递特性来满足气液相间的传质过程。气液相反应器的种类很多，见表 3-2。

表 3-2　气液相反应器的分类

分类方式	反应器型式		说　　明
外　形	塔式反应器	填料塔、板式塔、喷雾塔、鼓泡塔反应器	
	釜式反应器	机械搅拌釜式反应器	
气液两相接触形态	气泡型反应器	鼓泡塔、板式塔、搅拌釜式反应器等	气体以气泡形式分散在液相中，液相是连续相，气相是分散相
	液膜型反应器	填料塔、湿壁塔、膜式反应器	液体以膜状运动与气相进行接触，气液两相均为连续相
	液滴型反应器	如喷雾塔、喷射塔、文丘里反应器	液体以液滴状分散在气相中，气相是连续相，液相是分散相

二、气液相反应器的结构

下面介绍几种应用较广的气液反应器的结构及特点。

（一）鼓泡塔反应器

鼓泡塔反应器是气体以鼓泡形式通过催化剂液层进行化学反应的塔式反应器，简称鼓泡塔。基本结构是由内盛液体的空心圆筒和安装在底部的气体分布器构成。反应气体通过分布器上的小孔鼓泡而入，液体间歇或连续加入，连续加入液体可以和气体并流或逆流，一般采用并流形式较多。如图 3-3(a) 所示。简单鼓泡塔内液相流型可近似视为理想混合模型，气相可近似视为理想置换模型。它具有结构简单、运行可靠、易于实现大型化，适宜于加压操作，在采取防腐措施（如衬橡胶、瓷砖、搪瓷等）后，还可以处理腐蚀性介质等优点。但鼓

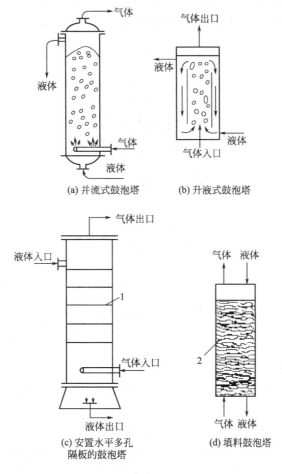

图 3-3 鼓泡塔的各种类型
1—筛板；2—填料

泡塔内液体返混严重，气泡易产生聚并，故效率较低，且不能处理密度不均一的液体，如悬浊液等。

为强化鼓泡塔内的传质与传热，可在塔内装有一根或几根气升管，它依靠气体分布器将气体输送到气升管的底部，在气升管中形成气液混合物，此混合物的密度小于气升管外的液体的密度，因此引起气液混合物向上流动，气升管外的液体向下流动，从而使液体在反应器内循环。因为气升管的操作像气体升液器，故有气体升液式鼓泡塔之称，如图 3-3(b) 所示。在这种鼓泡塔中气流的搅动比简单鼓泡塔激烈得多，因此，它可以处理不均一的液体；如果气升管做成夹套式，内通热载体或冷载体，即具有换热作用。

鼓泡塔内气体为分散相，液体为连续相，液体返混程度较大。为了提高气体分散程度和减少液体轴向循环，可以在塔内安置水平多孔隔板，如图 3-3(c) 所示。

为了增加气液相接触面积和减少返混，可在塔内的液体层中放置填料，这种塔称作填料鼓泡塔，如图 3-3(d) 所示。它与一般填料塔不同，填料是浸没在液体中，填料间的空隙全是鼓泡液体。这种塔的大部分反应空间被惰性填料所占据，因而液体在反应器中的平均停留时间很短，虽有利于传质过程，但传质效率较低，故不如中间设有隔板多段鼓泡塔。

当吸收或反应过程热效应不大时，可采用夹套换热器；热效应较大时，可在塔内增设换热蛇管或采用塔外换热器，移出或供给反应热，如图 3-4 所示。

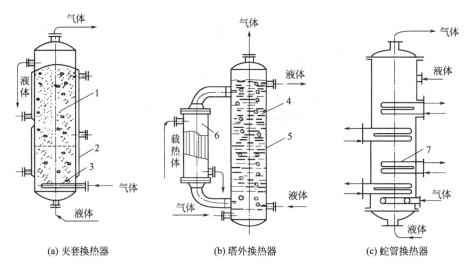

图 3-4　鼓泡塔的各种热交换形式

1,4—挡板；2—夹套；3—气体分布器；5—塔体；6—塔外换热器；7—冷却水箱

（二）鼓泡管反应器

鼓泡管反应器如图 3-5 所示。它是由管接头依次连接的许多垂直管组成，在第一根管下端装有气液混合器，最后一根管与气液分离器相连接。这种反应器中，既有向上运动的气液混合物，又有下降的气液混合物，而下降物流的流型变化有其独特的规律，下降管的直径较小，在其鼓泡流动时，气泡沿管截面的分布较均匀，但当气流速度较小时，反应器中某根管子会出现环状流，从而造成气流波动，引起总阻力显著增加，会使设备操作引起波动而处于不稳定状态，因此气体空塔流速不应过小，一般控制在大于 0.4m/s。

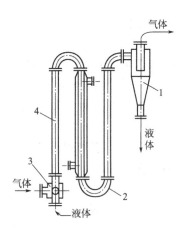

图 3-5　鼓泡管反应器

1—气液分离器；2—管接头；3—气液混合器；4—垂直管

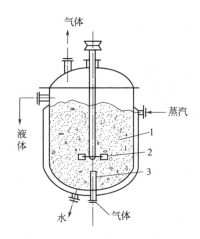

图 3-6　搅拌釜式反应器

1—槽；2—搅拌器；3—进气管

鼓泡管反应器适用于要求物料停留时间较短（一般不超过 15～20min）的生产过程，若物料要求在管内停留时间长，则必须增加管子的长度，但流动阻力会相应增大。此外，这种

反应器特别适用于需要高压条件的生产过程,例如高压聚乙烯生产。

鼓泡管反应器的最大优点是生产过程中反应温度易于控制和调节。并因管内液体的流动属于理想置换模型,故达到一定转化率时所需要的反应体积较小,对要求避免返混的生产体系十分有利。

(三) 搅拌釜式反应器

搅拌釜式反应器结构如图 3-6 所示。釜内装有搅拌器,其主要作用是分散气体,并使液体达到充分混合,由于搅拌造成的湍流,其传质系数比较高。搅拌器的形式以圆盘形涡轮桨为最好。当液层高度与釜直径之比大于 1.2 以上时,一般需要两层或多层桨翼,有时桨翼间还要安置多孔挡板。液体的停留时间可根据需要方便地调节,亦可采用液体间歇进料、气体连续进料的操作方式。通过设置夹套或蛇管,或利用外部循环换热器,可方便地移出或供给反应热。搅拌釜式气液相反应器的优点是气体分散良好,气液相界面大,强化了传质、传热,并能使非均相液体均匀稳定。主要缺点是搅拌器的密封较难解决,在处理腐蚀性介质及加压操作时,应采用封闭式电动传动设备。达到相同转化率时,所需要反应体积较大。

总的来看,搅拌釜式气液相反应器的结构简单,适应性较强,对小规模生产过程较为适用。

(四) 膜式反应器

膜式反应器的结构型式类似于管壳式换热器,反应管垂直安装,液体在反应管内壁呈膜状流动,气体和液体以并流或逆流形式接触并进行化学反应,这样可以保证气体和液体沿反应管径向均匀分布。

根据反应器内液膜的运动特点,膜式反应器可分为降膜式、升膜式和旋转气液流膜式反应器。如图 3-7 所示。

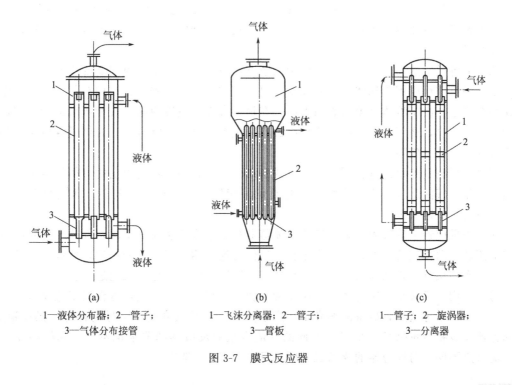

图 3-7 膜式反应器

1. 降膜式反应器

降膜式反应器是列管式结构，如图 3-7(a) 所示。液体由上管板经液体分布器形成液膜，沿各管均匀向下流动，气体由下向上经过气体分布管分配进各管中，热载体流经管间空隙以排出反应热，因传热面积较大，故非常适合热效应大的反应过程。

这种反应器液体在管内停留时间较短，必要时可依靠液体循环来增加停留时间。在采取气液逆流操作时，管内向上的气流速度应不大于 $5\sim 7\text{m/s}$，以避免下流液体断流和夹带气体。如采取气液并流时，则可允许较大气体流速。

降膜式反应器具有气体阻力小，气体和液体都接近于理想流动模型，结构比较简单，操作性能可靠的特点，可用于瞬间、快速反应。但当液体中掺杂有固体颗粒时，其工作性能将大大降低。

2. 升膜式反应器

升膜式反应器结构如图 3-7(b) 所示。液体加到管子下部的管板上，被气流带动并以膜的形式沿管壁均匀分布向上流动。在反应器上部装有用来分离液滴的飞沫分离器。

这种反应器在反应管内的气流速度可以在很大范围内变化，操作对可按照气体和液体的性质，根据工艺要求在 $10\sim 50\text{m/s}$ 范围选定。它比降膜式反应器中的气体传质强度更高。

3. 旋转气液流膜式反应器

旋转气液流膜式反应器结构如图 3-7(c) 所示。这种反应器中的每根管内都装有旋涡器，气流在旋涡器中将上部加入的液体甩向管壁，使其沿管壁呈膜式旋转流动。为使液膜一直保持旋转，在气液分离器前沿管装有多个旋涡器。

旋转气液流膜式反应器与前两种膜式反应器比较，提高了传质传热效率，降低喷淋密度，对管壁洁净和润湿性条件要求也低。但由于每根管都装有旋涡构件，因此结构复杂，同时增大了流体的流动阻力。因此只适用于扩散控制下的反应过程。

在各类膜式反应器中，气液相均为连续相，适用于处理量大、浓度低的气体以及在液膜内进行的强放热反应过程。但不适用于处理含固体物质或能析出固体物质及黏性很大的液体，因为这样的流体容易阻塞喷液口。目前，膜式反应器的工业应用尚不普遍。有待进一步研究和开发。

除以上各类气液反应器外，经常使用的还有填料塔、板式塔、喷雾塔反应器等。

填料塔是广泛应用于气体吸收的设备，也可用作气液反应器，其结构在化工单元操作中已详细介绍过。由于液体沿填料表面下流，在填料表面形成液膜而与气相接触进行反应，故液相主体量较少，适于瞬间反应及快反应过程。填料塔气体压降很小，液体返混极小，是一种比较好的气液反应器。

板式塔反应器与精馏过程所使用的板式塔结构基本相同，在塔板上的液体是连续相，气体是分散相，气液反应过程是在塔板上进行的。液体在塔内存液量较多，即液相主体量较多，故适用于中速及慢反应。

喷雾塔反应器结构较为简单，液体经喷雾器被分散成雾滴喷淋下落，气体自塔底以连续相向上流动，两相逆流接触完成反应过程，气体为连续相，液相是分散相，持液量小且返混很少，具有相接触面积大和气相压降小等特点，适用于生成固体的反应过程。

总之，用于气液相反应过程的反应器种类较多，在工业生产上，可根据工艺要求、反应过程的控制因素等选用，尽量能够满足生产能力大、产品收率高、能量消耗低、操作稳定、检修方便及设备造价低廉等要求。不同的反应类型对反应器的要求也不同。同样的反应类型，侧重点不同，对反应器的要求也不同。可参考表 3-3 选用。

表 3-3　几种主要型式气液相反应器的特性及应用范围

型式	相界面积 液相体积 m^2/m^3	相界面积 反应器体积 m^2/m^3	液相体积分率 $(1-\varepsilon_G)$	液相体积 液膜体积	气液比（摩尔比）	应用范围
喷雾塔	1200	60	0.05	2～10	19	极快反应和快速反应,气相浓度低,气液比大,为了提高液相利用率要求增加膜体积
填料塔	1200	100	0.08	10～100	11.5	
板式塔	1000	150	0.15	40～100	5.67	中速反应和慢速反应,也适用于气相浓度高,气液比小的快速反应
鼓泡搅拌釜	200	200	0.90	150～800	0.111	
鼓泡塔	20	20	0.98	4000～10^4	0.0204	极慢反应,也可用于中速反应

○ 拓展知识

浆态反应器

在一些气液系统中有时还存在着固体催化剂。例如，油脂加氢用镍粉，烷基蒽醌自动氧化用金属钯等。这些固体催化剂，以颗粒状或粉末状悬浮在液相中。这样的反应器称为浆态反应器。

浆态反应器的固体催化剂处于运动状态，气相为分散相。浆态反应中的液相可以有两种不同的作用。其一是液相仅作为载液，如 F-T 合成反应，CO 和 H_2 鼓泡通过悬浮铁催化剂的浆料，生产烃类和含氧化合物，含氧化合物被汽化并予以分离，因此使催化剂悬浮的油类不一定参加反应。另一种是液相参与反应，如不饱和烃类的加氢反应，液相本身就是原料。在浆态反应器中液体量与催化剂量的比值比滴流床大得多，因此便于按均相反应简化处理。

浆态反应器广泛用于加氢、氧化、卤化、聚合以及发酵等反应过程。浆态反应器主要有四种不同的类型，即机械搅拌釜、环流反应器、鼓泡塔和三相流化床反应器，如图 3-8 所示。

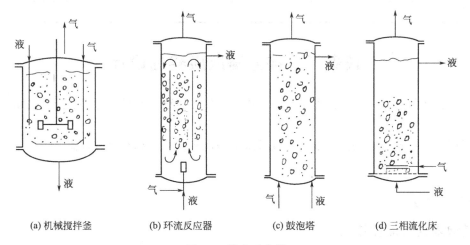

(a) 机械搅拌釜　　(b) 环流反应器　　(c) 鼓泡塔　　(d) 三相流化床

图 3-8　浆态反应器

机械搅拌釜及鼓泡塔在结构上与气液反应所使用的没有原则上的区别，只是在液相中多了悬浮着的固体催化剂颗粒而已。环流反应器的特点是器内装设一导流筒，使流体以高速度

模块三　气液相反应器

在器内循环，一般速度在20m/s以上，大大强化了传质。三相流化床反应器的特点是液体从下部的分布板进入，使催化剂颗粒处于流化状态。与气固流化床一样，随着液速的增加，床层膨胀，床层上部存在一清液区，清液区与床层间具有清晰的界面。气体的加入较之单独使用液体时的床层高度要低。液速小时，增大气速也不可能使催化剂颗粒流化。三相流化床中气体的加入使固体颗粒的运动加剧，床层的上界面变得不那么清晰和确定。

图3-8(b)、(c)和(d)所示的三种浆态反应器，其中催化剂颗粒的悬浮全靠液体的作用。由于三者结构上的差异和所采用的气速和液速的不向，器内的物系处于不同的流体力学状态。图3-8(a)所示的机械搅拌釜则是靠机械搅拌器的作用使固体颗粒悬浮。

图3-8(c)所示的鼓泡塔是以气体进行鼓泡搅拌，也称为鼓泡淤浆床反应器。它是从气液鼓泡反应器变化而来，将细颗粒物料加入到气液鼓泡反应器中去，固体颗粒依靠气体托起而呈悬浮状态，液相是连续相。

与其他浆态反应器类似，作为催化反应器的鼓泡淤浆床反应器有如下优点：①床内催化剂粒度细、不存在大颗粒催化剂颗粒内传质和传热过程对化学反应转化率、收率及选择性的影响；②床层内充满液体，所以热容大，与换热元件的给热系数高，使反应热容易移出，温度容易控制，床层处于恒温状态；③可以在停止操作的情况下更换催化剂；④不会出现催化剂烧结现象。但此类反应器也存在一些不足，如对液体的耐氧化和惰性要求较高，催化剂容易磨损，气相呈一定的返混等。

◉ 考核评价

任务一　认识气液相反应器学习评价表

学习目标	评价项目	评价标准	评价			
			优	良	中	差
认识气液相反应器的结构、类型	反应器类型	了解气液相反应器的类型、各自结构、特点				
	鼓泡塔结构	了解鼓泡塔类型、结构、传热方式				
能绘制设备结构简图	鼓泡塔反应器	反应器主体结构、传热方式、物料走向				
综合评价						

任务二　鼓泡塔反应器的设计

知识目标：了解鼓泡塔的流体力学特性，传质与传热过程，掌握鼓泡塔反应器的工艺计算方法。

能力目标：能根据生产任务的要求，进行鼓泡塔反应器的体积及尺寸计算。

◉ 相关知识

一、鼓泡塔内的流体流动

在鼓泡塔中，气体是通过分布器的小孔形成气泡鼓入液体层中。因此气体在床层中的空塔速度决定了单位反应器床层的相界面积、含气率和返混程度等。最终影响反应系统的传质和传热过程，导致反应效果受到影响。所以，研究气泡的大小、气泡的浮升速度、含气率、相界面积以及流体阻力等，对鼓泡塔反应器的分析、控制和计算有着重要的意义。

(一) 流动状态和气泡特性

因空塔气速不同液体会在鼓泡塔内出现不同的流动状态，一般分为安静区和湍动区，及介于两者之间的过渡区。

气体空塔气速一般小于 0.05m/s 时，为安静区。此时气体呈分散的有次序的鼓泡，液体由轻微湍动过渡到明显湍动，既能达到一定的气体流量，又很少出现气体的返混现象，很适用于动力学控制的慢反应。其气泡的形状、大小和运动与气体分布器的孔口直径有关。孔径很小时（如 1mm），形成球形气泡螺旋上升，气泡直径小于 2mm；孔径较大时（如 2mm），形成直径约为 3～6mm 的椭圆形气泡，上升过程中左右摆动；孔径大时（如 4mm），形成直径大于 6mm 的菌帽形气泡，具有明显的尾涡。显然，在安静区操作的鼓泡塔，气体分布器的设计十分重要。一般采用多孔板或多孔盘管，孔径小于 3mm，开孔率一般也小于 5%。

一般当气体的空塔速度大于 0.08m/s 时，则为湍动区。在湍动区，气体流量较大，气泡不断分裂，合并，产生激烈的无定向运动，使液体扰动剧烈，气泡已无明显界面。湍动区气泡大小不均匀，大气泡上升速度快，小气泡上升速度慢，停留时间不等，不仅有很大的液相返混，也造成气相返混。工业上常采用大孔径的单管或特殊形式的喷嘴作为气体分布装置。气泡不是在分布器孔口处形成，而是在孔口处形成一股气流，气泡是靠气流与液体之间的喷射、冲击和摩擦而形成。因此气泡的形状、大小和运动各种各样。生产中简单鼓泡塔往往选择安静区操作，气体升液式鼓泡塔在湍动区操作。

(二) 气泡尺寸

气泡大小直接影响气液传质面积，同样的空塔气速下，气泡越小，说明分散越好，气液接触面积就越大。在安静区，因为气泡上升速度慢，所以小孔气速对气泡大小影响不大，主要与分布器孔径及气液特性有关。其单个球形气泡的直径可根据气泡所受到的浮力与孔周围对气泡的附着力求得

$$d_b = 1.82 \left[\frac{d_0 \sigma_L}{(\rho_L - \rho_G)g} \right]^{1/3} \tag{3-12}$$

式中 d_b——单个球形气泡的直径，m；

d_0——分布器喷孔直径，m；

σ_L——液体表面张力，N/m；

ρ_L、ρ_G——液体、气体的密度，kg/m³。

气泡产生的多少可以用发泡频率来计算。

发泡频率为

$$f = \frac{V_0}{V_b} = \frac{V_0 (\rho_L - \rho_G) g}{\pi d_0 \sigma_L} \tag{3-13}$$

式中 f——发泡频率，1/s；

V_0——通过每个小孔的气体体积流量，m³/s；

V_b——单气泡体积，m³。

从上式可以看出：在安静区，气泡直径与分布器小孔直径 d_0、表面张力 σ_L、液体与气体的密度差等有关。d_0 小则可以获得较小气泡；气泡尺寸和每个小孔中气体流量 V_0 无关；气泡频率与每个小孔中气体流量 V_0 成正比。

在安静区生成单气泡，此时 $Re_0 = \dfrac{d_0 u_0 \rho_G}{\mu_G} < 200$

式中 Re_0——雷诺准数，无量纲；
u_0——小孔气速，m/s；
μ_G——气体黏度，Pa·s。

当 $200 < Re_0 < 2100$ 时，为过渡区，形成连珠泡，形状为椭圆球形。

当 $Re_0 \geq 2100$ 时为湍流区，形成喷射流，分布器喷孔直径及小孔气速对气泡直径影响小。

在工业操作中，气泡的大小并不均一，因此计算时采用当量比表面平均直径 d_{vS} 表示。当量比表面平均直径 d_{vS} 是指当量圆球气泡的面积与体积比值与全部气泡加在一起的表面积和体积之比值相等时该气泡的平均直径。即

$$\frac{n\pi d_{vS}^2}{n \dfrac{\pi}{6} d_{vS}^3} = \frac{\sum n_i \pi d_i^2}{\sum n_i \dfrac{\pi}{6} d_i^3}$$

故

$$d_{vS} = \frac{\sum n_i d_i^3}{\sum n_i d_i^2} \tag{3-14}$$

式中 n_i——直径为 d_i 的气泡数；
d_i——i 气泡的直径，m。

鼓泡塔内实际的气泡当量比表面平均直径可按下面的关系式近似估算

$$d_{vS} = 26 D B_0^{-0.5} G_a^{-0.12} Fr^{-0.12} \tag{3-15}$$

其中 邦德准数 $B_0 = \dfrac{gD^2 \rho_L}{\sigma_L}$

伽利略准数 $G_a = \dfrac{gD^3 \rho_L^2}{\mu_L^2}$

弗劳德准数 $Fr = \dfrac{u_{0G}}{\sqrt{gD}}$

式中 d_{vS}——当量比表面平均直径，m；
D——鼓泡塔反应器的内径，m；
u_{0G}——气体空塔气速，m/s。

（三）含气率

单位体积鼓泡床（充气层）内气体所占的体积分数，称为含气率。鼓泡塔内的鼓泡流态使液层膨胀，因此在决定反应器尺寸或设计液位控制器时，必须考虑含气率的影响。含气率还直接影响传质界面的大小和气体、液体在充气液层中的停留时间，所以也对气液传质和化学反应有着重要影响。

$$\varepsilon_G = \frac{H - H_0}{H} \tag{3-16}$$

式中 H——充气液层高度，m；
H_0——静液层高度，m；
ε_G——含气率。

影响含气率的因素主要有设备结构、物性参数和操作条件等。

① 其他条件相同时，塔的直径越小含气率越高，随着塔径的增大，含气率下降，当塔径大于 0.15m 时，塔径对含气率无影响。

② 当分布器孔径 d_0<2.25mm 时，含气率随孔径减小而减小，当 d_0>2.25~5mm，孔径与含气率无关。

③ 当空塔气速增大时，ε_G 也随之增加，但空塔气速达到一定值时，气泡汇合，ε_G 反而下降。

④ 液相速度 u_{0L}<0.0445m/s，对 ε_G 影响不大，u_{0L}>0.0445m/s 对 ε_G 有影响。

⑤ 溶液中含电解质，气液界面性质变化，生成上升速度较慢的小气泡，使含电解质溶液 ε_G 增高。一般气体的性质对 ε_G 影响不大，而液体的性质(σ、μ、ρ)等对 ε_G 均有影响。

在工业生产中，含气率可用目前普遍认为比较完善的 Hirita 于 1980 年提出的经验公式计算，即

$$\varepsilon_G = 0.672 \left(\frac{u_{0G}\mu_L}{\sigma_L}\right)^{0.578} \left(\frac{\mu_L^4 g}{\rho_L \sigma_L^3}\right)^{-0.131} \left(\frac{\rho_G}{\rho_L}\right)^{0.062} \left(\frac{\mu_G}{\mu_L}\right)^{0.107} \tag{3-17}$$

式中 μ_L——液体黏度，Pa·s。

式(3-17)全面考虑了气体和液体的物性对含气率的影响，但对电解质溶液，当离子强度大于 1.0mol/m³ 时，应乘以校正系数 1.1。

(四) 气泡浮升速度

1. 单个气泡自由浮升速度

由于浮力作用气泡在液体中上升，随着上升速度增加，阻力也增加，当浮力等于重力和阻力之和时，气泡达自由浮升速度，又称终端速度。可以表示为

$$u_t = \left[\frac{4}{3} \frac{g(\rho_L - \rho_G) d_V}{C_D \rho_L}\right]^{\frac{1}{2}} = \left(\frac{4}{3} \frac{g d_V}{C_D}\right)^{\frac{1}{2}} \tag{3-18}$$

式中 C_D——阻力系数，是气泡雷诺数的函数，实验测定，一般为 0.68~0.773；

d_V——体积平均直径，m。

体积平均直径是指气泡体积正好等于全部气泡的平均体积时气泡的直径。

$$d_V = \left(\frac{\sum n_i d_i^3}{\sum n_i}\right)^{\frac{1}{3}}$$

2. 气泡群的滑动速度

当许多气泡一起浮升时，气泡群的平均浮升速度和单个气泡的浮升速度相差不大。存在气泡和液体同时流动的体系，气泡和液体间的相对速度称为滑动速度。可由气相和液相的空塔速度及含气率求出。

液相静止时：

$$u_s = \frac{u_{0G}}{\varepsilon_{0G}} = u_G \tag{3-19}$$

液相流动时：

$$u_s = u_G \pm u_L = \frac{u_{0G}}{\varepsilon_G} \pm \frac{u_{0L}}{1-\varepsilon_G} \tag{3-20}$$

式中 u_s——滑动速度，m/s；

u_{0G}、u_{0L}——空塔气速、空塔液速，m/s；

u_G、u_L——实际气体、液体的流动速度，m/s；

ε_{0G}、ε_G——静态、动态含气率，无量纲。

(五) 气体压降

鼓泡塔中气体阻力由分布器小孔的压降和鼓泡塔的静压降两部分组成。即：

$$\Delta p = \frac{1}{C^2}\frac{u_0^2 \rho_G}{2} + Hg\rho_d \tag{3-21}$$

式中　Δp——气体压降，Pa；
$\quad\quad C^2$——小孔阻力系数，约为 0.8；
$\quad\quad \rho_d$——鼓泡层密度，kg/m³；
$\quad\quad H$——充气液层高度，m。

（六）比相界面

比相界面是指单位气液混合鼓泡床层体积内所具有的气泡表面积，可以通过气泡平均直径 d_{vS} 和含气率计算，即

$$\alpha = \frac{6\varepsilon_G}{d_{vS}} \tag{3-22}$$

式中　α——比相界面，m²/m³。

α 的大小直接关系到传质速率，是重要的参数，其值可以通过一定条件下的经验公式进行计算，如公式

$$a = 26.0\left(\frac{H_0}{D}\right)^{-0.3}\left(\frac{\rho_L \sigma_L}{g\mu_L}\right)^{-0.003}\varepsilon_G \tag{3-23}$$

公式适用范围：$u_{0G} < 0.6 \text{m/s}$；$2.2 \leq \frac{H_0}{D} \leq 24$；$5.7 \times 10^5 \leq \frac{\rho_L \sigma_L}{g\mu_L} \leq 10^{11}$

（七）鼓泡塔内的返混现象

1. 气相的返混

在工业使用的鼓泡塔内，当气液并流由塔底向上流动处于安静区操作时，气体的流动通常可视为理想置换模型，轴向混合可以不计。对于气液逆流操作的鼓泡塔，由于液体流速较大，必然夹带着一些较小的气泡向下运动，因此存在一定的返混。若采用机械搅拌装置时，气相有可能为全混流。

2. 液相的返混

即使在空塔气速很小的情况下，液相也存在着返混现象。塔径越大，返混也越激烈。通常在工业装置的操作条件下，鼓泡塔内的液相基本上都处于全混状态。返混可使气液接触表面不断更新，有利于传质过程，使反应器内温度和催化剂分布趋于均匀。但是，返混影响物料在反应器内的停留时间分布，进而影响化学反应的选择性和目的产物的收率。因此，工业鼓泡塔通常采用分段鼓泡的方式或在塔内加入填料或增设水平挡板等措施，以控制鼓泡塔内的返混程度。

二、鼓泡塔中的传质

气液相际传质规律可以用双膜理论来描述。鼓泡塔内的传质过程中，一般气膜传质阻力较小，可以忽略，而液膜传质阻力的大小决定了传质速率的快慢。如欲提高单位相界面的传质速率，即提高传质系数，则必须提高扩散系数，扩散系数不仅与液体物理性质有关，而且还与反应温度、气体反应物的分压或液体浓度有关。当鼓泡塔在安静区操作时，影响液相传质系数的因素主要是气泡大小、空塔气速、液体性质和扩散系数等；而在湍动区操作时，液体的扩散系数、液体性质、气泡当量比表面积以及气体表面张力等为影响传质系数的主要因素。

鼓泡塔反应器中，主要考虑液膜传质阻力。计算液膜传质系数 k_{AL} 可用下式计算：

$$Sh = 2.0 + C\left[Re_b^{0.484} Sc_L^{0.339}\left(\frac{d_b g^{1/3}}{D_{LA}^{2/3}}\right)^{0.072}\right]^{1.61} \tag{3-24}$$

式中　Sh——舍伍德数，$Sh = \dfrac{k_{AL} d_b}{D_{LA}}$，无量纲；

Sc_L——液体施密特数，$Sc_L = \dfrac{\mu_L}{\rho_L D_{LA}}$，无量纲；

Re_b——气泡雷诺数，$Re_b = \dfrac{d_b u_{0G} \rho_L}{\mu_L}$，无量纲；

D_{LA}——液相有效扩散系数，m^2/s；

k_{AL}——液相传质系数，m/s。

C——单个气泡时 $C=0.081$，气泡群时 $C=0.187$。

此式的适用范围为：$0.2\text{cm} < d_b < 0.5\text{cm}$，液体空速 $u_L \leqslant 10\text{cm/s}$，气体空速 $u_{0G} = 4.17 \sim 27.8 \text{cm/s}$。

三、鼓泡塔中的传热

气液间的传质和化学反应过程都伴随着热效应产生，为了维持鼓泡塔在适宜的反应温度下操作，必须采取必要的传热措施。

鼓泡塔内传热方式通常以三种方式进行：利用溶剂、液相反应物或产物汽化带走热量，如苯烷基化制乙苯生产靠过量苯的蒸发移出反应热；采用夹套、蛇管或列管式冷却器换热，如并流式乙醛氧化制醋酸的生产过程；采用液体循环外冷却器移出反应热，如外循环式乙醛氧化制醋酸的生产过程。

在鼓泡塔反应器内，由于气泡的上升运动而使液体边界层厚度减小，同时塔中部的液体随气泡群的上升而被夹带向上流动，使得近壁处液体回流向下，构成液体循环流动。这些都导致了鼓泡塔反应器内鼓泡层的给热系数增大，比液体自然对流时大很多。另外，鼓泡塔内给热系数除了液体的物性数据的影响外，空塔气速的影响也是不能忽略的。当空塔气速较小时，随着气速的增加，给热系数增大；但当气速超过某一临界值时，气速的增加对给热系数没有影响。给热系数的计算依然是采用经验式。当鼓泡塔反应器的换热方式采用在反应器内设置换热器的方式进行时，给热系数可用下式计算：

$$\frac{\alpha_t D}{\lambda_L} = 0.25\left(\frac{D^3 \rho_L^2 g}{\mu_L^2}\right)^{1/3}\left(\frac{c_{pL} \mu_L}{\lambda_L}\right)^{1/3}\left(\frac{u_{0G}}{u_s}\right)^{0.2} \tag{3-25}$$

式中　α_t——给热系数，$W/(m^2 \cdot K)$；

λ_L——液体热导率，$W/(m \cdot K)$；

c_{pL}——液体比热容，$J/(kg \cdot K)$；

D——床层直径，m。

鼓泡塔反应器的总传热系数 K 的计算与换热器总传热系数 K 的计算公式相同。但管内侧给热系数必须通过式(3-25)计算，而管外侧的给热系数及传热壁的热阻计算等同于换热器的计算。通常情况下，鼓泡塔反应器的总传热系数 $K = 894 \sim 915 W/(m^2 \cdot K)$。

● **任务实施**

鼓泡塔反应器的计算

鼓泡塔反应器计算的主要任务是完成一定的生产任务时所需要的鼓泡床层的体积。一般情况下，可采用数学模型法计算，当缺乏宏观动力学数据时，常用的是经验法计算。下面介绍经验法。

(一) 反应器体积的经验计算

鼓泡塔反应器体积包括以下几部分：
① 充气液层体积（静液层体积和充气液层中气体所占体积之和）；
② 充气液层上部（塔顶）除沫分离空间体积；
③ 反应器顶盖死区体积，如果反应器内设有隔板、换热器或填料，计算时还要考虑隔板、换热器或固体填料所占的体积。

1. 充气液层的体积 V_R

充气液层的体积是指反应器床层内静止液层体积和充气液层中气体所占的体积。它是反应器在操作中所必须保证的气泡和液体混合物的体积。在计算时将纯液体以静态计的体积（简称液相体积）和纯气体所占体积分别考虑比较方便。可表示为

$$V_R = V_G + V_L = \frac{V_L}{1-\varepsilon_G} = \frac{\pi}{4} D^2 H \tag{3-26}$$

式中 V_R——充气液层体积，m^3；
V_L——纯液相体积，m^3；
V_G——充气液层中的气体所占体积，m^3。

对于气体连续加入，液体一次投入，反应结束卸料的半连续操作过程，纯液相体积 V_L 为

$$V_L = V_{0L}(t+t') \tag{3-27}$$

式中 V_{0L}——平均每小时需处理液体量，m^3/h；
t——达到要求转化率所需要的反应时间，h；
t'——非生产时间（加料、卸料等），h。

对于气、液均连续加入的连续生产过程，液相体积 V_L 为

$$V_L = V_{0L}\tau = V_{0L} \frac{\rho_L}{M_L(-r_A)'} \tag{3-28}$$

式中 τ——停留时间，h；
M_L——液体摩尔质量，kg/kmol；
$(-r_A)'$——以单位液体体积为基准的宏观反应速度，$kmol/(m^3 \cdot h)$。

宏观反应速度在经验计算时，一般由实验数据或工厂提供的经验数据确定，也可以进行理论计算，但比较复杂。

充气液层中气体所占的体积为：

$$V_G = V_L \frac{\varepsilon_G}{1-\varepsilon_G} \tag{3-29}$$

2. 分离空间体积 V_E

分离空间是在充气液层上方所留有的一定空间高度，作用是除去上升气体所夹带的液滴，而液滴与气体的分离靠自重沉降实现。分离空间的体积为

$$V_E = \frac{\pi}{4} D^2 H_E \tag{3-30}$$

式中 V_E——分离空间体积，m^3；
D——塔径，m；

H_E——分离空间高度，m。

H_E 由液滴移动速度决定，一般液滴的移动速度小于 0.001m/s 时，H_E 计算如下：

$$H_E = \alpha_E D \tag{3-31}$$

式中 α_E——分离高度系数，无量纲；
D——塔径，m。

当 $D \geqslant 1.2$m 时，$\alpha_E = 0.75$；$D < 1.2$m 时，H_E 不应小于 1m。

3. 反应器顶盖死区体积 V_C

顶盖部位的体积一般不起气体与液滴的分离作用，通常称为死区体积或无效体积。计算公式为

$$V_C = \frac{\pi D^3}{12\varphi} \tag{3-32}$$

式中 V_C——顶盖死区体积，m³；
φ——形状系数，无量纲。

对于球形顶盖，形状系数 $\varphi = 1.0$；对于 2∶1 椭圆顶盖，$\varphi = 2.0$。

综上所述，鼓泡塔反应器的总体积为

$$V = V_R + V_E + V_C \tag{3-33}$$

【例 3-1】 年产 3 万吨乙苯的乙烯和苯烷基化反应生产乙苯的鼓泡塔反应器中，已知反应器的直径为 1.5m，产品乙苯的空时收率为 180kg/(m³·h)，年生产时间为 8000h，床层气含率为 0.34。试计算该反应器的体积。

解： 液相体积 $V_L = \dfrac{3 \times 10000 \times 1000}{180 \times 8000} = 20.83 \text{m}^3$

充气液层中的气体所占体积 $V_G = V_L \dfrac{\varepsilon_G}{1-\varepsilon_G} = 20.83 \times \dfrac{0.34}{1-0.34} = 10.73 \text{m}^3$

充气液层体积 $V_R = V_G + V_L = 20.83 + 10.73 = 31.56 \text{m}^3$

因为反应器的直径为 1.5m > 1.2m，所以 $\alpha_E = 0.75$

分离空间高度： $H_E = \alpha_E D = 0.75 \times 1.5 = 1.13 \text{m}$

分离空间体积为： $V_E = 0.785 D^2 H_E = 0.785 \times 1.5^2 \times 1.13 = 1.99 \text{m}^3$

采用 2∶1 的椭圆形封头，则 $\varphi = 2.0$

反应器顶盖死区体积 $V_C = \dfrac{\pi D^3}{12\varphi} = \dfrac{3.14 \times 1.5^3}{12 \times 2} = 0.44 \text{m}^3$

反应器的体积 $V = V_R + V_E + V_C = 31.56 + 2.00 + 0.44 = 34 \text{m}^3$

（二）反应器直径和高的确定

因为

$$u_{0G} = \frac{V_{0G}}{A_t} = \frac{V_{0G}}{\dfrac{\pi}{4}D^2}$$

所以

$$D = \sqrt{\frac{4V_{0G}}{\pi u_{0G}}} \tag{3-34}$$

式中 V_{0G}——气体体积流量，m³/s；
A_t——反应器横截面积，m²；
D——反应器的直径，m；

u_{0G}——气体空塔速度，m/s。

气体的空塔气速由实验或工厂提供的经验数据确定。当空塔气速很小时，计算所得塔径必然较大，在确定 D 值时，应考虑能使气体在塔截面均匀分布和有利于气体在液体中的搅拌作用，从而加强混合和传质；当空塔气速很大时，D 值较小，液面高度将增大，此时应考虑气体在入口处随压强增高可能引起操作费用提高及液体体积膨胀可能出现腾涌等不正常现象。所以选择 u_{0G} 值要适当，高径比一般取 3~12。

反应器高度的确定应考虑床层含气量，雾沫夹带，床层上部气相的允许空间，床层出口位置，床层液面波动范围等多方面因素综合确定。通常由实验或经验数据确定。

【例 3-2】 在鼓泡塔反应器中，以乙烯和苯为原料进行烷基化反应制乙苯。乙烯进料量为 616kg/h，并以 0.3m/s 的空塔速度通过 8m 高的液层，试计算反应液体积。

解：乙烯体积流量 $V_G = \frac{616}{28} \times 22.4 \text{m}^3/\text{h} = 493 \text{m}^3/\text{h}$，$M_{乙烯} = 28\text{kg/kmol}$

$$D = \sqrt{\frac{4V_G}{\pi u_{0G}}} = \sqrt{\frac{4 \times 493}{3.14 \times 3600 \times 0.3}} \text{m} = 0.762\text{m}$$

圆整： $D = 0.8\text{m}$

反应液体积： $V_L = \frac{\pi}{4}D^2 H = 0.785 \times 0.762^2 \times 8 \text{m}^3 = 3.65 \text{m}^3$

考核评价

任务二　鼓泡塔反应器的设计学习评价表

学习目标	评价项目	评价标准	评价			
			优	良	中	差
反应器设计的基础	鼓泡塔反应器的流体流动	理解气泡尺寸、气泡的浮升速度、含气率、比相界面以及流体阻力				
	鼓泡塔反应器的传质、传热	理解鼓泡塔反应器的传质、传热				
鼓泡塔反应器的设计	体积计算	会进行鼓泡塔反应器的体积计算				
	尺寸计算	会进行鼓泡塔反应器直径和高度计算				
综合评价						

任务三　鼓泡塔反应器的操作

知识目标：了解生产原理、工艺流程，熟悉鼓泡塔反应器的操作步骤及影响鼓泡塔操作的因素。
能力目标：能进行开停车操作，能根据影响鼓泡塔操作的因素，对参数进行正常调节及简单的事故处理。

任务实施

下面就以乙醛催化自氧化生产醋酸的工艺为例，介绍鼓泡塔反应器的日常运行和操作要点。

一、熟悉生产原理及工艺流程

1. 生产原理

以乙醛和氧气为原料发生氧化反应生成醋酸。乙醛首先氧化成过氧醋酸,而过氧醋酸很不稳定,在醋酸锰的催化下发生分解,同时使另一分子的乙醛氧化,生成二分子醋酸。此外还有一系列的副反应。乙醛氧化反应是放热反应,主反应如下:

$$CH_3CHO + O_2 \longrightarrow CH_3COOOH$$

$$CH_3COOOH + CH_3CHO \longrightarrow 2CH_3COOH$$

乙醛氧化制醋酸的反应机理一般认为可以用自由基的链接反应机理来进行解释,常温下乙醛就可以自动地以很慢的速度吸收空气中的氧而被氧化生成过氧醋酸,过氧醋酸以很慢的速度分解生成自由基。自由基引发一系列的反应生成醋酸。但过氧醋酸是一个极不安定的化合物,积累到一定程度就会分解而引起爆炸。因此,该反应必须在催化剂存在下才能顺利进行。催化剂的作用是将乙醛氧化时生成的过氧醋酸及时分解成醋酸,而防止过氧醋酸的积累、分解和爆炸。

2. 工艺流程

(1) 装置流程简述　本装置反应系统采用双塔串联氧化流程,乙醛和氧气首先在全返混型的反应器——第一氧化塔 T-101 中反应(催化剂溶液直接进入 T-101 内)然后到第二氧化塔 T-102 中再加氧气进一步反应,不再加催化剂。一塔反应热由外冷却器移走,二塔反应热由内冷却器移除,反应系统生成的粗醋酸进入蒸馏回收系统,制取成品醋酸。

(2) 氧化系统流程简述　第一氧化塔流程参见图 3-9。乙醛和氧气按配比流量进入第一氧化塔 T-101,氧气分两个入口入塔,上口和下口通氧量比约为 1:2,氮气通入塔顶气相部分,以稀释气相中氧和乙醛。乙醛与催化剂全部进入第一氧化塔,第二氧化塔不再补充。氧化反应的反应热由氧化液冷却器 E-102 移去,氧化液从塔下部用循环泵 P-101 抽出,经过冷

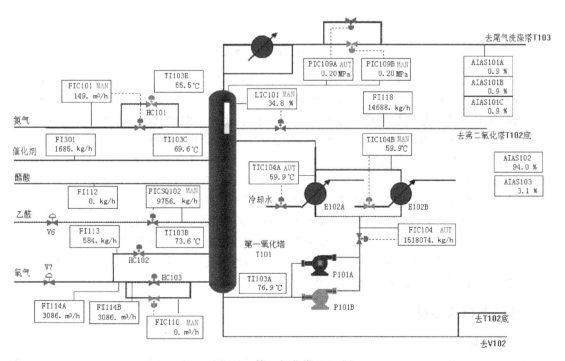

图 3-9　第一氧化塔 DCS 图

却器 E-102 循环回塔中,循环比(循环量/出料量)约 110~120。冷却器出口氧化液温度为 60℃,塔中最高温度为 75~78℃,塔顶气相压力 0.2MPa(表),出第一氧化塔的氧化液中醋酸浓度在 $(92~94)\times 10^{-2}$,从塔上部溢流去第二氧化塔 T-102。

第二氧化塔流程参见图 3-10。第二氧化塔为内冷式,塔底部补充氧气,塔顶也加入保安氮气,塔顶压力 0.1MPa(表),塔中最高温度约 85℃,出第二氧化塔的氧化液中醋酸含量为 $(97~98)\times 10^{-2}$。

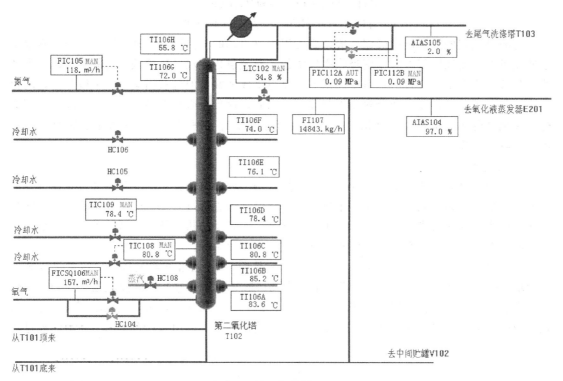

图 3-10 第二氧化塔 DCS 图

第一氧化塔和第二氧化塔的液位显示设在塔上部,显示塔上部的部分液位。出氧化塔的氧化液一般直接去蒸馏系统,也可以放到氧化液中间贮罐 V-102 暂存。中间贮罐的作用是正常操作情况下做氧化液缓冲罐,停车或事故时存氧化液,醋酸成品不合格需要重新蒸馏时,由成品泵 P-402 送来中间贮存,然后用泵 P-102 送蒸馏系统回炼。

(3)反应器结构 乙醛液相自氧化反应是气液相反应。具有下列特点:氧的传递过程对氧化反应速度起着重要的作用;反应时有大量热量放出;介质往往具有强腐蚀性;因原料、中间产物或产物易与空气或氧形成爆炸混合物,而具有爆炸危险等。

乙醛氧化制醋酸采用的反应器必须能提供充分的氧接触表面,保证氧气和氧化液的均匀接触;能有效地移走反应热;设备材料必须耐腐蚀;并配有安全装置,保证安全防爆。乙醛氧化制醋酸可采用全返混型反应器,工业上常用的是连续鼓泡塔式反应器,气体分布装置一般是采用多孔分布板或多孔管。去除反应热的方式可以在反应器内设置冷却盘管或采用外循环冷却器。

二、操作参数的控制

1. 反应温度

温度在氧化过程中是一个非常重要的因素。在反应温度较低、氧分压较高的情况下,乙醛液相自氧化的速率，是由动力学控制。在完全由动力学控制的条件下操作，如有引起反应温度降低的失常现象发生，就会使反应速度显著下降，因而放热速率和除热速率失去平衡，温度会继续下降，反应速度继续减慢，反应不能稳定进行。这种效应会像滚雪球那样继续进行下去，直至反应完全停止。工业上进行液相自氧化反应，为了反应能稳定地进行，应该保持足够高的反应温度，这样在氧浓度高的区域是动力学控制，而在氧浓度低的区域就转为氧的传质控制。当在反应器中动力学控制区和传质控制区并存时，温度有波动，仍能使反应稳定进行。

升高温度对乙醛氧化成过氧醋酸及过氧醋酸的分解这两个反应都有利，特别是对过氧醋酸的分解反应更为有利。但温度不宜太高，过高的温度会使副反应加剧，同时为使乙醛保持液相，必须提高系统压力，否则在氧化塔顶部空间乙醛与氧的浓度会增加，增加了爆炸的危险性。因此温度不宜太高。但温度亦不能过低，温度过低会产生过氧醋酸的积聚，当温度升高时，过氧醋酸就将剧烈分解而引起爆炸。此外温度低反应速率也低，正常情况下控制在 328～358K。

2. 反应压力

在氧化反应中，压力的大小也将影响氧化速率，由氧化反应式 $2CH_3CHO + O_2 \longrightarrow 2CH_3COOH$ 可以看出，增加压力有利于反应向正方向进行，同时对氧的扩散、吸收也是有利的。但也应看到，随着压力的增加，设备费用也增加，不一定经济，故有一适宜的操作压力。

此外压力对氧化反应选择性也可能有影响。实际生产中控制在 $1.5 \times 10^5 Pa$（表压）左右。

3. 氧化气空速

$$氧化气空速 = \frac{空气或氧的流量(标态), m^3/h}{反应器中液体的滞留量, m^3}$$

液相催化自氧化，反应往往是在气液相接触界面附近进行，空速大，有利于气液相接触，能加速氧的吸收。但空速太大，气体在反应器内停留时间太短，氧的吸收不完全，使尾气中氧的浓度增高，氧的利用率降低，不仅不经济且不安全。因尾气中氧含量达到爆炸极限浓度范围内时，遇火花或受到冲击波就会引起爆炸，故在实际生产中，空气或氧的空速是受尾气中氧含量的控制，工业生产中一般尾气中氧含量控制在 2%～6%，以 3%～5% 为宜。

三、鼓泡塔反应器的操作

（一）冷态开车

1. 开工应具备的条件

（1）检修过的设备和新增的管线，必须经过吹扫、气密、试压、置换合格（若是氧气系统，还要脱酯处理）；

（2）电气、仪表、计算机、联锁、报警系统全部调试完毕，调校合格、准确好用；

（3）机电、仪表、计算机、化验分析具备开工条件，值班人员在岗；

（4）备有足够的开工用原料和催化剂。

2. 引公用工程、N_2 吹扫、置换气密、系统水运试车

（以上操作在仿真操作过程不作，但实际开车过程中必须要做）

3. 酸洗反应系统

(1) 首先将尾气吸收塔 T103 的放空阀 V45 打开；从罐区 V402（开阀 V57）将酸送入氧化液中间罐 V102 中，而后由泵 P102 向第一氧化塔 T101 进酸，T101 见液位（约为 2%）后停泵 P102，停止进酸；

(2) 开氧化液循环泵 P101，循环清洗 T101；

(3) 用 N_2 将 T101 中的酸经塔底压送至第二氧化塔 T102，T102 见液位后关来料阀停止进酸；

(4) 将 T101 和 T102 中的酸全部退料到 V102 中，供精馏开车；

(5) 重新由 V102 向 T101 进酸，T101 液位达 30% 后向 T102 进料，精馏系统正常出料。

4. 建立全系统大循环和精馏系统闭路循环

(1) 氧化系统酸洗合格后，要进行全系统大循环：

```
V402 → T101 → T102 → E201 → T201
               T202 → T203 → V209
               E206 → V204 → V402
```

(2) 在氧化塔配制氧化液和开车时，精馏系统需闭路循环。脱水塔 T203 全回流操作，成品醋酸泵 P204 向成品醋酸贮罐 V402 出料，P402 将 V402 中的酸送到氧化液中间罐 V102，由氧化液输送泵 P102 送往氧化液蒸发器 E201 构成下列循环：（属另一工段）

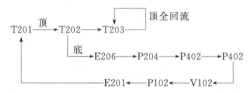

等待氧化开车正常后逐渐向外出料。

5. 第一氧化塔配制氧化液

向 T101 中加醋酸，见液位后（LIC101 约为 30%），停止向 T101 进酸。向其中加入少量醛和催化剂，同时打开泵 P101A/B 打循环，开 E102A 通蒸汽为氧化液循环液通蒸汽加热，循环流量保持在 700000kg/h（通氧前），氧化液温度保持在 70~76℃，直到使浓度符合要求（醛含量约为 7.5%）。

6. 第一氧化塔投氧开车

(1) 开车前联锁投入自动；

(2) 投氧前氧化液温度保持在 70~76℃，氧化液循环量 FIC104 控制在 700000kg/h；

(3) 控制 FIC101 N_2 流量为 120m^3/h；

(4) 按如下方式通氧：

用 FIC110 小投氧阀进行初始投氧，氧量小于 100m^3/h 开始投。当 FIC110 小调节阀投氧量达到 320m^3/h 时，启动 FIC114 调节阀，在 FIC114 增大投氧量的同时减小 FIC110 小调节阀投氧量直到关闭。FIC114 投氧量达到 1000m^3/h 后，可开启 FIC113 上部通氧，FIC113 与 FIC114 的投氧比为 1∶2。

操作时注意：

① LIC101 液位上涨情况；尾气含氧量 AIAS101 三块表是否上升；同时要随时注意塔

底液相温度、尾气温度和塔顶压力等工艺参数的变化。

② 原则上要求当投氧量在 $0\sim400m^3/h$ 之内，投氧要慢。如果吸收状态好，要多次小量增加氧量。$400\sim1000m^3/h$ 之内，如果反应状态好要加大投氧幅度，特别注意尾气的变化及时加大 N_2 量。

③ 当 T101 塔液位过高时要及时向 T102 塔出料。当投氧到 $400m^3/h$ 时，将循环量逐渐加大到 $850m^3/h$；当投氧到 $1000m^3/h$ 时，将循环量加大到 $1000m^3/h$。循环量要根据投氧量和反应状态的好坏逐渐加大。同时根据投氧量和酸的浓度适当调节醛和催化剂的投料量。

④ 操作时要注意温度的调节。当 T101 塔顶 N_2 达到 $120m^3/h$，氧化液循环量 FIC104 调节为 $500000\sim700000m^3/h$，塔顶 PIC109A/B 控制为正常值 0.2MPa 时，投用氧化液冷却器 E102A，使氧化液温度稳定在 $70\sim76℃$。待液相温度上升至 84℃ 时，关闭 E102A 加热蒸汽。当反应状态稳定或液相温度达到 90℃ 时，关闭蒸汽，开始投冷却水。开 TIC104A，注意开水速度应缓慢，注意观察气液相温度的变化趋势，当温度稳定后再提投氧量。投水要根据塔内温度勤调，不可忽大忽小。

7. 第二氧化塔投氧

(1) 待 T102 塔见液位后，向塔底冷却器内通蒸汽保持氧化液温度在 80℃，控制液位 $(35\pm5)\%$，并向蒸馏系统出料。取 T102 塔氧化液分析。

(2) T102 塔顶压力 PIC112 控制在 0.1MPa，塔顶氮气 FIC105 保持在 $90m^3/h$。由 T102 塔底部进氧口，以最小的通氧量投氧，注意尾气含氧量。在各项指标不超标的情况下，通氧量逐渐加大到正常值。当氧化液温度升高时，表示反应在进行。停蒸汽开冷却水 TIC105、TIC106、TIC108、TIC109 使操作逐步稳定。

8. 吸收塔投用

(1) 打开 V49，向塔中加工艺水湿塔；

(2) 开阀 V50，向 V105 中备工艺水；

(3) 开阀 V48，向 V103 中备料（碱液）；

(4) 在氧化塔投氧前开 P103A/B 向 T103 中投用工艺水；

(5) 投氧后开 P104A/B 向 T103 中投用吸收碱液；

(6) 如工艺水中醋酸含量达到 80% 时，开阀 V51 向精馏系统排放工艺水。

9. 氧化塔出料

当氧化液符合要求时，开 LIC102 和阀 V44 向氧化液蒸发器 E201 出料。用 LIC102 控制出料量。

(二) 正常运行操作

熟悉工艺流程，维护各工艺参数稳定；密切注意各工艺参数的变化情况，发现突发事故时，应先分析事故原因，并做及时正确的处理。

1. 第一氧化塔

塔顶压力 $0.18\sim0.2$MPa（表），由 PIC109A/B 控制。

循环比为 $110\sim120$ 之间，由循环泵进出口跨线截止阀控制，由 FIC104 控制，液位 $(35\pm15)\%$，由 LIC101 控制。

满负荷进醛量为 9.77 吨乙醛/小时，由 FICSQ102 控制，根据经验最低投料负荷为 66%，一般不允许低于 60% 负荷，投氧不允许低于 $1500m^3/h$。

满负荷进氧量（标态）设计为 2684m³/h，由 FRCSQ103 来控制。进氧，进醛配比为氧：醛＝0.35～0.4 质量比，根据分析氧化液中含醛量，对氧配比进行调节。氧化液中含醛量一般控制为 $(3\sim4)\times10^{-2}$（质量分数）。

上下进氧口进氧的配比约为 3.2∶6.8（1∶2）。

塔顶气相温度控制与上部液相温差大于 13℃，主要由充氮量控制。

塔顶气相中的含氧量＜5%，主要由充氮量控制。

塔顶充氮量根据经验一般不小于 80m³/h，由 FIC101 调节阀控制。

循环液（氧化液）出口温度 TI103F 为 (60±2)℃，由 TIC104 控制 E102 的冷却水量来控制。

塔底液相温度 TI103A 为 (77±1)℃，由氧化液循环量和循环液温度来控制。

2. 第二氧化塔

塔顶压力为 (0.1±0.05)MPa，由 PIC112A/B 控制。

液位 (35±15)%，由 LIC102 控制。

进氧量：0～160m³/h，由 FICSQ106 控制。根据氧化液含醛来调节。

氧化液含醛为 0.3×10^{-2} 以下。

塔顶尾气含氧量 $<5\times10^{-2}$，主要由充氮量来控制。

塔顶气相温度 TI106H 控制与上部液相温差大于 15℃，主要由氮气量来控制。

塔中液相温度主要由各节换热器的冷却水量来控制。

塔顶 N_2 流量（标态）根据经验一般不小于 60m³/h 为好，由 FIC105 控制。

3. 洗涤液罐

V103 液位控制 10%～75%，含酸大于 80×10^{-2} 就送往蒸馏系统处理。送完后，加盐水至液位 35%。

（三）停车操作

(1) 将 FIC102 切至手动，关闭 FIC102，停醛。

(2) 将 FIC114 逐步将进氧量下调至 1000m³/h。注意观察反应状况，当第一氧化塔 T101 中醛的含量降至 0.1 以下时，立即关闭 FIC114、FICSQ106，关闭 T101、T102 进氧阀。

(3) 开启 T101、T102 塔底排出阀，逐步退料到 V102 罐中，送精馏处理。停 P101 泵，将氧化系统退空。

（四）常见事故处理

序号	现象	原因	处理
1	T101 塔进醛流量计严重波动,液位波动,顶压突然上升,尾气含氧增加	T101 进塔醛球罐中物料用完	关小氧气阀及冷却水，同时关掉进醛线，及时切换球罐补加乙醛直至恢复反应正常。严重时可停车（采用）
2	T102 塔中含醛高,氧气吸收不好,易出现跑氧	催化剂循环时间过长。催化剂中混入高沸物,催化剂循环时间较长时,含量较低	补加新催化剂，更新。增加催化剂用量
3	T101 塔顶压力逐渐升高并报警,反应液出料及温度正常	尾气排放不畅,放空调节阀失控或损坏	手控调节阀旁路降压，改换 PIC109B 调整。在保证塔顶含氧量小于 5×10^{-2} 的情况下，减少充 N_2，而后采取其他措施

续表

序号	现　象	原　因	处　理
4	T102塔顶压力逐渐升高，反应液出料及温度正常，T101塔出料不畅	T102塔尾气排放不畅，T102塔放空调节阀失控或损坏	将T101塔出料改向E201出料。手控调节阀旁路降压。在保证塔顶含氧量小于5×10^{-2}的情况下，减少充N_2，而后采取其他措施
5	T101塔内温度波动大，其他方面都正常	冷却水阀调节失灵	手动调节，并通知仪表检查。切换为TIC104B调节
6	T101塔液面波动较大，无法自控	循环泵引起 球罐或N_2压力引起	开另一台循环泵
7	T101塔或T102塔尾气含O_2量超限	氧醛进料配比失调，催化剂失活	调节好氧气和乙醛配比 分析催化剂含量并切换使用新催化剂

● 考核评价

由仿真系统评分。

项目二　气液相反应器的选择

知识目标：了解气液相反应器的类型、特点及适用场合，掌握气液相反应器的选择原则。
能力目标：能根据化工生产工艺特点，选择合适的气液相反应器。

● 任务实施

一、气液相反应器型式的选择

可用于气液相反应过程的反应器类型较多，选择时一般应考虑以下因素。

1. 具备较高的生产能力

反应器型式应适合反应系统特性的要求，使之达到较高的宏观反应速率。在一般情况下，当气液相反应过程的目的是用于生产化工产品时，应考虑选用填料塔；如果反应速率极快，可以选用填料塔或喷雾塔；如果反应速率极快，同时热效应很大，可以考虑选用膜式塔。如果反应速率极快同时又处于气膜控制时，以选用喷射和文氏反应器等高速湍动的反应器为宜。如果反应速率为快速或中速，宜选用板式塔。对于要求在反应器内能处理大量液体而不要求较大相界面积的动力学控制过程，以选用鼓泡塔和搅拌釜式反应器为宜。对于要求有悬浮均匀的固体粒子催化剂存在的气液相反应过程，一般选用搅拌釜式反应器。

2. 有利于反应选择性的提高

反应器的选择应有利于抑制副反应的发生。如平行反应中副反应较主反应为慢，则可采用持液量较少的设备，以抑制液相主体进行缓慢的副反应的发生；如副反应为连串反应，则应采用液相返混较少的设备（如填料塔）进行反应或采用半间歇（液体间歇加入和取出）反应器。

3. 有利于降低能量消耗

反应器的选择应考虑能量综合利用并尽可能降低能耗。若反应在高于室温条件下进行，则应考虑反应热量的回收。如果气液反应在加压条件下进行,则应该考虑压力的综合利用。此外,为了造成气液两相分散接触,需要消耗一定动力。研究表明,就造成比表面积而言,喷射反应器能耗最小,其次是搅拌釜式反应器和填料塔式反应器,而文氏反应器和鼓泡塔反应器的能耗大一些。

4. 有利于反应温度的控制

气液相反应绝大部分是放热的,因而如何移热防止温度过高是经常碰到的实际问题。当气液相反应热效应很大而又需要综合利用时,可选用鼓泡塔、搅拌釜或板式塔反应器,因为这类反应器可以借助于安装冷却盘管来移热。在填料塔中由于移热较为困难,通常只能提高液体喷淋量,以液体显热形式移出热量。

5. 能在较少的液体流率下操作

为了得到较高的液相转化率,液体流率一般较低,此时可以选用鼓泡塔、搅拌釜和板式塔,不宜选用填料塔、降膜塔和喷射型反应器。例如,当喷淋密度低于 $3m^3/(m^2 \cdot h)$ 时,填料就不会全部润湿,降膜反应器也有类似情况,喷射型反应器在液气比较低时将不能造成足够的比表面积。

几种常用的气液相反应器的特性及应用范围参见表 3-3。

二、气液相反应器选择实例

(一)生产任务

乙醛氧化制醋酸工艺中,由于乙醛的爆炸极限范围宽,生产不安全,而且乙醛氧化是强放热反应,气相氧化不能保证反应热的均匀移出,会引起局部过热,使乙醛深度氧化等副反应增多,醋酸收率低等原因,所以工业生产中多采用液相氧化法。

1. 主反应

$$CH_3CHO + \frac{1}{2}O_2 \longrightarrow CH_3COOH$$

2. 主要副反应

$$CH_3CHO + O_2 \longrightarrow CH_3COOOH(过氧醋酸)$$
$$3CH_3CHO + 3O_2 \longrightarrow HCOOH + 2CH_3COOH + CO_2 + H_2O$$
$$2CH_3CHO + 5O_2 \longrightarrow 4CO_2 + 4H_2O$$
$$2CH_3CHO + \frac{3}{2}O_2 \longrightarrow CH_3COOCH_3 + CO_2 + H_2O$$
$$3CH_3CHO + O_2 \longrightarrow CH_3CH(OCOCH_3)_2 + H_2O(二醋酸亚乙酯)$$
$$CH_3CH(OCOCH_3)_2 \longrightarrow (CH_3CO)_2O + CH_3CHO(醋酸酐)$$

3. 特点

(1)反应温度 乙醛氧化生成醋酸是放热反应,这些热量必须及时移走,才能使生产正常进行。一般氧化段反应温度控制在 75℃ 左右为宜。温度过高加快反应速度,但同时也使副反应加剧。

(2)气液接触 乙醛氧化是通过气液相界面的接触进行的,氧分子向乙醛的醋酸溶液扩散,并吸收生成醋酸。通入的氧气速度大,则生产能力大,但气速过大,吸收不完全,则增加废气量,同时随气体带出的乙醛和醋酸也将增加,使得产品单耗加大。

(3)从安全角度看 乙醛气带入气相,增加了发生爆炸事故的可能。气速过小则生产能力不能充分发挥,根据氧气的吸收率和通入的液体柱高度分析,当液柱超过 4m 时,则氧的吸收率可达 97% 以上。所以生产上需同时控制加入氧气的速度和保持一定的液层高度。

（二）反应器的选用

乙醛氧化生产醋酸的主要特点是：反应为气液非均相的强放热反应，介质有强腐蚀性，反应潜伏着爆炸的危险性。工业生产中采用的氧化反应器为全混型鼓泡床塔式反应器。按照移除热量的方式不同，氧化塔有两种形式，即内冷却型和外冷却型。

内冷却型氧化塔结构如图 3-11(a) 所示。塔身分为多节，各节设有冷却盘管或直管传热装置，内通冷却水移走反应热以控制反应温度。氧气分数段通入。内冷却型氧化塔可以分段控制冷却水和通氧量，但传热面积小，生产能力受到限制。在大规模生产中采用的是外冷却型鼓泡床氧化塔，其结构如图 3-11(b) 所示。该塔是一个空塔，设备结构简单，位于塔外的冷却器为列管式热交换器，制造检修远比内冷却型氧化塔方便。

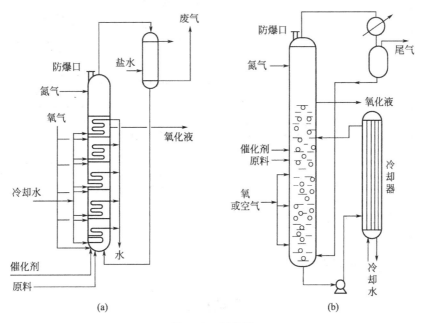

图 3-11　氧化塔

◎ 考核评价

项目二　气液相反应器的选择学习评价表

学习目标	评价项目	评价标准	评价			
			优	良	中	差
气液相化学反应的特点	热力学特性	会根据反应的热效应选择反应器				
	反应的动力学特性	会根据反应的动力学特性判断反应的类型和特点				
	操作条件	会根据操作条件选择反应器				
反应器特点	提高选择性	会选择高选择性的气液相反应器				
	温度控制	根据反应温度及热效应合理安排反应器的换热流程				
综合评价						

小 结

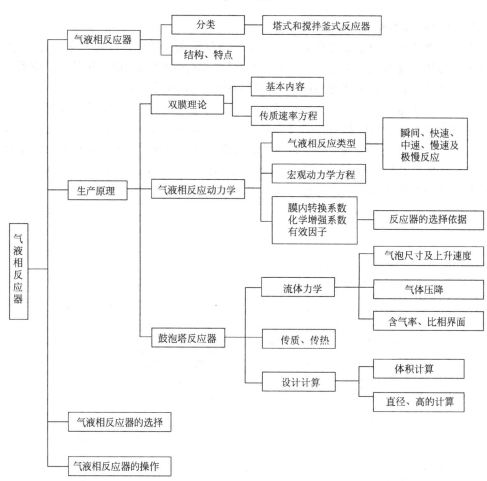

自测练习

一、选择题

1. 在气液相反应中，界面反应受（　　）控制。
   A. 动力学控制　　　　　　　　B. 气膜内扩散控制
   C. 液膜内扩散控制　　　　　　D. 动力学及扩散控制

2. 鼓泡塔适用于（　　）类型的反应。
   A. 瞬间反应　　　　　　　　　B. 界面反应
   C. 快速反应　　　　　　　　　D. 中速反应

3. 鼓泡塔的缺点是（　　）。
   A. 气液混合充分　　　　　　　B. 传热效率高
   C. 传质效率高　　　　　　　　D. 返混程度大

4. 为减少鼓泡塔内液相返混，可采用（　　）。
   A. 安装水平隔板　　　　　　　B. 安装垂直挡板

C. 增加气体流速　　　　　　　D. 提高塔内压力

二、判断题

（　　）1. 鼓泡塔中，气体阻力由分布器小孔压降和鼓泡层静压降组成。
（　　）2. 极快反应和快速反应，可以使用喷雾塔、填料塔。
（　　）3. 在气液相反应中，当化学反应速度大于扩散速度时，反应是在液膜中的一个区域内进行。
（　　）4. 鼓泡塔操作时气体从反应器底部通入，分散成气泡沿着液面上升，既与液相接触进行反应又搅动液体增加传质速率。
（　　）5. 鼓泡塔内气体为连续相，液体为分散相，液体返混程度较大。
（　　）6. 工业上进行液相自氧化反应，为了反应能稳定地进行，应该保持足够高的反应温度。
（　　）7. 生产中简单鼓泡塔往往选择安静区操作，气体升液式鼓泡塔在湍动区操作。
（　　）8. 鼓泡塔反应器的特点是结构简单，存液量大，适用于动力学控制的气液相反应。
（　　）9. 在气液相反应过程中，化学反应既可以在气相中进行，也可在液相中进行。
（　　）10. 中速反应是指反应不仅发生在液膜区，并在主体相中也存在化学反应的反应过程。
（　　）11. 鼓泡塔内，气体在床层中的空塔气速决定了反应器的相界面积、含气率和返混程度。

三、简答题

1. 气液相反应的特点是什么？
2. 举例说明常用气液相反应器的应用范围？
3. 试述双膜理论。
4. 何谓动力学控制？何谓扩散控制？
5. 什么是含气率？影响因素有哪些？
6. 鼓泡塔内的气体阻力由哪几部分构成？
7. 鼓泡塔的传热方式有哪些？各自的特点是什么？
8. 如何减少鼓泡塔内的返混现象，强化其传质、传热？

四、计算题

1. 乙炔二聚生成乙烯基乙炔：$2CH\equiv CH \longrightarrow CH_2=CH-CH\equiv CH$ 该反应在直径为1.3m的鼓泡塔中进行，每小时生产纯度为99.7%的乙烯基乙炔450kg，原料乙炔的纯度为99.5%，空速为200$m^3/(m^3 cat \cdot h)$，若不考虑副反应，试计算转化率达到15%时，催化剂溶液的体积和静液层高度。

2. 某烃化反应在一鼓泡塔中进行，该塔直径为1.2m，静液层高度为12m，若含气率为0.34，试计算该塔的高度。

3. 苯烷基化生产乙苯采用鼓泡塔反应器，乙烯每小时通入616kg，塔内苯液层高度为10m，乙烯视为理想气体，其空间速度为62.9h^{-1}，试计算该鼓泡塔直径。（$M_{乙烯}$=28g/mol）

4. 乙醛氧化生产粗醋酸在一鼓泡塔进行。该塔尺寸如图：已知该塔的生产能力为 200kg/(m³·h)，静液层高度为 12m，设备安全系数为 1.1，每小时生产粗醋酸 2012kg，试计算该塔总高度。

5. 以邻二甲苯和空气为原料，气液相氧化生产邻甲基苯甲酸，其反应式如下：邻二甲苯（A）+ $\frac{3}{2}$ O₂（B）──→ 邻甲基苯甲酸（R）+ 水（S）。每年生产邻甲基苯甲酸 30000t，年工作时间 8000h，反应物 A 的转化率为 74.5%，配料比 A:B=1:1.5，且氧气需过量 31.5%（摩尔比），空塔气速为 0.08m/s，动态含气率为 0.261，今采用简单鼓泡塔反应器，顶盖为 2:1 椭圆形封头，忽略换热装置所占体积，且反应前后物料密度不变，氧气在空气中的质量百分率为 23%，空气密度为 8.15kg/m³，单位液相为基准的反应速度方程式为 $(-r_A)=7$kmol/(m³·h)，试求：(1) 鼓泡塔反应器的总体积（$V_总$）；(2) 鼓泡塔静液层高度（H_0）；(3) 鼓泡塔充气液层高度（H_R）。

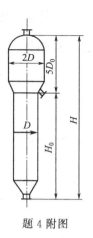

题 4 附图

主要符号

H_A——亨利系数，m³·Pa/kmol；
p_{Ai}——相界面处组分 A 的气相分压，Pa；
c_{Ai}——相界面处组分 A 的平衡液相浓度，kmol/m³；
D_{GA}——组分 A 在气膜和液膜中的分子扩散系数，kmol/(m·s·Pa)；
D_{LA}——组分 A 在液膜中的分子扩散系数，m²/s；
δ_G、δ_L——气膜和液膜的有效厚度，m；
p_{AG}、p_{Ai}——气相主体中和气液相界面处组分 A 的气相分压，Pa；
c_{AL}、c_{Ai}——液相主体中和气液相界面处组分 A 的液相浓度，kmol/m³；
k_{GA}——组分 A 在气膜内的传质系数，kmol/(m²·s·Pa)；
k_{AL}——组分 A 在液膜内的传质系数，m/s；
K_{GA}——组分 A 以分压差表示推动力的总传质系数，kmol/(m²·s·Pa)；
K_{LA}——组分 A 以液相浓度差表示推动力的总传质系数，m/s；
K_{AL}——组分 A 以液相浓度表示的总传质系数，m/s；
S——单位液相体积所具有的相界面积，m²；
γ——八田准数，无量纲；
c_{BL}——液相主体中组分 B 的浓度，kmol/m³；
k——反应速度常数，单位与反应级数有关；
β——化学增强系数，无量纲；
η——有效因子，无量纲；

d_b——单个球形气泡的直径，m；
d_0——分布器喷孔直径，m；
σ_L——液体表面张力，N/m；
ρ_L、ρ_G——液体、气体的密度，kg/m³；
f——发泡频率；
V_0——通过每个小孔的气体体积流量，m³/s；
V_b——单气泡体积，m³；
Re_0——雷诺准数，无量纲；
u_0——小孔气速，m/s；
μ_G——气体黏度，Pa·s；
n_i——直径为 d_i 的气泡数；
d_i——i 气泡的直径，m；
ν_L——液体运动黏度，m²/s；
d_t——鼓泡塔反应器的内径，m；
u_{0G}——气体空塔气速，m/s；
H——充气液层高度，m；
H_0——静液层高度，m；
ε_G——含气率；
μ_L——气体黏度，Pa·s；
C_D——阻力系数，无量纲；
d_V——体积平均直径，m；
u_s——滑动速度，m/s；
u_{0L}——空塔液速，m/s；
u_G、u_L——实际气体、液体的流动速度，m/s；
ε_{0G}、ε_G——静态、动态含气率，无量纲；
Δp——气体压降，kPa；
C^2——小孔阻力系数，约为 0.8；
ρ_{GL}——鼓泡层密度，kg/m³；

a——比相界面积，1/m；
Sh——舍伍德数，无量纲；
Sc_L——液体施密特数，无量纲；
Re_b——气泡雷诺数，无量纲；
D_{LA}——液相有效扩散系数，m^2/s；
k_{AL}——液相传质系数，m/s；
α_t——给热系数，$W/(m^2 \cdot K)$；
λ_L——液体热导率，$W/m \cdot K$；
c_{pl}——液体比热容，$J/(kg \cdot K)$；
D——床层直径，m；
V_R——充气液层体积，m^3；
V_L——液相体积，m^3；
V_G——充气液层中的气体所占体积，m^3；

V_{0L}——原料的体积流量，m^3/s；
τ——停留时间，s；
V_E——分离空间体积，m^3；
D——塔径，m；
H_E——分离空间高度，m；
α_E——分离高度系数，无量纲；
V_C——顶盖死区体积，m^3；
φ——形状系数，无量纲；
V_{0G}——气体体积流量，m^3/s；
A_t——反应器横截面积，m^2；
D——反应器的直径，m；
u_{0G}——气体空塔速度，m/s。

参 考 文 献

[1] 张濂,许志美,袁向前编著. 化学反应工程原理. 上海:华东理工大学出版社,2000.
[2] 郭锴,唐小恒,周绪美编. 化学反应工程. 北京:化学工业出版社,2000.
[3] 袁乃驹,丁富新编著. 化学反应工程基础. 北京:清华大学出版社,1988.
[4] 袁渭康,朱开宏编著. 化学反应工程分析. 上海:华东理工大学出版社,1995.
[5] 陈敏恒,翁元垣编著. 化学反应工程基本原理. 北京:化学工业出版社,1986.
[6] 朱炳辰主编. 化学反应工程. 第三版. 北京:化学工业出版社,2001.
[7] 尹芳华,李为民主编. 化学反应工程基础. 北京:中国石化出版社,2000.
[8] 史子瑾主编. 聚合反应工程基础. 北京:化学工业出版社,1991.
[9] 李绍芬编著. 反应工程. 第二版. 北京:化学工业出版社,2000.
[10] 陈甘棠主编. 化学反应工程. 第二版. 北京:化学工业出版社,2002.
[11] 杨春晖,郭亚军主编. 精细化工过程与设备. 哈尔滨:哈尔滨工业大学出版社,2000.
[12] 周波. 反应过程与技术. 北京:高等教育出版社,2006.
[13] 佟泽民. 化学反应工程. 北京:中国石化出版社,1993.
[14] 赵杰民. 基本有机化工工厂装备. 北京:化学工业出版社,1996.
[15] 戚以政,汪叔雄. 生化反应动力学与反应器. 北京:化学工业出版社,1996.
[16] 陈炳和,许宁. 化学反应过程与设备. 北京:化学工业出版社,2003.
[17] 廖晖,辛峰,王富民. 化学反应工程习题精解. 北京:科学出版社,2003.
[18] 王安杰,赵蓓. 化学反应工程学. 北京:化学工业出版社,2005.
[19] 刘承先,文艺. 化学反应器操作实训. 北京:化学工业出版社,2005.
[20] 周波. 反应过程与技术. 第二版. 北京:高等教育出版社,2012.
[21] 陈炳和,许宁. 化学反应过程与设备. 第二版. 北京:化学工业出版社,2010.
[22] 杨西萍. 化学反应原理与设备. 北京:化学工业出版社,2009.